Hochschultext

Artur Jung

Funktionale Gestaltbildung

Gestaltbildende Konstruktionslehre
für Vorrichtungen, Geräte,
Instrumente und Maschinen

Mit 182 Abbildungen

Springer-Verlag
Berlin Heidelberg New York
London Paris Tokyo Hong Kong 1989

Dipl.-Ing. Artur Jung
Universitätsprofessor, Institut für Konstruktion und Fertigung
in der Feinwerktechnik, Universität Stuttgart

ISBN-13: 978-3-540-51170-0   e-ISBN-13: 978-3-642-83801-9

DOI: 10.1007/978-3-642-83801-9

CIP-Titelaufnahme der Deutschen Bibliothek
Jung, Artur:
Funktionale Gestaltbildung :
gestaltbildende Konstruktionslehre für Vorrichtungen, Geräte,
Instrumente und Maschinen / Artur Jung.
Berlin ; Heidelberg ; New York ; London ; Paris ; Tokyo : Springer, 1989
  (Hochschultext)

2362/3020-543210 Gedruckt auf säurefreiem Papier

Vorwort

Mit dem vorliegenden Buch werden Ansätze für eine funktionale Gestaltbildung in der Feinwerktechnik, insbesondere im Bereich der Vorrichtungen, der Instrumente, der Geräte und der genauen Maschinen aufgezeigt. Die methodische Darstellung ist aus Vorlesungen hervorgegangen, die ich seit 1978 für Hauptfachstudenten der Feinwerktechnik an der Universität Stuttgart unter dem Titel "Grundlagen, Elemente und Methoden in Feinwerktechnik und Gerätebau" halte. Aus didaktischen Gründen wird der Gestaltentstehungsvorgang in zwei Teile zerlegt: In die hier behandelte funktional orientierte Gestaltbildung und in einen Teil, der als technologische Gestaltbildung bezeichnet wird. Ich bin mir der Problematik dieser Teilung, die methodisch streng durchzuhalten oft nicht möglich ist, bewußt. In einem weiteren Buch soll die technologische Gestaltbildung in Anlehnung an meine Vorlesung "Fertigungsverfahren der Feinwerktechnik" behandelt werden.

Das hier vorgelegte Buch ist für konstruktiv interessierte Studenten gedacht und versucht einige Antworten auf die schwierigen Fragen zu geben, die beim Bilden von Gestalten auftreten. Trotz vieler Bemühungen ist der Übergang von Funktionsvorstellungen in gestalteten Stoff noch wenig transparent. Viele Antworten wurden in den letzten Jahrzehnten gesucht, Begriffe wurden gebildet und Methoden und Ablaufschemata zum konstruktiven Entwicklungsprozeß angegeben. Neuerdings sucht man Antworten mit Hilfe von Expertensystemen für bestimmte Produktklassen oder Produkte. Der erfahrene Konstrukteur, der in diesem Buch blättert, wird vielleicht an einigen Stellen eigene "geometrisch-funktionale Überlegungen" anstellen und dabei Anregungen für seine Probleme finden.

Für die mehrmalige mühevolle schriftliche Niederlegung des Textes danke ich meiner Sekretärin, Frau Hildegard Walz herzlich. Die Ausarbeitung der Zeichnungen besorgte Herr cand. mach. Eberhard Gerber mit viel Fleiß. Fräulein Sabine Krebber besorgte die endgültige Fertigstellung des Reprotextes. Beiden sei ebenfalls herzlich gedankt. Vielen Kollegen, Mitarbeitern und Studenten habe ich für Anregungen zu danken. Wie bei einer Erstkonstruktion, mit der einige neue Vorstellungen eingeführt werden, ist sicher manches an dieser Darstellung verbesserungsfähig. Hilfreiche Kritik und Hinweise sind daher sehr willkommen, um gegebenenfalls in einer weiteren Auflage aufgenommen zu werden. Viele Aspekte der Gestaltbildung konnten überhaupt nicht zur Sprache gebracht werden. Wir erkennen in der neueren Literatur Ansätze, die geometrisch-stoffliches mit funktionalem Denken zusammenbringen, hierauf wird aus Platzgründen nicht eingegangen.

Abschließend habe ich meiner lieben Frau Waltraud zu danken, deren Verzicht auf viele gemeinsame Stunden mir das Schreiben dieses Buches ermöglichte.

Stuttgart und Königsbronn, im Februar 1989

Inhaltsverzeichnis

1 Einführung

Etwa seit 1950 wurden verstärkte Anstrengungen gemacht, den Konstruktionsvorgang in Form methodischer Vorgehensweisen für die Lehre aufzubereiten. Einige wesentliche Erkenntnisse dieser von vielen getragenen Bemühungen sind:

- Die Aufgabe sollte so gut wie möglich in Form eines Pflichtenheftes formuliert werden.
- Das Pflichtenheft entwickelt sich während der Bearbeitung und muß von einem bestimmten Zeitpunkt an festgeschrieben werden.
- Die Aufgabe sollte funktional interpretiert werden, um nicht an bestehenden Lösungen zu kleben.
- Der Konstruktionsprozeß kann in Zeitphasen geteilt werden.

Viele weitere Antworten wurden versucht. Es wurden Begriffe gebildet und Ablaufschemata für methodisches Vorgehen entwickelt. Neuere Antworten auf die Frage, wie geht man zweckmäßig beim Konstruieren vor?, sind Expertensysteme für bestimmte Produktgebiete. Wenn man es nüchtern betrachtet, so harren die allgemeinen Erkenntnisse der Konstruktionsmethodik in vielen Fällen aber noch der Aufbereitung.

Besonders zwischen dem funktionalen Denken und dem Gestaltbildungsvorgang klaffen erhebliche methodische Lücken. Jeder, der vor Studenten im Fach Konstruktionslehre Vorlesungen und Übungen zu halten hat, weiß genau, wie wenig wir im Grunde über die Entstehung einer neuen konstruktiven Gestaltungsidee wissen. Auch wenn wir dieses "Nichtwissen" mit einer Vielzahl von Begriffen und Methoden einzuengen suchen, bleibt bei ehrlicher Betrachtung ein großes didaktisches Defizit. Die Komplexität der konstruktiven Entwicklungsvorgänge läßt vermuten, daß es keine Universalmethode der Konstruktion geben wird. Wie ein bestimmter Differentialgleichungstyp seinen speziellen Lösungsansatz erfordert, so benötigt jede komplexere konstruktive Aufgabe einen speziellen Vorgehensablauf. Wir sprechen von produktspezifischen Methoden. Neben diesen stehen produktunspezifische Methoden, die im wesentlichen technologische Gestaltungsregeln, Sicherheitsvorschriften und Kostensenkungsverfahren betreffen, Bild 1/1.

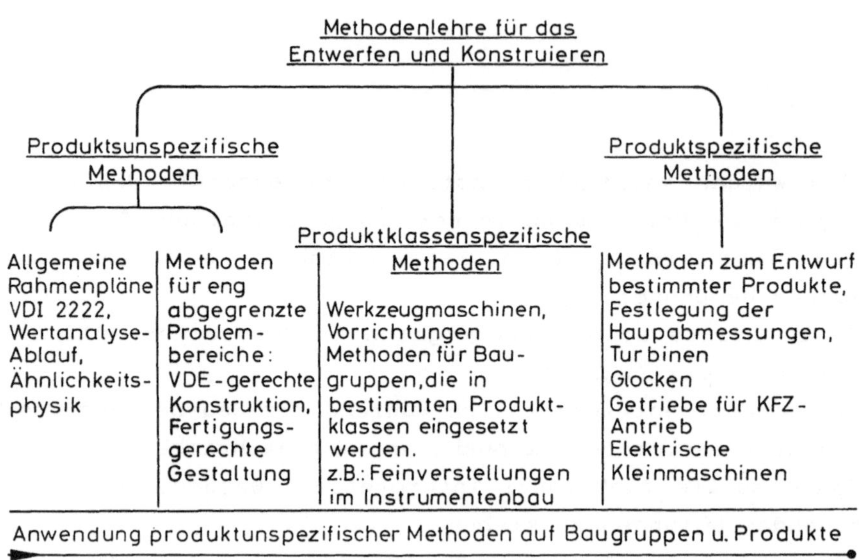

Bild 1/1   Übersicht zu den Methoden-Kategorien für das Konstruieren

Zur heutigen Konstruktionsmethodik sei noch folgendes bemerkt. Es ist bekanntlich einfacher zu einem gegebenen Produkt irgendwelche strukturelle Darstellungen anzugeben, als umgekehrt, aus einem Blockschaltbild einen konkreten Gestaltansatz aufzubauen, Bild 1/2.

Weiter hat man sich immer bewußt zu machen, daß die allgemeinen Aussagen im konkreten Fall nicht immer gelten müssen. Die Trennung in Funktionsdenken und Gestaltbildung ist in Strenge nicht möglich. Vielmehr wird in simultan ablaufenden Denkvorgängen die "funktionierende" Gestalt gebildet. Auch ist die Gestaltbildung nicht einer zeitlichen Entwicklungsphase eindeutig zuzuordnen. Schon die Wahl der physikalischen Grundlage impliziert Geometrie. Der Ablauf funktionelle Konzeption, Gesamtentwurf, detaillierte Ausarbeitung wird in der Praxis oft sehr modifiziert: Ein Lösungs-

Es ist leicht, zu einem gegebenen Produkt abstrakte Darstellungen
zu finden...

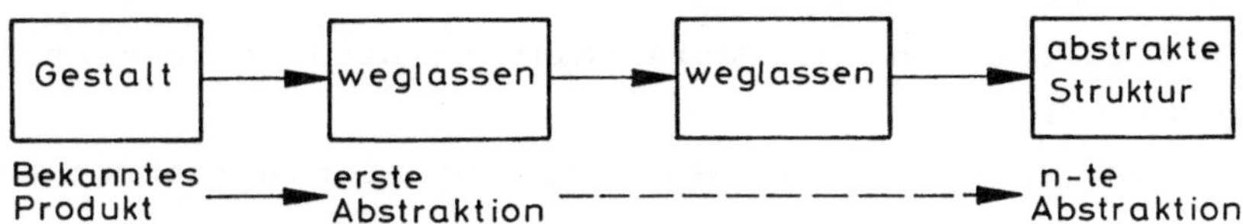

Es ist schwieriger, von einer abstrakten Darstellung zu einem
neuen Produkt zu gelangen...

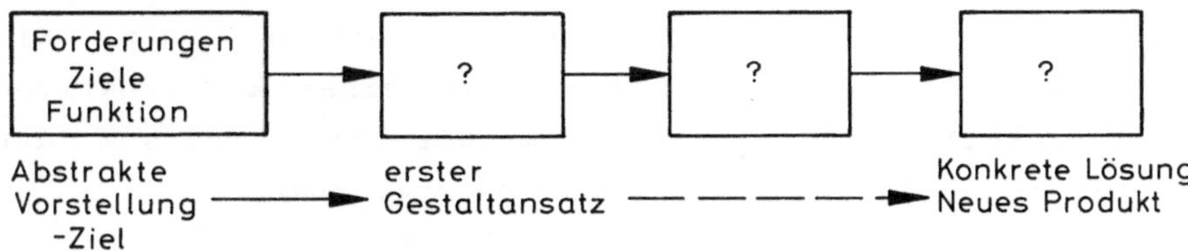

Bild 1/2   Analyse und Synthese beim Konstruieren

detail kann die entscheidende Grundlage für eine neue Gesamtkon-
zeption sein.

Wir versuchen in dieser Darstellung den Vorgang der neuartigen
Gestaltbildung mit einer Vorgehensweise zu behandeln, die als
geometrisch-funktionale Denkweise bezeichnet ist / 1.1 /. Die Überlegungen zur Gestaltbildung pendeln dabei zwischen einer Abstraktionsebene und einer Ebene wachsender Erfahrung, was dem wirkli-
chen Gestaltungsvorgang nahekommt. Dazu wird, neben geometrisch-
orientierten Funktionsbegriffen, das Geometrie-Funktionsprinzip
als ein Schlüsselbegriff zur funktionalen Gestaltbildung eingeführt. Wir verstehen unter dem Geometrie-Funktionsprinzip die von
den geometrischen Parametern abhängigen oder wesentlich beeinfluß-
ten Anteile des gesamten Ursache-Wirkung-Zusammenhanges einer
Anordnung. Zur Darstellung des Geometrie-Funktionsprinzips kann
man verbale Beschreibungen und/oder Gleichungen mit Ursache-
Wirkung-Zusammenhängen heranziehen. Im Begriff Geometrie-Funktionsprinzip verbinden wir die geometrische Gestalt mit ihrer
Funktion zu einer höheren Einheit. Das Buch zielt in die oben
angedeutete didaktische Lücke, die zwischen abstraktem und konkre-
tem Denken empfunden wird.

Die Fragen:

-    Was geht bei der Gestaltbildung an Überlegungen in uns vor?

4

-   Welche methodischen Ansätze stehen zur Verfügung, um Ge-
    staltbildung vorteilhaft zu betreiben?
-   Welche neuen Strategien zur Gestaltbildung sind im konkreten
    Fall zu entwickeln?

stehen stellvertretend für viele weitere, die hier angesprochen
werden.

Gestaltbildung kann nicht nach einem starren Schema erfolgen,
vielmehr ist eine Methodik gefordert, die flexibel und individuell
angepaßt werden kann. Damit wird auch am ehesten erkennbar, wo das
geometrisch-funktionale Vorgehen an seine Grenzen stößt. Wir
wollen mit dieser Darstellung Studenten zu einer konstruktiven
Entwicklungstätigkeit motivieren, indem wir den Freiraum der
Gestaltung aufzeigen, ja sogar ein wenig überzeichnen.

2 Aufgaben beim Konstruieren

Der Ausgangspunkt zur methodischen Behandlung einer Aufgabe ist
deren Formulierung /2.1/. Gut formulierte Aufgabenstellungen, die
alle notwendigen qualitativen und quantitativen Angaben enthalten,
sind bei anspruchsvollen Konstruktionsaufgaben selten. Im üblichen
Sprachgebrauch versteht man unter einer Aufgabe einen durch methodische Schrittfolgen lösbaren Sachverhalt, dessen Abarbeitung je
nach Komplexität der Aufgabe mehr oder weniger Zeit erfordert. Wesentlich dabei ist, daß die Lösung auf der Grundlage von methodi-
schem Wissen erfolgt und nicht die Überwindung besonderer Schran-
ken erfordert, wie dies z.B. eine Problemlösung notwendig macht.
Zur Lösung von Problemen ist die Erfindung neuer Methoden, zumin-
dest die neuartige Anwendung bekannter Methoden gefordert.
Beispiele für Aufgaben sind Rechenaufgaben, Textaufgaben, Konstruktionsaufgaben. Es gibt viele Gründe neue Konstruktionsaufgaben zu formulieren. Die Zielsetzung macht eine Aufgabe einfach
oder schwierig oder - beim derzeitigen technischen Stand - unlös-
bar. Konstruktionsaufgaben sind in der Mehrzahl der Fälle in
Worten formulierte Änderungsvorstellungen für vorhandene Produkte,
Verfahren usw. Die Notwendigkeit zur Marktkonformität liefert
ständig neue Zielgesichtspunkte. Einige Kennzeichen für Marktkonformität sind:
-   Das Produkt wird am Markt benötigt, d.h. es liegt ein echter
    Bedarf vor und die Zeit ist reif für das Produkt.
-   Kosten (Investitions- und Betriebskosten) liegen unter denje-
    nigen des Wettbewerbs.
-   Das Produkt wird mit bestgeeigneten technologischen Möglich-
    keiten gefertigt.
-   Es findet eine kontinuierliche Produktpflege statt (Quali-
    tätssicherung).

- Das Produkt ist in ein Programm eingebettet (Einfachausführ-
  ung - Luxusausführung).
- Kundendienstnetz usw.

Bei hohem Neuheitsgrad eines Zielgesichtspunktes erfordert eine
Lösung unter Umständen eine neue Erfindung, die Aufgabe rückt in
die Kategorie der Probleme. Beispiele für Aufgaben in Entwicklung,
Konstruktion und Fertigung sind:

- Es ist ein lineares Gleichungssystem, bestehend aus n Gleichungen mit m Unbekannten, zu lösen (Schulwissen).
- Es ist eine Fourieranalyse für eine gegebene periodische
  Funktion durchzuführen (Schulwissen).
- Es ist eine Montagevorrichtung für einen Kollektor eines
  Gleichstromkleinmotors zu entwerfen. Der Kollektor besteht
  aus fünf Teilen gemäß Zeichnung (Wissen eines Vorrichtungs-
  konstrukteurs).
- Es ist eine Anordnung zu entwerfen, die die Schwingungen
  eines Piezoelementes in kontinuierliche Drehbewegungen um-
  setzt (Wissen und Können eines Entwicklungsingenieurs).
- Für ein Blechteil nach Zeichnung ist ein Folgeverbundwerkzeug
  zu entwerfen (Wissen eines Werkzeugkonstrukteurs).

Die Beispiele zeigen, daß zur kostengünstigen Lösung bestimmter
Aufgaben spezielle methodische Kenntnisse benötigt werden.

2.1 Präzisierung einer Aufgabe

Eine wichtige Voraussetzung für die methodische Behandlung von
Aufgaben ist deren weitgehende quantitative Präzisierung. Für den
Entwurf einer Kollektormontagevorrichtung ist eine Stückzahlangabe
der zu fertigenden Kollektoren notwendig. Im allgemeinen gelingt
die gute Formulierung einer Konstruktionsaufgabe dann, wenn bereits Erfahrungen im Produktgebiet über bestehende Anordnungen
benutzbare physikalische Grundlagen, Kostensituationen usw. vorliegen. Wir sagen zu diesem Erfahrungswissen hier "Vorerfahrungen", weil sie vor der Formulierung der neuen Aufgabe bereits
vorliegen, im Gegensatz zu den beim Lösungsvorgang anfallenden
Erfahrungen, die zeitlich nach der Aufgabenstellung gesammelt
werden.

Für die hier angesprochene Frage der Gestaltbildung sind Vorerfahrungen über den im Produktgebiet vorliegenden Formenschatz mit seinen Eigenschaften besonders wertvoll. Dennoch bleibt der Gesamtansatz für das Ganze, für die neue Gesamtaufgabe, eine vielschichtige Gestaltungsaufgabe, deren Lösung eine Vielzahl von Überlegungen und Schritten erfordert. Die hier betonte geometrisch-funktionale Denkweise bedient sich bei der Suche nach Antworten zur Gestaltbildung der Fragen: Welche Geometriestruktur kann die Aufgabe lösen? oder kürzer, welche Geometrie könnte funktionieren? Antworten darauf beruhen auf einem großen Vorrat an Form-Funktionserfahrungen, der sich mit zwei Kernfragen gliedern läßt:

- Welche verschiedenen Aufgaben kann eine bestimmte Geometriestruktur lösen?

- Welche verschiedenen Geometriestrukturen können eine bestimmte Aufgabe lösen?

Wir wollen das mit zwei einfachen Beispielen kurz erläutern, bevor wir uns der Interpretation der Aufgabe durch funktionale Darstellungen zuwenden.

Beispiel 1: Welche Aufgaben lassen sich mit der Geometriestruktur "Kamm" erfüllen?

Antworten:

- Ordnen, z.B. Parallellegen von einendig befestigten Fasern,
- Einbringen von Pomade,
- Auskämmen von Fremdkörpern.

Im weiteren kann die Struktur Kamm dienen

- zum Winkelausgleich bei Axialverzahnungen (Hirth-Verzahnung, Bild 2.1/1),
- zur Erzeugung von gleichmäßigen Liniendrücken auf Strecken (Membranwirkung, Bild 2.1/1),
- zur Erzeugung von Hell-Dunkel-Impulsen beim Moireeffekt.

Beispiel 2: Mit welchen Anordnungen (Geometriestrukturen) kann man Flüssigkeiten von einem Ort A an einen Ort B bewegen?

Antworten:

- Kreiselpumpe und Rohrleitung,
- Kolbenpumpe und Rohrleitung,
- Membranpumpe und Rohrleitung,
- Becherwerke, -Schöpfräder, -Archimedische Schnecken usw.

<u>Ausgleichswirkungen durch kammartige Strukturen</u>

<u>-Gleichmäßiger Andruck auf empfindliche Teile :</u>

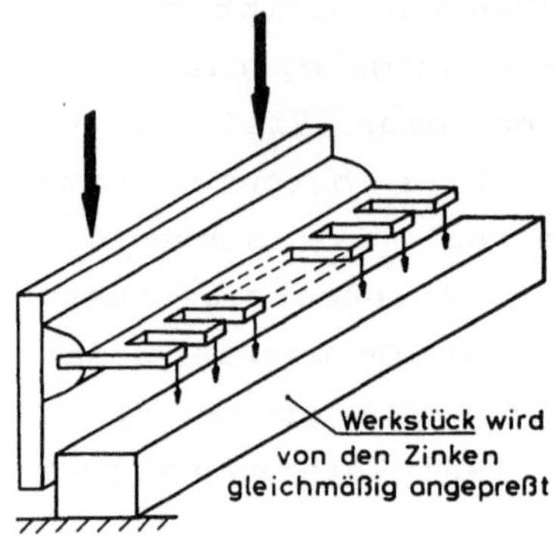

<u>-Ausgleich bei Teilungen:</u>

Mit Teilfehlern behaftete Linearteilungen und
Rundteilungen mitteln die Teilfehler:

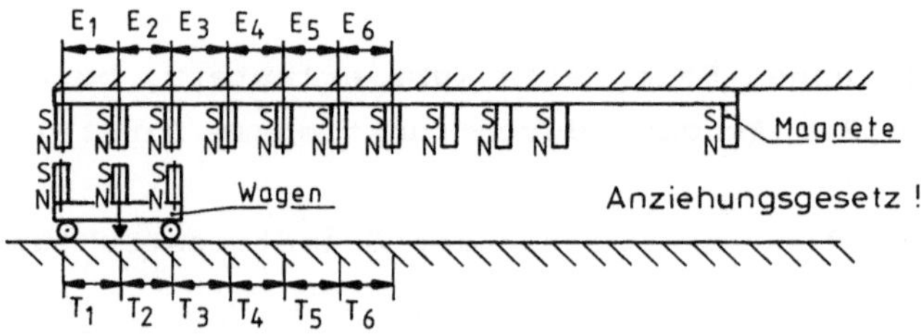

Der Wagen positioniert genauer als es den
Einzelteilfehlern entspricht.

<u>-Verzahnung, Gewinde</u>

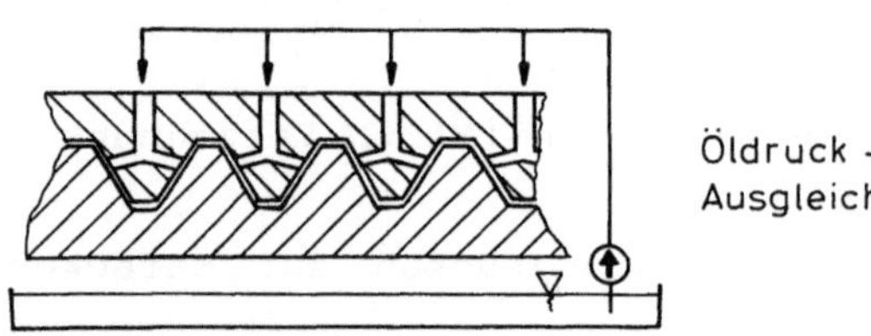

<u>-Rundteilungen - elastischer Ausgleich</u>

Bild 2.2/1   Die Geometriestruktur Kamm als Möglichkeit zum
Ausgleich von Teilungsfehlern

Die gedankliche Verknüpfung von Aufgaben mit Geometriestrukturen und deren möglichen Wirkungen zur Lösung der Aufgaben führt uns weiter unten zum Begriff des Geometrie-Funktionsprinzips.

2.2 Funktionale Interpretation einer Aufgabe

Eine wichtige methodische Hilfe zur Bearbeitung von Aufgaben in einer frühen Phase ist deren funktionale Interpretation. Mit ihrer Hilfe sucht man das Ganze der Aufgabenstellung zu erfassen, übersichtlich zu machen, zu gliedern. Das geschieht mit verschiedenen Darstellungen unterschiedlichsten Abstraktionsgrades. Besonders bekannt geworden sind Black-Box-Strukturen, Ersatzschaltbilder, Grafendarstellungen mit der Zuordnung von Zeichen, Symbolen usw. zu bestimmten Bauteilen mit elementaren Wirkungsweisen bzw. zu bestimmten physikalischen Begriffen. Wir wollen hier - im Sinne unserer Zielsetzung zur funktionalen Gestaltbildung -zwei Arten der funktionalen Darstellung betonen:
- die zustandsverbale Beschreibung der Aufgabe mit einer Black-Box
- die operationale Beschreibung der Aufgabe.

Das Bild 2.2/2 zeigt die mit einer Aufgabenstellung geforderten Zustandsänderungen vor und hinter einer Black-Box in verbaler Darstellung. Es fällt nicht schwer sich vorzustellen, welche Geometriestruktur in die Black-Box eingesetzt eine Lösung der zustandsverbal formulierten Aufgabe bietet: Es ist die Geometriestruktur "Kamm". Bild 2.2/3 enthält die von der Black-Box zu leistende Tätigkeit (Funktion) mit Hauptwort und Tätigkeitswort beschrieben. Wir sagen dazu, die Aufgabe (Funktion) ist operational dargestellt.

<u>Beispiel:</u>

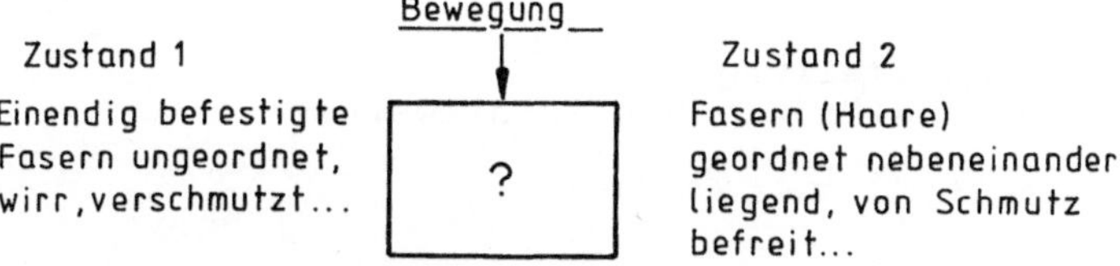

Bild 2.2/2   Zustandsverbale Beschreibung einer Aufgabe
             mit einer Black-Box

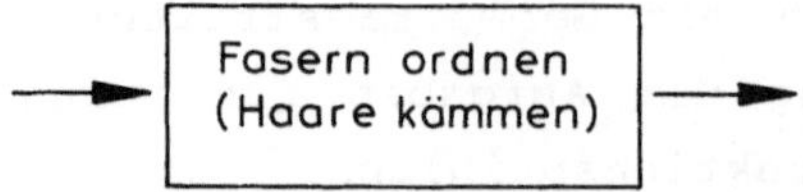

Bild 2.2/3   Operationale Beschreibung einer Aufgabe
             mit einer Black-Box

Eine weitere Darstellungsart zur Beschreibung der Funktion von
Systemen, in denen der Signalfluß und die Signalverarbeitung
wesentlich sind, benutzt den Zustandsgrafen und die Zustandsaus-
gangsmatrix. Die Systemzustände sind dabei in Kreise eingetragen.
Die Kanten zwischen den Kreisen stellen die Eingangs- bzw. Ausgangsgrößen (Pulse) dar, die beim Übergang von einem Zustand des
Systems in einen anderen Zustand in das bzw. aus dem System heraus
wirken. Bilder 2.2/4 und 2.2/5.

<u>Zustandsgrafen</u>

Kreis (Z_i) : Zustand des Systems Z_i

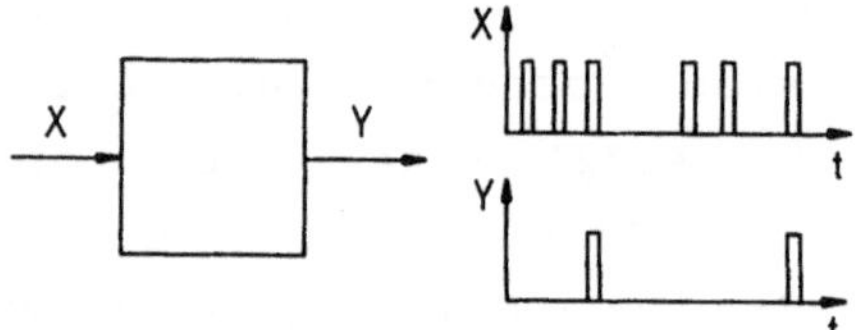

Gerichtete Kante

X Eingangsgröße, z.B. Impuls

Y Ausgangsgröße, z.B. Impuls

<u>Beispiel:</u> Schaltwerk

Definition der Zustände:

(Z_1) 0 Impulse gespeichert

(Z_2) 1 Impuls gespeichert

(Z_3) 2 Impulse gespeichert

Bild 2.2/4   Zustandsgrafendarstellung
             Definition der Zustände eines Schaltwerkes

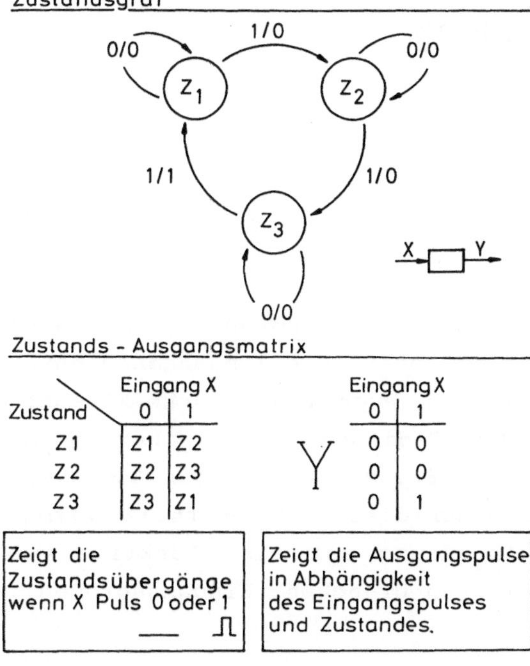

Zustands - Ausgangsmatrix

Zustand	Eingang X 0	1		Eingang X 0	1
Z1	Z1	Z2	Y	0	0
Z2	Z2	Z3		0	0
Z3	Z3	Z1		0	1

Zeigt die Zustandsübergänge wenn X Puls 0 oder 1 ⎯ ⎍	Zeigt die Ausgangspulse in Abhängigkeit des Eingangspulses und Zustandes.

Bild 2.2/5   Zustandsgraf und Zustands-Ausgangsmatrix zum
             Schaltwerk nach Bild 2.2/4

2.3 Teilung der Aufgabe

Die Teilung einer Aufgabe in Teilaufgaben ist eine Grundmethode
zur Lösung komplexer Aufgabenstellungen. Bei jeder Teilung entsteht immer auch zugleich die Struktur einer neuen Lösung. Bei
konstruktiven Aufgabenstellungen wird im allgemeinen eine baugrup-
penorientierte Strukturierung vorgenommen. Die Zielfrage lautet
dabei: Welche Baugruppe löst eine bestimmte Teilaufgabe? Die
Teilung kann auch theoretisch an Black-Box-Strukturen vorgenommen
werden. Hierbei ist jedoch Sorge zu tragen, daß man sich nicht zu
weit vom Realisierbaren entfernt. Wir benutzen deshalb in dieser
Darstellung den unten erörterten Begriff des Geometrie-Funktionsprinzips zur Strukturierung der Aufgabe. Dabei werden Geometrie-
Funktionsprinzipien für das Ganze mit ihren Leitgleichungen entwickelt, die den Einfluß von Geometrie und Stoff auf den gesamten
Ursache-Wirkung-Zusammenhang sichtbar machen. Die zugrundeliegende
Denkweise wird mit dem folgenden Abschnitt 3 vorbereitet.

3 Geometrie und Stoff
Die Elemente der Gestaltbildung

Physikalische Effekte sind Antworten (Ausgangsgrößen), die eine
Anordnung aus Geometrie und Stoff auf bestimmte Eingangsbedingun-
gen (Eingangsgrößen) gibt. Man spricht auch vom Ursache-Wirkung-
Zusammenhang, der unter den gleichen Bedingungen mit einer Anordnung immer wieder reproduzierbar abläuft. Von bestimmten Ausnahmen
kann hier abgesehen werden. Man kann diesen Sachverhalt verbal
beschreiben: Die Wirkung einer Anordnung ist eine Funktion von
geometrischen, stofflichen und weiteren Ursachen (Eingangsgrößen).
Formal:

$$W = F\,(G_i, S_j, U_k) \tag{3/1}$$

In dieser allgemeinen Schreibweise haben wir die implizite Darstellung eines Ursache-Wirkung-Zusammenhanges, eines Funktionszu-
sammenhanges. Wir betrachten die in einem System ablaufenden Vorgänge dann als verstanden, wenn es gelungen ist, die in (3.1)
beteiligten Parameter so in expliziter Form zu verknüpfen, daß die

Tabelle 3/1   Internationales Einheitensystem mit den
                Basisgrößen

Basisgröße	Formel-zeichen	Basis-einheit	Einh.-zeichen	Dimensions-zeichen
Länge	l	Meter	m	L
Masse	m	Kilogramm	kg	M
Zeit	t	Sekunde	s	Z
Elektr. Stromstärke	I	Ampere	A	I
Thermodynam. Temp.	T	Kelvin	K	T
Stoffmenge	n	Mol	mol	N
Lichtstärke	I_v	Candela	cd	$\emptyset$

Basisgrößen des Intern. Einheitensystems (SI)

Ursache-Wirkung-Zusammenhänge berechenbar sind. Wenn die Vorgänge auf die sieben Basisgrößen des SI-Systems (Tabelle 3/1) zurückgeführt sind, können wir den für die funktionsrelevante Gestaltung wichtigen Einfluß der Geometrieparameter erkennen. Dieser aus der Sicht der Gestaltbildung am meisten interessierende Einfluß führt uns zu der mit dem Begriff Geometrie-Funktionsprinzip durchgeführten Synthese von Geometrie und Funktion. Wir stellen damit dem reinen Funktionsdenken einen aus Geometrie und Funktion gebildeten methodischen Oberbegriff an die Seite. Bevor wir diesen an vielen Beispielen erörtern, seien einige allgemeine Betrachtungen über geometrisch-funktionale Analyse und Synthese eingeschoben.

3.1 Die menschliche Fähigkeit zur Gestaltbildung

Die Fähigkeit, zur Erreichung bestimmter Ziele spezielle Werkzeugformen zu schaffen, ist unmittelbar an die Entwicklung des Menschen geknüpft. Man denke an Gefäße zur Aufnahme von "Irgendetwas", deren Vorbild die hohle Hand gewesen sein könnte, oder an Werkzeugformen wie Keile, Klingen, die ihre Entsprechung bei den Zähnen haben. Neben spontanen Lösungen für einfache Aufgaben, wurde in einem vermutlich sehr lange dauernden Prozeß die Erfahrung gesammelt, daß man mit bestimmten Gesamtanordnungen bei entsprechender Materialwahl auch komplexere Aufgaben lösen kann (Fangen von Tieren mit Fallen). Schrittweise wurde die Bedeutung einer geometrischen Gesamtanordnung und die nicht unwesentliche Ausprägung von Details zur Lösung einer Aufgabe erkannt.

Die damit verbundenen Notwendigkeiten führten zur Entwicklung von Verfahren zur Stoffgewinnung und -Verarbeitung. Wahrscheinlich haben die Menschen bald bemerkt, daß bestimmte Aufgaben bestimmte Stoffeigenschaften - härter, weicher, flexibel, starr - erfordern. Sie erfanden neue Technologien.

Vermutlich wurde auch die abstrakte Vorstellung vom Wirken einer Sache in einem größeren Ganzen geboren (Funktionsbegriff). Die gewonnenen Erkenntnisse über das "Funktionieren" von Anordnungen und Rezepturen erforderten deren Aufbewahrung: Zeichnen, Schreiben, Zählen, Messen usw. Man kann den technologischen Lernprozeß vielleicht mit folgenden Worten grob umschreiben: Es wurden Gestalten und Stoffe mit ihren funktionellen Wirkungen erkannt, und es wurde versucht, auf dieser Grundlage neue Aufgaben zu lösen.

3.2 Die Abstraktion der Gestaltwirkungen von der konkreten Gestalt

Der langsam bewußt werdende Gedanke, die Wirkungen einer Gestalt von ihrer konkreten Ausführungsform abzutrennen, führte zu den Erkenntnissen, die wir heute als physikalische Gesetze bezeichnen (Hebelgesetz, Auftriebsgesetz usw., Bilder 3.2/1 und 3.2/2). Nicht zuletzt aus schlechten Erfahrungen heraus (Bruchvorgänge, Verschleiß usw.), wurde die große Bedeutung der Stoffeigenschaften für die Lösung von Aufgaben erkannt. Auch heute ist das Wechsel-

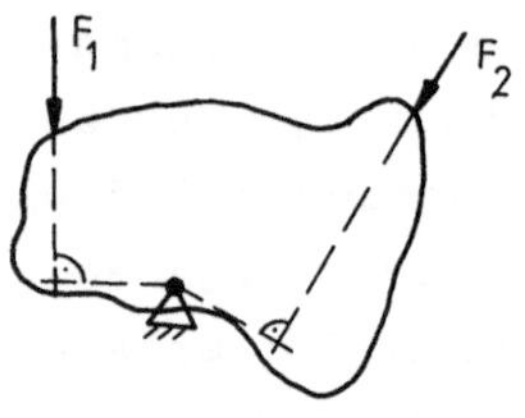

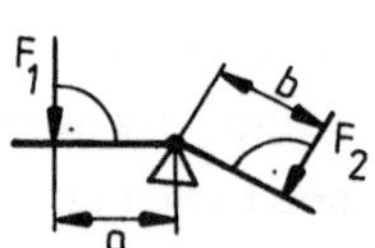

Bild 3.2/1   Ablösen der Funktionswirkung von der konkreten
             Form – Hebel

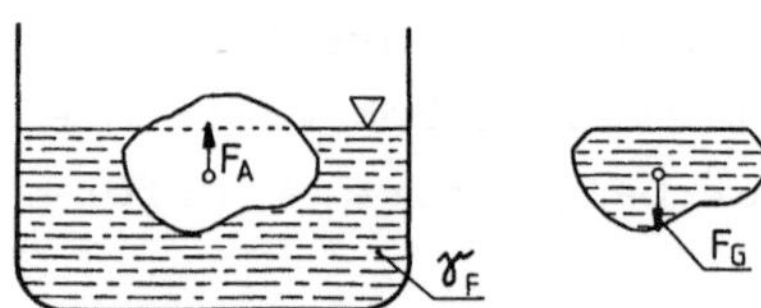

Bild 3.2/2   Ablösen der Funktionswirkung von der konkreten
             Form – Schwimmer

spiel zwischen Gestaltbildung und Funktionieren der Gestalten als
ein Erkennen der für die Funktionserfüllung erforderlichen Kombi-
nation von Geometrie- und Stoffparametern zu beobachten, wenn
etwas Neues gesucht wird. Die vielen heute bekannten Maschinenelemente können allerdings zu der Ansicht führen, der Gestaltbildungsvorgang sei nur noch ein Zusammenfügen von Bausteinen nach
Katalog. Dies mag in manchen Fällen zutreffen, aber in vielen
Fällen - besonders im Bereich der Feinwerktechnik - kommt es auf
den geometrisch-funktionalen Gestaltbildungsvorgang auch heute
noch besonders an.

3.3 Gestaltbildung – Zufall – Denken

Wir verstehen unter einer Gestalt eine Gesamtheit geometrisch und
stofflich festgelegter Elemente, die durch die physikalischen,
chemischen oder sonstigen Wechselwirkungen Aufgaben in einem
größeren Ganzen erfüllen. Man denke hier z.B. an die Gestalt von
Lebewesen oder deren Organe.
Während man heute die Entstehung der Gestalten von Lebewesen mit
dem zufallsgesteuerten Evolutionsprozeß erklärt, erfolgt bei den
Gebilden der Technik primär ein intelligenzgesteuerter Gestaltbildungsvorgang. Auch wenn ein neuer Geometrieansatz zur Lösung eines
Problems oft scheinbar zufällig - intuitiv - gefunden wird, so ist
seine Realisierung im allgemeinen nur über einen mühsamen methodisch gestützten Weg erreichbar. Und was heißt dabei eigentlich
"intuitiv gefundener Gestaltansatz?" Man mache sich dazu einmal
klar, was an Gestaltinformation in unserem Gehirn vorhanden ist:
Dies ist eine bis in die früheste Kindheit zurückreichende Samm-
lung und Vernetzung von Erfahrungen mit den unterschiedlichsten
Formen, Stoffen, Effekten usw. Im Verlaufe des individuellen
Lebens bildet sich dabei ein Beziehungsgeflecht von Geometrie-
Funktionserfahrungen aus, das - und insofern ist auch der Zufall
mit im Spiel - von der persönlichen Lebensgeschichte geprägt ist.
Neben die geometrisch-funktionalen Grunderfahrungen des Kindes mit
Bausteinen (Zusammensetzen, Stapeln, Balancieren usw.), mit Bällen
(Rollen, Werfen, Fangen usw.) und mit Spielzeugen der verschieden-
sten Art treten die Erfahrungen mit Stoffen wie Sand, Flüssig-
keiten, Plastiline. Auch wird bereits im Kindesalter ein Ganz-

heitsdenken, z.B. an den verschiedenen Tierarten erfahren, das auf Grund des Gesamtgestalteindruckes (Hund, Katze, Giraffe, Elefant usw.) entsteht. So nehmen wir von Jugend an eine enorme Infrastruktur an Geometrieerfahrungen in uns auf, die mit Funktionsvorstellungen gekoppelt sind. Mit dem Erlernen des Lesens und Schreibens beginnt die Möglichkeit, die Geometrieerfahrungen abstrakter zu sehen. Im weiteren Verlauf werden die Gestalterfahrungen mehr und mehr analytisch gesehen und der Einzelne bildet dabei Verknüpfungen aus, die auch von seinen Interessenlagen geprägt sind. Weiter bildet die Berufserfahrung mit den speziellen Geometrien der Branche eine große Gruppe von Gestaltinformationen, die in das Bewußtsein aufgenommen werden.

Alle diese Gestalterfahrungen, die im Laufe des Lebens gesammelt werden, bilden einen Teil der Grundlage für intuitiv gefundene Gestaltansätze. Dabei spielen natürlich auch Zufälligkeiten eine Rolle. Ohne die vorhandenen Beziehungsgeflechte an Gestaltinformationen wird aber der Zufall keine Gestaltidee bewirken. Man erkennt an diesen Überlegungen auch die Bedeutung, die die offene Mitteilung eigener Gestalterfahrungen in einer Gruppe für das Entstehen eines Netzes an überpersönlichen Gestalterfahrungen hat. Bild 3.3/1 soll einen kleinen Eindruck von diesen Geometrieerfahrungen vermitteln, die in unserem Gehirn immer mit Funktionswirkungen und Stoffvorstellungen gekoppelt sind.

Bevor wir auf die Gestaltbildung eingehen, sei der Funktionsbegriff unter den Aspekten der Zusammenhänge von Funktion und Gestalt betrachtet. Dabei ist zu berücksichtigen, daß es zwischen Funktionsdenken und bildhaftem Denken keinen Gegensatz gibt: Auch Funktionsdenken ist ein Denken in Bildern, allerdings in Bildern abstrakterer Art. Wir benutzen für die Entfaltung der Überlegungen hier die Beschreibung der Funktion von Vorrichtungen, weil Vorrichtungen eine allgemein bekannte Produktkategorie darstellen und - wie wir sehen werden - die dabei gefundenen Funktionen im Sinne der Gestaltbildung verallgemeinerungsfähig sind.

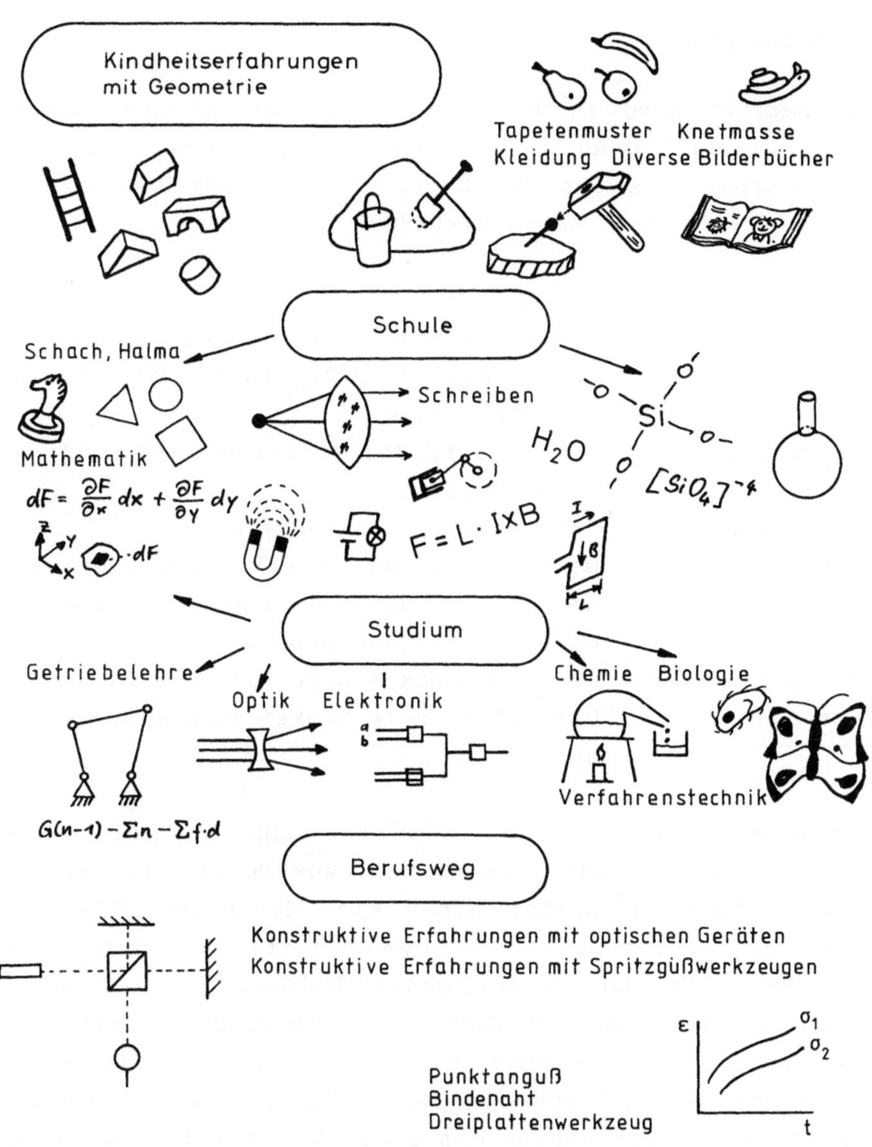

Kleiner Ausschnitt des Beziehungsgeflechtes von
Gestaltinformationen im Gehirn eines Konstrukteurs

**Bild 3.3/1   Zur Struktur unserer Form- und Funktions-
vorstellungen**

3.4 Der Funktionsbegriff

Der Funktionsbegriff wird in der Wissenschaft begrifflich unter-
schiedlich formuliert. Wegen seiner Wichtigkeit nennen wir hier
folgende Originalbeiträge aus der Zeitschrift "Studium Generale"
1949, Heft 1, und empfehlen deren Lektüre:

/3.4/1/   Sommerfeld, A.: Der Funktionsbegriff in der Physik
/3.4/2/   Madelung, E. : Der Funktionsbegriff in der Mathematik
                            und der Physik
/3.4/3/   Bergmann, G.   : Der Begriff der Funktion in der klini-
                            schen Medizin
/3.4/4/   Benninghoff, A.: Über funktionelle Systeme
/3.4/5/   Uexküll, T.   : Der Begriff der Funktion und seine Be-
                            deutung für unsere Vorstellung von der
                            Wirklichkeit des Lebensvorganges
/3.4/6/   Hassenstein, B.: Über den Funktionsbegriff des Biologen
/3.4/7/   Strunz, K.   : Das funktionale Denken in der Mathe-
                            matik.

Auch in der Konstruktionsmethodik wird der Funktionsbegriff besonders herausgestellt. Leider ist aber dieser Begriff gerade für
die gestaltbildende Konstruktion nicht klar definiert. Die verschiedenen Autoren verstehen unter dem Begriff Funktion recht
unterschiedliches. Für Zwecke der gestaltbildenden Konstruktion
bieten sich, wie oben schon erwähnt, zwei Darstellungsarten an:
die zustandsverbale Beschreibung der Funktion als Tätigkeit,
Eigenschaft, Vorgangsermöglichung, dargestellt an einer Black-Box
durch den Zustand vor und hinter der Black-Box und die operationale Beschreibung der Funktion durch Hauptwort und Tätigkeitswort
in der Black-Box. Zur Erläuterung sind hierzu die Bilder 3.4/1 bis
3.4/5 eingefügt.

Wir benutzen diese Darstellungen nun zur Definition des konstruktiv orientierten Funktionsbegriffes, indem wir uns die Lösung
einer Aufgabe durch die Funktion einer Black-Box - ohne Kenntnis
deren Inhaltes - vorstellen. Die Funktion ist damit anschaulich
definiert als Tätigkeit, Eigenschaft, Vorgangsermöglichung usw.

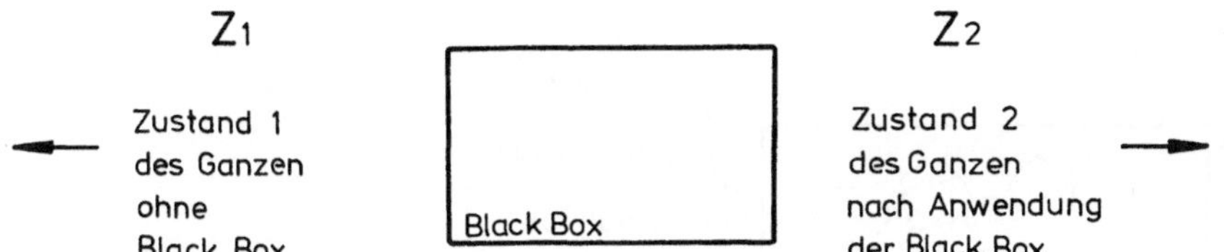

Bild 3.4/1   Zustandsverbale Funktionsdarstellung, allgemein

Black Box zur Ermöglichung einer Zustandsänderung

Bild 3.4/2   Zustandsverbale Funktionsdarstellung, speziell

Bild 3.4/3   Die Zustände sind Tätigkeiten

Black Box als Mittel zur Ermöglichung eines Zweckes, eines Vorganges, einer Eigenschaft...

Bild 3.4/4   Herstellung einer Eigenschaft: Zähne aufnehmen

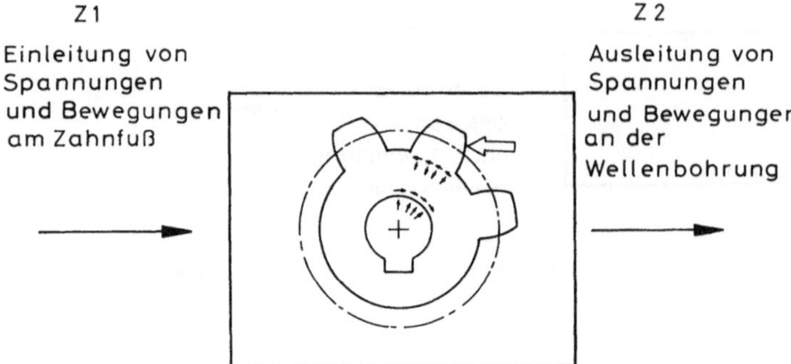

Bild 3.4/5   Eine Funktion des Grundkörpers: Kraftfluß leiten

durch eine Black-Box. Auf Bild 3.4/1 ist die allgemeine Darstellung der Funktion als Black-Box in einem größeren Ganzen gezeigt. Die zustandsverbale Beschreibung einer Getreideerntemaschine auf Bild 3.4/2 interpretiert die Black-Box von Bild 3.4/1 als Mittel zur Herstellung einer Zustandsänderung in einem Getreidefeld. Weiter zeigt Bild 3.4/3 die Interpretation der Black-Box zur Ermöglichung einer Tätigkeit durch Beschaffung eines Objektes. Schließlich sei die Entstehung einer Eigenschaft - nämlich die Eigenschaft Zähne definiert aufzunehmen - durch Herstellung eines Grundkörpers auf Bild 3.4/4 veranschaulicht. Die Black-Box des Bildes 3.4/4 enthält also ein Herstellverfahren.

Wir benutzen nun diesen Grundkörper des Zahnrades, um daran die heute übliche Funktionsdarstellung, die den Umsatz von Energien, Stoffen und Signalen an Black-Box-Strukturen verwendet, in zustandsverbaler Beschreibung zu erläutern, Bild 3.4/5. Die Funktion des Grundkörpers eines Zahnrades besteht - im Rahmen des größeren Ganzen eines Getriebes - darin, daß eine punktartig an der Zahnflanke eintretende Kraft über den Zahnfuß in den Umfang des Grundkörpers eingeleitet wird. Der Kraftfluß durchläuft den Grundkörper bis zur Wellenbohrung und tritt dort in die Welle ein. Die beiden Zutände Z1 und Z2 beschreiben die Kraftleitung an der Black-Box "Grundkörper". Natürlich sind damit noch lange nicht alle funktionalen Aspekte des Grundkörpers beschrieben.

Wegen seiner grundsätzlichen Bedeutung - und wegen der Schwierigkeiten, die seine gestaltliche Interpretation immer wieder bereitet - soll der Funktionsbegriff am Beispiel der Vorrichtungen weiter erörtert werden. Bild 3.4/6 zeigt die sehr vereinfachte Darstellung der Baugruppenstruktur einer Spannvorrichtung. Bild 3.4/7 zeigt die zustandsverbale Beschreibung der Vorrichtung, man kann die Zustandsdifferenz Z6-Z0 als Funktion einer Spannvorrichtung bezeichnen. Die Darstellung nach Bild 3.4/8 wird oft fälsch-

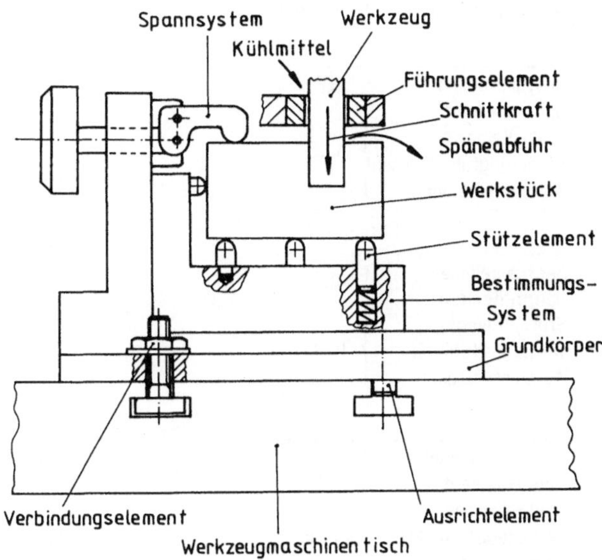

Bild 3.4/6   Baugruppenstruktur einer Vorrichtung

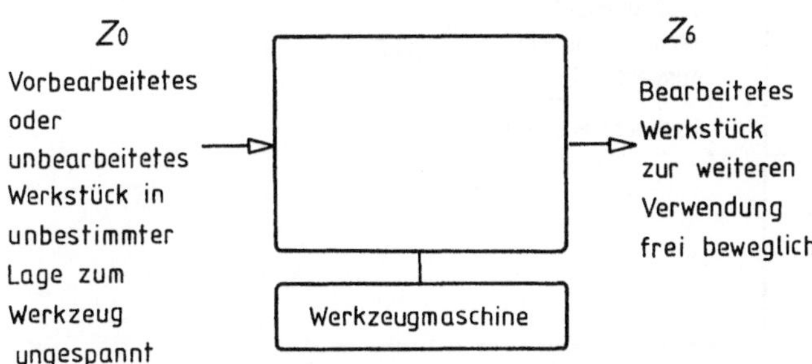

Bild 3.4/7   Zustandsverbale Funktionsdarstellung einer Vorrichtung

lich als die Funktionsstruktur einer Vorrichtung bezeichnet, in Wirklichkeit zeigt sie die Zustände, die in zeitlicher Reihenfolge am Werkstück und an der Vorrichtung während der Anwendung der

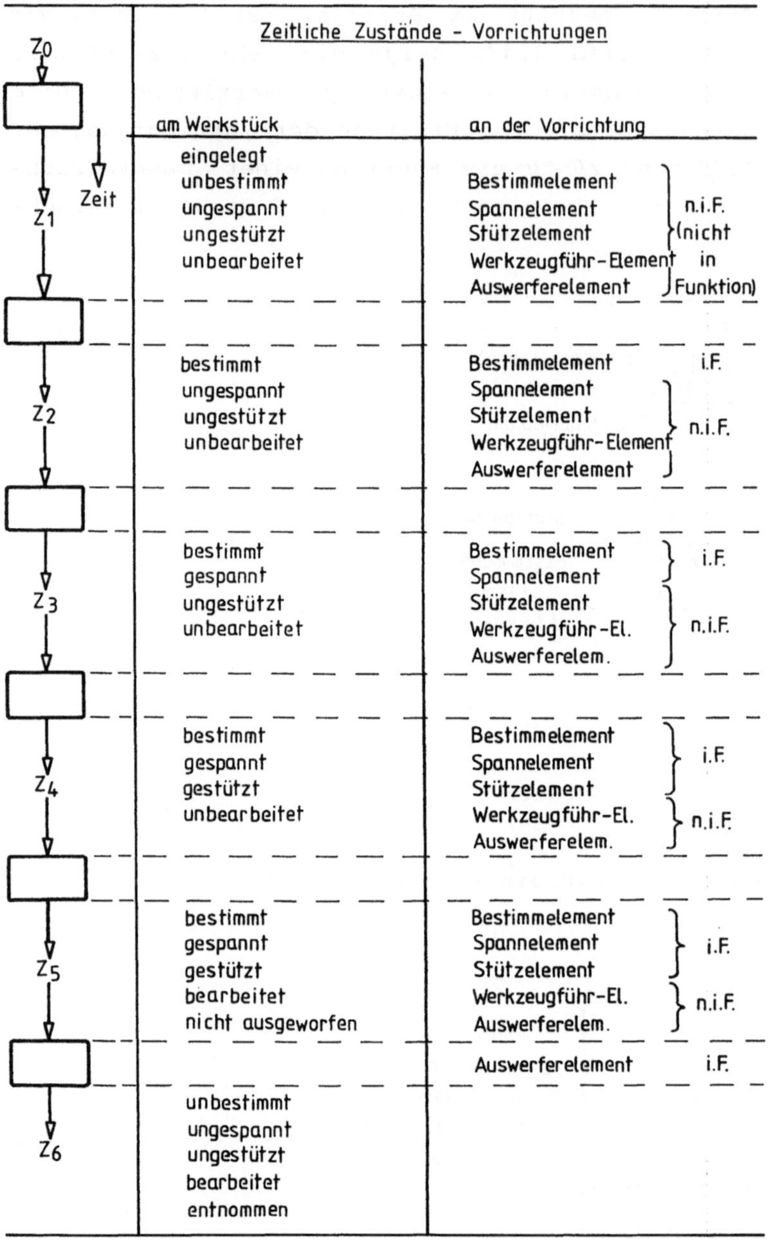

Z_0

Z_1 · Zeit

Z_2

Z_3

Z_4

Z_5

Z_6

Zeitliche Zustände - Vorrichtungen

am Werkstück	an der Vorrichtung	
eingelegt unbestimmt ungespannt ungestützt unbearbeitet	Bestimmelement Spannelement Stützelement Werkzeugführ-Element Auswerferelement	n.i.F. (nicht in Funktion)
bestimmt	Bestimmelement	i.F.
ungespannt ungestützt unbearbeitet	Spannelement Stützelement Werkzeugführ-Element Auswerferelement	n.i.F.
bestimmt gespannt	Bestimmelement Spannelement	i.F.
ungestützt unbearbeitet	Stützelement Werkzeugführ-El. Auswerferelem.	n.i.F.
bestimmt gespannt	Bestimmelement Spannelement	i.F.
gestützt unbearbeitet	Stützelement Werkzeugführ-El. Auswerferelem.	n.i.F.
bestimmt gespannt gestützt	Bestimmelement Spannelement Stützelement	i.F.
bearbeitet nicht ausgeworfen	Werkzeugführ-El. Auswerferelem.	n.i.F.
	Auswerferelement	i.F.
unbestimmt ungespannt ungestützt bearbeitet entnommen		

Bild 3.4/8 Zustände in Vorrichtungen

Vorrichtung auftreten. Bild 3.4/9 zeigt die Zustände in der Vorrichtung in operationaler Darstellung und wird ebenfalls mitunter als Funktionsstruktur bezeichnet. Bild 3.4/10 soll verdeutlichen, daß die Zustände nach Bild 3.4/8 bzw. 3.4/9 am gleichen geometrischen Ort (am Werkstück) wirken. Erst das Bild 3.4/11 stellt eine gestaltorientierte Darstellung der Funktion einer Vorrichtung dar.

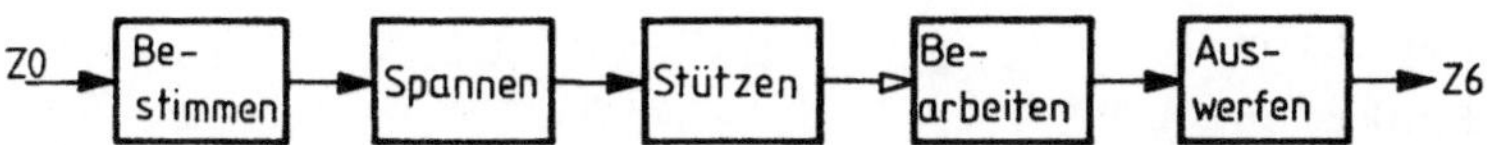

Bild 3.4/9   Operationale Funktionsdarstellung einer Vorrichtung

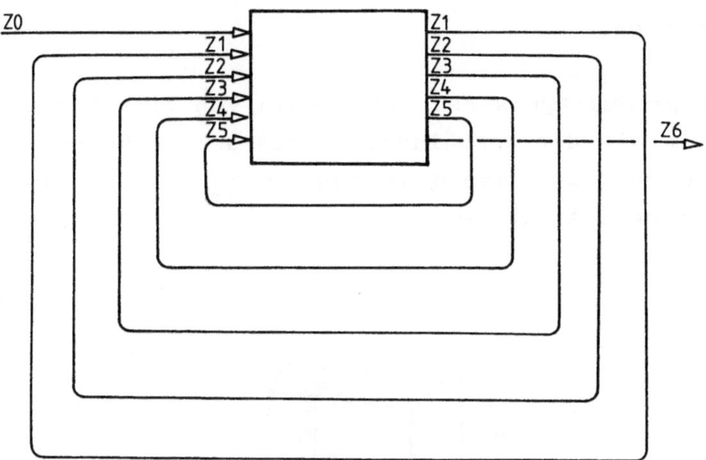

Bild 3.4/10   Ort der Zustände Z1–Z5

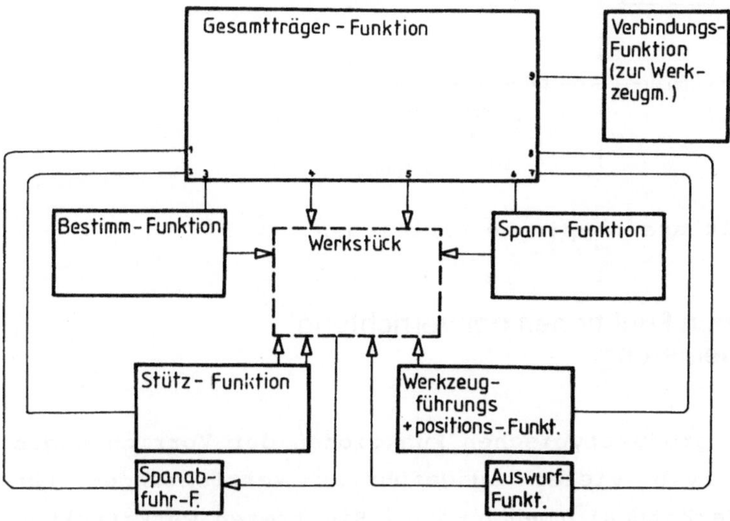

Bild 3.4/11   Gestaltorientierte Funktionsdarstellung einer
              Vorrichtung

Damit sind die produktklassen-typischen Funktionen der Spannvorrichtungen herausgearbeitet. Es sind dies:

Gesamtträger-   Funktion
Verbindungs-   Funktion zur Werkzeugmaschine
Bestimm-   Funktion
Spann-   Funktion
Stütz-   Funktion
Werkzeug-Führungs-   Funktion
Span-Abführ-   Funktion
Auswurf-   Funktion.

Bild 3.4/12 zeigt die produkttypischen Funktionen von Vorrichtungen, die im realen Raum mit der Anschlußgeometrie des Werkstückes
durch Anwendung produkttypischer Anordnungsregeln zur Gestaltfindung der Grundanordnung benutzt werden.

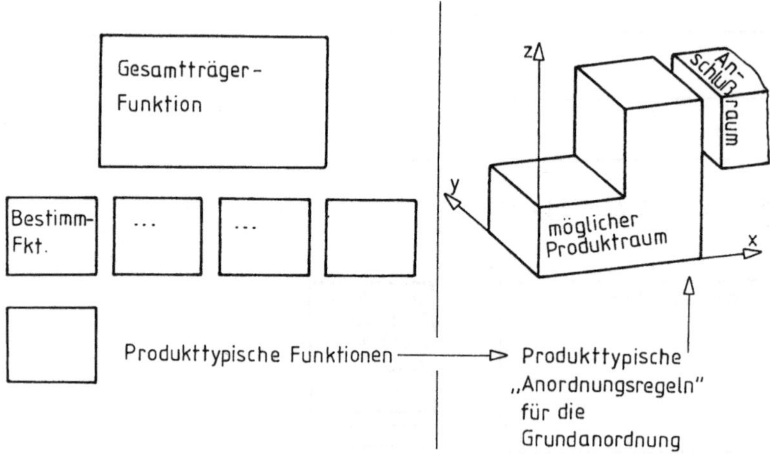

Bild 3.4/12   Produktklassentypische Funktionen

3.5 Die produkttypischen Funktionen der Vorrichtung und ihre Verallgemeinerung

Die oben erläuterten produkttypischen Funktionen der Vorrichtungen
gingen aus der Analyse vieler ausgeführter Vorrichtungen für
unterschiedlichste Werkstückformen hervor. Sie treten werkstückun-
abhängig auf, sind also Invarianten beim Gestalten einer Vorrich-

tung, /3.5/1/. In ihrem Zusammenwirken bilden diese Vorrichtungs-Funktionen die verschiedenen Geometrie-Funktionsprinzipien der Spannvorrichtungen, (verbal): definiertes Positionieren, deformationsarmes Spannen, Halten gegen Bearbeitungskräfte usw. unabhängig davon, ob gebohrt, gefräßt, gesägt, geschliffen usw. wird. Die Gesamtträger-Funktion definiert in den Vorrichtungen den Zusammenhalt zwischen den Bestimmelementen, den Spannelementen usw. unter den Kraftwirkungen, die bei der Bearbeitung auftreten. Die Gesamtträger-Funktion ist verallgemeinert, aber auch eine typische Gerätefunktion, die in Gehäusen, in Gestellen, in Chassis realisiert wird.

Weiter finden wir in Vorrichtungen die Bestimm-Funktion (Positions-Definitions-Funktion). Bei Vorrichtungen versteht man unter Bestimmen oder Positionieren die definierte Lagerung des zu spannenden Werkstückes relativ zu den Werkzeugführungsflächen der Vorrichtung.

Das Bestimmen oder Positionieren läßt sich verallgemeinert auf alle Positions-Definitionen in einer Konstruktion übertragen. Die Positions-Definition der einzelnen Flächen in einem optischen System relativ zueinander (Krümmungsmittelpunkte -Luftabstände- Sphären) ist untrennbar mit der Gesamtträger-Funktion der Volumenelemente der Einzellinsen verknüpft. Dies wird z.B. in speziellen Fällen deutlich: Optik die auf Druck beansprucht wird, behält nur die für die optische Funktion wesentliche Positions-Definition bei richtig dimensionierter Gesamtträger-Funktion. Gesamtträger-Funktion und Positions-Definitions-Funktion sind grundlegende Funktionen, die beim Gestaltbildungsvorgang besonders zu beachten sind.
Die Spann-Funktion (Trag-Halte-Stütz-Funktion) der Vorrichtungen zeigt sich, indem das Werkstück gegen die Bestimmelemente gespannt und gegen die Bearbeitungskräfte gehalten werden muß. Diese Funktion kann in den verschiedenen Vorrichtungskonstruktionen in unterschiedlichster Ausprägung beobachtet werden. Spannen, Halten, Tragen, Stützen usw. erfolgt - wenn man es verallgemeinert - in den Konstruktionen gegen Kräfte, die aus den verschiedensten physikalischen Effekten herrühren. Beim Spannen wird in den beteiligten Teilen ein innerer Spannkraftfluß erzeugt (Bild 3.5/1). Haltefunktionen werden von Teilen geleistet, die zu große Rela-

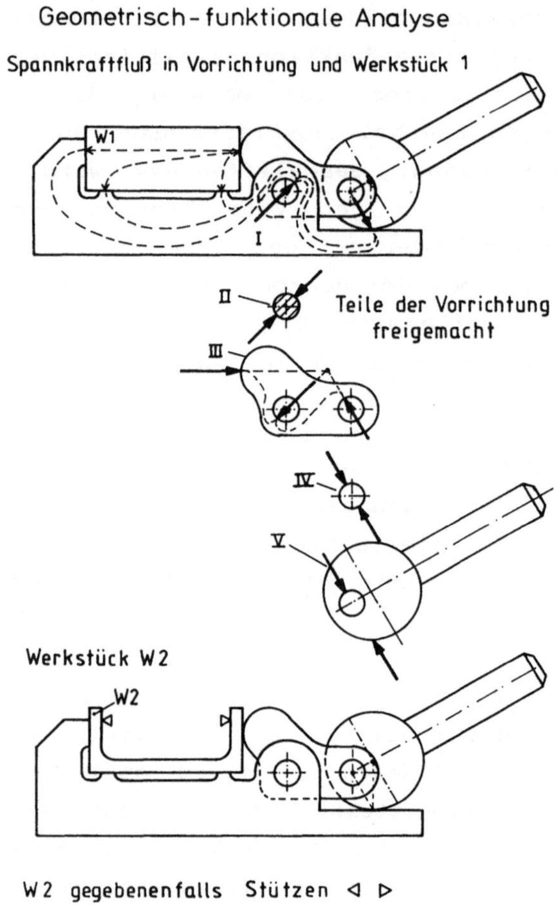

Bild 3.5/1 Kraftfluß in einer einfachen Spannvorrichtung

tivbewegungen zwischen anderen Teilen verhindern. Die Stütz-Funktionen werden notwendig, wenn z.B. zu große Deformationen auftreten würden, die in der Folge Fehler der verschiedensten Art hervorrufen könnten. Z.B. werden in Kunststoffteilen Metallteile als Stützelemente eingebracht.

Die kinematischen Funktionen treten in den Konstruktionen, z.B. bei Relativbewegungen zwischen irgendwelchen Teilen auf. Bei den Vorrichtungen als Werkzeugführungs-Funktion, als Span-Abfuhr-Funktion, der Auswurf-Funktion usw. Im Gerätebau sind hochgenaue Lagerungen und Führungen Stilelemente kinematischer Funktionen.

4 Das Geometrie-Funktionsprinzip

Wir verstehen unter dem Geometrie-Funktionsprinzip einer Anordnung jenen Anteil der Geometrieeigenschaften, der, neben den Stoffeigenschaften und weiteren Ursachen, für die Funktion wesentlich ist. Wir fassen also Geometrie und Funktion zu einer neuen, übergeordneten Einheit, dem Geometrie-Funktionsprinzip, zusammen. Diese Definition wird unten noch verschärft. Damit drängen sich Fragen auf, z.B. warum diese neue Begriffbildung, nachdem wir schon einige methodische Begriffe für den Übergang vom physikalischen Prinzip zur technischen Lösung haben? Man spricht bekanntlich vom Grundprinzip (Hansen), vom Arbeitsprinzip (Hansen), vom Wirkprinzip (Rodenacker), vom technischen Lösungsprinzip usw.

Eine Antwort ist, daß in den zuletzt genannten Begriffen viele Einflußgrößen miteinander vermischt sind, während mit dem neu eingeführten Begriff versucht wird, den Einfluß der geometrischen Parameter auf die Funktion von dem der Stoffparameter und der weiteren Ursachen im gesamten Ursache-Wirkung-Zusammenhang getrennt darzustellen. Weiter bringt die neue Begriffsbildung die natürlichen Prioritäten des Gestaltungsvorganges zum Ausdruck: Wir fragen in vielen Fällen zuerst nach der Geometrie, die notwendig ist, um mit einem physikalischen Effekt die gewünschte Funktion hervorzubringen. Fragen des Stoffes sind nach Wahl der Physik meist grob beantwortet, Fragen der Technologie und der Kosten treten zunächst zurück.

Ein dritter Grund für das Denken in Geometrie-Funktionsprinzipien liegt in der Tatsache begründet, daß alle physikalischen Vorgänge letztlich auf Geometrie- und/oder Stoffänderungen in der Zeit beruhen. Man kann "Vorgangsbeschreibungen" grundsätzlich mit den Worten "Die Geometrie bei ..." einleiten. Beispiele:

- die Geometrie bei Berührung elastischer Körper (Hertz'sche Pressung),
- die Geometrie bei Schwingungsvorgängen,
- die Geometrie bei Wärmeübergangsvorgängen,
- die Geometrie bei Strahlungsvorgängen,
- die Geometrie der Krafteinleitung,
- die Geometrie der Deformation unter Kräften.

Auch kann man "Anordnungen" geometrisch charakterisieren. Beispiele:

- die Geometrie bei Hebelgetrieben,
- die Geometrie der Lagerung,
- die Geometrie der Freilaufkupplung,
- die Geometrie des Schlitzverschlusses,
- die Geometrie des Zentralverschlusses,
- die Geometrie des magnetischen Kreises,
- die Geometrie spielfreier Getriebe.

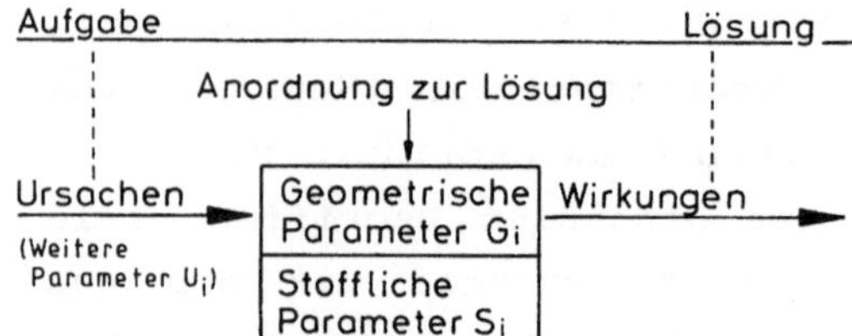

Die Wirkungen W_n einer Anordnung sind aber das Ergebnis der Ursachen U_i und der Parameter G_i.

$$\text{Wirkung}_n = F_n \left[G_i , S_i , U_i \right]$$
$$W = F_n \left[G_i \; S_i \; U_i \right]$$

Geometrieparameter G_i / / \ Weitere Parameter U_i
Stoffparameter S_i

Geometrie-Funktionsprinzip: $S_i = \overline{C_i}$; $U_i = \overline{\overline{C_i}}$
$$W_{n_{Geo}} = F \left[G_1 ... G_i , \overline{C_1} ... \overline{C_j} , \overline{\overline{C_1}} ... \overline{\overline{C_k}} \right]$$
Stoff-Funktionsprinzip: $G_i = C_i$; $U_i = \overline{\overline{C_i}}$
Betriebsverhalten: $G_i = C_i$; $S_i = \overline{C_i}$

Bild 4/1 Veranschaulichung zum Begriff Geometrie-Funktionsprinzip

Hinter allen diesen Überschriften verbirgt sich die Frage nach dem geometrisch-funktionalen Zusammenhang: Wie funktioniert die Geometrie im Gesamtzusammenhang von Ursachen und Wirkungen? Weiter:

Wie muß "Geometrie" gestaltet werden, damit eine funktionierende Anordnung entsteht? Wir hinterfragen damit sozusagen den benutzten physikalischen Effekt, indem wir die Frage nach den Anteilen von Geometrie und Stoff bei seinem Zustandekommen stellen. Bild 4/1 zeigt eine erste Darstellung zum Geometrie-Funktionsprinzip. Wir haben oben dargelegt, daß viele funktionelle Wirkungen, die sich mit geometrischen Anordnungen hervorbringen lassen, in unserem Gedächtnis abgelegt sind. Dabei ist auch meist die stoffliche Ausführung, wenigstens qualitativ (hart, weich, elastisch, leicht, schwer, magnetisch) mitberücksichtigt. Beim Rückgriff auf diesen geometrisch-stofflich-funktionalen Erfahrungsschatz benutzen wir unter anderem zwei Grundfragen:

- Was kann eine bestimmte geometrische Anordnung an Aufgaben erfüllen?

- Welche Geometriestrukturen können eine bestimmte Aufgabe lösen?

Die Suche erfolgt also nach zwei Richtungen. Einmal wird versucht zu erkennen, welche unterschiedlichen Anwendungsmöglichkeiten in einer be-stimmten geometrischen Anordnung enthalten sind.
(Was kann man mit der Geometrie "Rohr", "Balken", "Kamm" usw. an Aufgaben erfüllen?), Bild 4/2. Zum anderen wird gefragt, mit welchen unterschiedlichen Geometrien eine bestimmte Aufgabe erfüllt

Was kann eine bestimmte geometrische
Struktur an verschiedenen Aufgaben erfüllen,
Wirkungen hervorbringen?

Geometrie Struktur	Funktionale Wirkungen, Möglichkeiten…		
Kamm	Fasern ordnen	Partikel entfernen	Stoff aufbringen
Schraube	Drehbewegungen in Längsbewegungen Längsbewegungen in Drehbewegungen Wendelbohrer Wendeltreppe Schraubenfeder	Teile lösbar verbinden	Korkenzieher Wendelrohr im Destillationsgefäß Schneckengetriebe Archimedische Schraube Schiffsschraube
– – – – – –	üben		

Wir erkennen:
Eine bestimmte Geometriestruktur kann die unterschiedlichsten Aufgaben erfüllen.

Bild 4/2 Verschiedene Funktionen derselben Geometrie

werden kann. Bild 4/3. Im letzten Falle erfolgt dann im weiteren
eine allgemeine Modifikation, Variation, Zusammensetzung oder

Durch welche Geometriestrukturen kann <u>eine</u>
bestimmte Aufgabe gelöst werden,
Wirkung hervorgebracht werden?

Aufgabe Wirkung	Geometriestrukturen		
Schmutz entfernen	Bürste Besen Staubsauger	Lappen Pinsel Kamm	Ionisator Luftstrahl
- - - - - - - - -			

Wir erkennen:
Eine bestimmte Aufgabe kann von unterschiedlichsten Geometriestrukturen
gelöst werden.

Bild 4/3 Lösung einer Aufgabe mit verschiedenen geometrischen
         Anordnungen

<u>Modifikation der Geometrie für die Funktion</u>

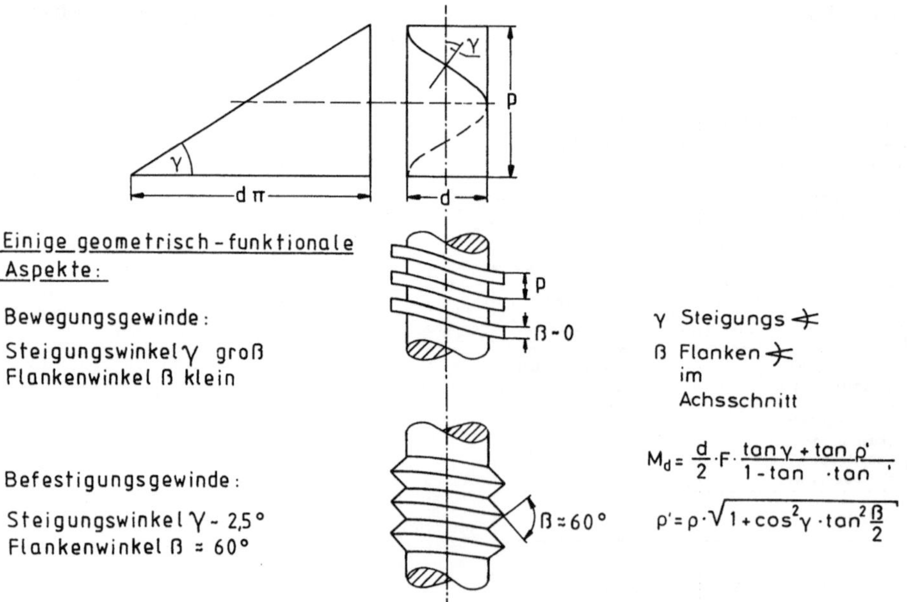

$$M_d = \frac{d}{2} \cdot F \cdot \frac{\tan\gamma + \tan\rho'}{1 - \tan \cdot \tan '}$$

$$\rho' = \rho \cdot \sqrt{1 + \cos^2\gamma \cdot \tan^2\frac{\beta}{2}}$$

Bild 4/4 Geometrie und Funktion: Gewinde I

Neukreation der Geometrie. Auch dabei bedienen wir uns - oft unbewußt - bestimmter Zielfragen: Aus welchem geometrischen Grundgedanken heraus kann eine Vereinfachung erfolgen? Wie muß man die Geometrieparameter modifizieren? Auf welchem anderen Urbild einer Geometrie (Archetyp) könnte eine weitere Lösung basieren? Die Bilder 4/2 und 4/3 sollen die Formalisierbarkeit des Suchens im Gedächtnis andeuten. Bild 4/4 zeigt Geometrie und Funktion in einigen Aspekten am Gewinde.

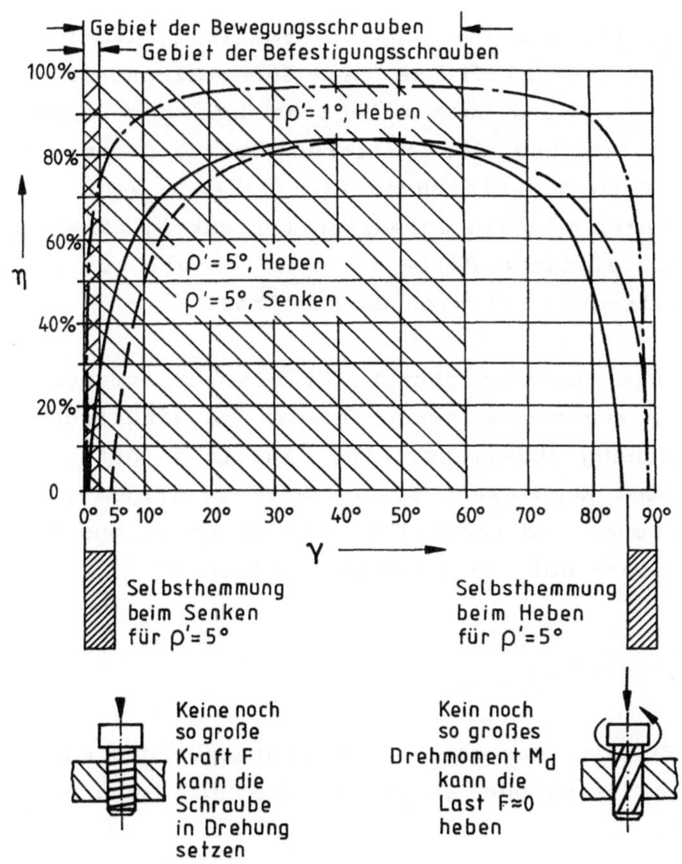

$$\eta_{Heben} = \frac{\text{Aufzuwendendes Moment ohne Reibung}}{\text{Aufzuwendendes Moment mit Reibung}} = \frac{\tan\gamma}{\tan(\gamma+\rho')}$$

$$\eta_{Senken} = \frac{\text{Abgegebenes Drehmoment mit Reibung}}{\text{Abgegebenes Drehmoment ohne Reibung}} = \frac{\tan(\gamma-\rho')}{\tan\gamma}$$

Bild 4/5 Geometrie und Funktion: Gewinde II

4.1 Die mathematische Formulierung des Begriffes Geometrie-Funktionsprinzip

In ihrer formalen Darstellung beschreiben die Geometrie-Funktions-prinzipien die Ursache-Wirkung-Zusammenhänge F zwischen Ursachenparametern (G_i = Geometrieparametern; S_j = Stoffparametern; U_k = weiteren Ursacheparametern) und deren Wirkungen W:

$$W = F(G_i, S_j, U_k) \qquad\qquad (4.1/1) = (3/1)$$

Dies ist die Beziehung (3/1). Sie ist nun so formuliert, daß alle für die Funktion wesentlichen Einflüsse der Geometrieparameter berücksichtigt sind, d.h. es sind auch alle Einflüsse der Geometrie auf die Stoffparameter und die weiteren Ursacheparameter beachtet. Die explizite Form der Gleichung (4.1/1) kann sehr unterschiedliche Parameterverknüpfungen enthalten (Produkte, Summen, Potenzprodukte usw.). Für einfache Fälle ist sie schnell aus den zugrundeliegenden physikalischen Effekten darstellbar.

(4.1/1) kann aber auch als "Leitgleichung" für eine Gesamtanordnung geschrieben werden, indem die verschiedenen physikalischen Effekte, die in der Anordnung zusammenwirken, einzeln dargestellt und verknüpft werden. Jedes komplexere System wird im allgemeinen durch mehrere "Leitgleichungen" dargestellt. Ein Beispiel aus dem Produktbereich der Spielzeuge soll dies veranschaulichen.

4.1.1 Beispiel Trinkente

Ein bekanntes Beispiel für das Zusammenwirken mehrerer physikalischer Effekte ist das als "trinkende" Ente bekannte Spielzeug bzw. Lehrmittel, Bild 4.1.1/1.
Ein bei D reibungsarm gelagerter entenförmiger Glaskörper G enthält in seinem unteren Behälter B eine Ätherfüllung. In der Stellung /1/ liegt der Systemschwerpunkt S am tiefsten unter dem Drehpunkt D. Die Momentensumme um D ist gleich Null. Am Schnabel befindet sich außen eine locker angefeuchtete Filzschicht F. Verdunstet nun außen am Schnabel die Feuchtigkeit, so kühlt der Entenkopf K ab. - Innen schlägt sich im Entenkopf der Ätherdampf

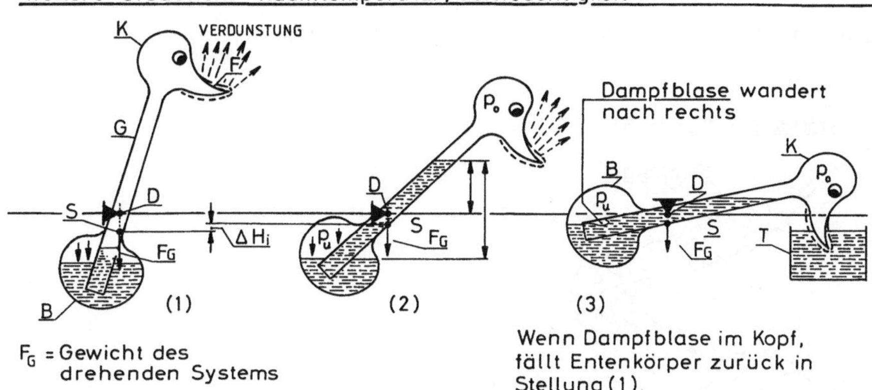

Bild 4.1.1/1   Geometrie-Funktionsprinzip des Spielzeuges
                "Trinkente"

nieder, der sich oberhalb des Ätherspiegels im Rohr befindet. Es
entsteht also oben ein etwas niedrigerer Dampfdruck p_o als unten
über dem Ätherspiegel im Entenbauch B , wo der Dampfdruck p_u
herrscht. Der Ätherspiegel steigt im Rohr und der Schwerpunkt S
wandert etwas näher an den Drehpunkt D und ganz wenig nach
rechts, bis wieder Momentengleichgewicht um D herrscht. Stellung /2/. Wenn sich der Glaskörper weiterneigt, taucht schließlich
der Kopf in das Tauchgefäß T, Stellung /3/. Dabei steigt eine
Dampfblase vom Bauch über das Rohr in den Kopf und der Dampfdruck
steigt oben. Die Ente kippt in die Stellung /1/ zurück und der
Vorgang beginnt von neuem.

Das Wesentliche des Geometrie-Funktionsprinzips besteht darin, die
Glaskörpergeometrie, den Drehpunkt D, die Ätherfüllung, das
Tauchgefäß T usw. in ihrer Anordnung so aufeinander abzustimmen,
daß die geschilderte rhythmische Bewegung entsteht. Dabei sind
eine Vielzahl von physikalischen Effekten wirksam: Verdunstungs-
kälte muß entstehen können, d.h. die Umgebungsluft darf oben nicht
gesättigt sein. Die Wärmeübertragung von innen nach außen (Wärmeübergang, Wärmeleitung, Wärmeübergang) muß erfolgen können. Der
Ätherdampf muß sich innen im gekühlten Kopf niederschlagen. Der
Dampfdruck p_u muß die Ätherfüllung im Rohr anheben. Das Momentengleichgewicht um D muß gestört werden. Die entstehende poten-
tielle Energie pro Hub wird durch die geringe Temperaturdifferenz

zwischen Kopf und Bauch als Wärmeenergie aus der Umgebung entzogen. Voraussetzung ist die Verdunstung am Schnabel.

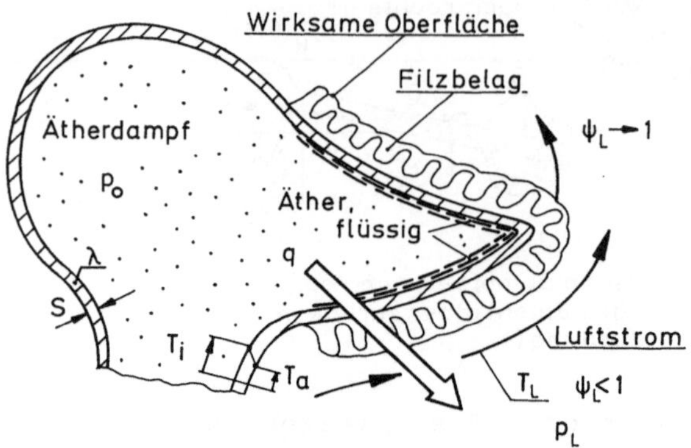

Bild 4.1.1/2   Detail zu Bild 4.1.1/1: Das physikalische Geschehen am Kopf

Soweit die verbale Beschreibung des Geometrie-Funktionsprinzips. Wie sieht nun die "Leitgleichung" der Ente aus? Bild 4.1.1/2 zeigt die Parameter am Entenkopf:

G_i: Die Kondensatoroberfläche, die Wanddicke, Porendaten des Filzbelages,

S_j: Wärmeleitzahl Glas, Wärmeübergangszahlen, Ätherdaten,

U_k: Lufttemperatur, Sättigung der Luft.

Zur Aufstellung der Formeln für die Geometrie-Funktionsprinzipkette muß man zuerst festlegen, was Ursachen und was Wirkungen sind. Wir legen fest: Wirkung W_1 sei die Äther-Temperatur im Kopf (Kondensator), verursacht durch Luft außen und deren Sättigungszustand. Glasdaten, Kondensatorgeometrie. Diese Wirkung W_1 geht als U_1 in die Beziehung für W_2 für den Dampfdruck im Kondensator ein. Die entstehende zeitabhängige Dampfdruckdifferenz zwischen dem Dampfdruck im Bauch und im Kopf ist die Wirkung W_3. Dies verursacht den Kippvorgang, wobei das Reibmoment M_R an der Lagerstelle noch bremst. Die Wirkung W_4 stellt somit den zeitabhängigen Kippwinkel der Anordnung dar. Setzt man Wirkungen 1, 2 und 3 in die Funktion F_4 ein, so erhält man die "Leitgleichung" der Ente: Alle geometrischen, stofflichen und weiteren Parameter sind in ihrem Einfluß auf die Wirkung - den zeitabhängigen Kippwinkel - erkennbar.

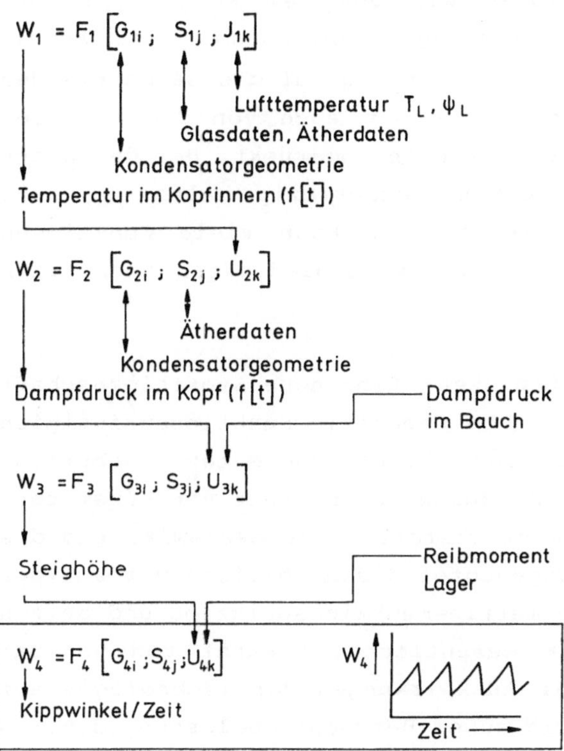

Bild 4.1.1/3   Zum Aufbau der Leitgleichung für das gesamte
Ursache-Wirkung-Verhalten der Trinkente aus den
einzelnen Ursache-Wirkung-Zusammenhängen

Zur Ermittlung der Gleichung W 4 müssen in Einzeluntersuchungen
die Einflüsse der Geometrie und der Stoffe geklärt werden: Ver-
dunstungsvorgang, Wärmeleitung, Lagerreibung usw. Hält man die
Geometrie und die weiteren Ursachenparameter konstant, so kann man
durch Stoffvariation das Stoff-Funktionsprinzip, d.h. den Einfluß
der Stoffparameter auf den zeitlichen Verlauf des Kippwinkels
erkennen. Entsprechendes gilt bei konstanten Geometrie- und Stoff-
daten und variablen weiteren Ursacheparametern (Luft!) und deren
Einfluß auf den Kippwinkelverlauf.

Das Herausarbeiten von Leitgleichungen ist eine Kleinarbeit, die
ein gutes Hineindenken in die Funktionsabläufe verlangt. Das macht

den Begriff des Geometrie-Funktionsprinzips schwierig in der Handhabung, aber wertvoll im heuristischen Sinne. Mit dem Begriff "Geometrie-Funktionsprinzip" lösen wir aus dem Konglomerat der Einflußgrößen auf den Ursache-Wirkung-Zusammenhang jenen Anteil heraus, der durch die gestaltende Einwirkung auf die Geometrie des Systems beeinflußbar ist. Wir sind damit auch von den diffusen Begriffen wie Wirkprinzip, Arbeitsprinzip abgerückt. Bei der Suche nach einem geeigneten Geometrie-Funktionsprinzip halten wir uns immer vor Augen: Eine Geometrieanordnung kann viele Funktionen erfüllen - eine Aufgabe kann von den verschiedensten Geometrien gelöst werden.

Wir haben natürlich immer zu bedenken: Eine neue Stoffeigenschaft kann eine völlig neue Kategorie von Geometrie-Funktionsprinzipien im Gefolge haben. Man denke an den Einfluß von Materialsubstitutionen auf die Gestalt, wie z.B. durch den Einsatz von Kunststoffen. Weiter seien hierzu Keramikwerkstoffe (Piezokeramik) und die neueren Supraleiter erwähnt. Ungeachtet dessen bleiben wir auf der hier ausgeführten Stufe des Geometrie-Funktionsprinzips und setzen die Werkstoffparameter als im wesentlichen bekannt und wählbar voraus. Weiter werden auch die Rückwirkungen der Technologie auf die funktionsrelevante Geometrie außer Betracht gelassen, d.h. es wird eine diesbezüglich geeignete Technologie angenommen. Wir setzen hier das Primat der Geometrie und beziehen Stoffparameter und weitere Parameter nur in gewissen, unbedingt notwendigen Grenzen ein.

4.1.2 Die verbale bzw. verbal-formale Darstellung des Begriffes Geometrie-Funktionsprinzip

In vielen Fällen können die in einer Anordnung vorliegenden Zusammenhänge zur Funktion nicht mit Gleichungen beschrieben werden, aber man kann die funktionsrelevanten Geometrie- und Stoffparameter aufzählen und ihr Zusammenwirken wenigstens verbal beschreiben. Damit werden vielfach auch Experimente angeregt, die einer Bewußtmachung der physikalischen Zusammenhänge dienlich sind. An die zunächst rein verbale Darstellung des Geometrie-Funktionsprinzips schließt sich so eine verbal-formale Darstellung an, die

Teilzusammenhänge, z.B. in Form von geometrisch orientierten Nomogrammen oder Formeln sichtbar macht. Das Erklären oder Erkennen wie die Geometrieparameter auf die Ursache-Wirkung-Zusammenhänge einwirken, erfordert zuvor die Festlegung dessen, was man im speziellen Fall unter den Ursachen und was man unter den Wirkungen verstehen will. Dies wird im folgenden Beispiel näher erläutert.

An einem Kugelschreiber lassen sich zwei wesentliche Baugruppen erkennen: die Schreibkugel und der Drucktastenmechanismus. In jeder dieser beiden Baugruppen wirkt ein Geometrie-Funktionsprinzip. Die Beschreibung des Ursache-Wirkung-Zusammenhanges, der beim Schreibvorgang abläuft, ist mit Hilfe von Gleichungen vermutlich strenggenommen nicht möglich. Wir versuchen hier eine verbale Beschreibung des enthaltenen Geometrie-Funktionsprinzips: Durch Reibungskräfte wird eine in einer Kugelpfanne gelagerte Hartmetallkugel über einer Schreiboberfläche gedreht und nimmt dabei, infolge von Adhäsionskräften Schreibflüssigkeit (Tusche) aus einem Zuflußkanal mit. Bei der Drehung der Kugel wird die Tusche auf die Schreiboberfläche aufgerieben und bildet so den gewünschten Linienzug. Wir wollen hier unter der Wirkung das Schreibergebnis verstehen. Dieses Schreibergebnis besteht aus einer Reihe von Teilergebnissen, die die "Gesamtwirkung" beschreiben durch:
- Strichstärke St,
- Strichdicke H,
- Strichlänge L (eine Füllung),
- Kantenschärfe des Striches (mikroskopisch definieren),
- Klecksneigung,
- Wischfestigkeit usw.

Bild 4.1.2/1 zeigt die beteiligten Parameter. Es sind ca. 15 geometrische Parameter an der Schreibkugel zu erkennen. An Stoffparametern seien pauschal Papiereigenschaften, Tuscheeigenschaften, Luftfeuchtigkeit genannt. Weitere Parameter sind: Andruckkraft, Andruckrichtung, Umweltbedingungen usw. Wir erkennen weiter, daß in den Stoffen Papier und Tusche ebenfalls geometrische Parameter enthalten sind: Partikelgröße, Rauhigkeit der Papieroberfläche. Wie die geometrischen Parameter in Verbindung mit den anderen Parametern das Schreibergebnis beeinflussen, kann ohne Vorerfahrungen nur experimentell geklärt werden.

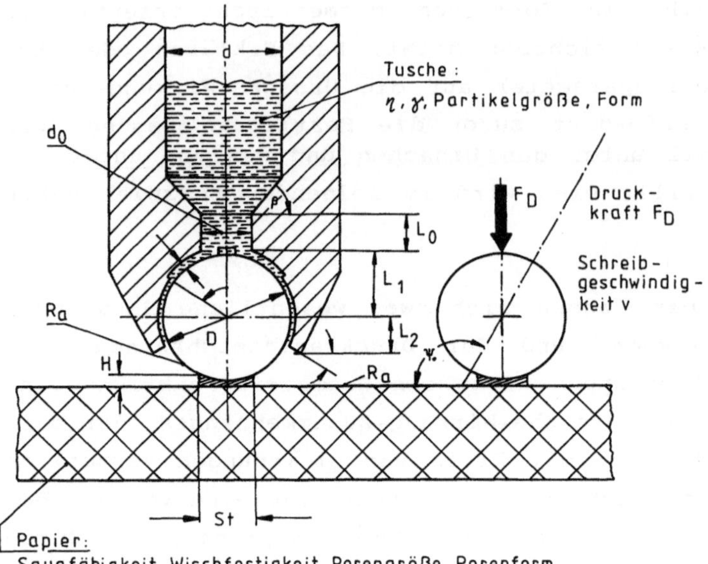

Bild 4.1.2/1   Geometrie- und Stoffparameter an der Kugelschreiber-
              spitze

4.2 Beispiele zum Geometrie-Funktionsprinzip

Mit den folgenden Beispielen soll nunmehr die Darstellung von
Geometrie-Funktionsprinzipien näher erläutert und eingeübt werden.
Dies erscheint uns besonders wichtig, weil die Abstraktion der
Wirkungen von einer gestalteten Ausführung oft nicht einfach ist,
sie aber wiederum die Grundlage für die Zuordnung von neuen Gestalten zu Wirkungen bildet. Diese geometrische Gestaltung unter
Beachtung der Stoffparameter und der weiteren Ursacheparameter
stellt, an vielen Beispielen geübt, eine Einführung in das hier
als geometrisch-funktionales Denken bezeichnete Vorgehen dar.
Geometrie und Funktion haben dabei vor Stoff und Funktion sowie
vor Technologie und Funktion Priorität. Mit dem Begriff Geometrie-
Funktionsprinzip wird aber nicht, wie man vielleicht vermuten
könnte, der Stoffeinfluß usw. ignoriert, vielmehr wird lediglich
die Priorität der Gestaltung bei den Geometrieparametern gesetzt.
Unabhängig davon, ob wir eine verbale oder eine formale oder eine
gemischte Darstellung des Geometrie-Funktionsprinzips vornehmen-
stets ist zunächst festzulegen, was wir als Ursachen und was wir

als Wirkungen bei einer Anordnung auffassen wollen. Das ist besonders bei elementaren Anordnungen, die verschiedenste Ursache-Wirkung-Zusammenhänge leisten können, wichtig und soll am ersten Beispiel deutlich werden.

4.2.1 Beispiele aus der Mechanik

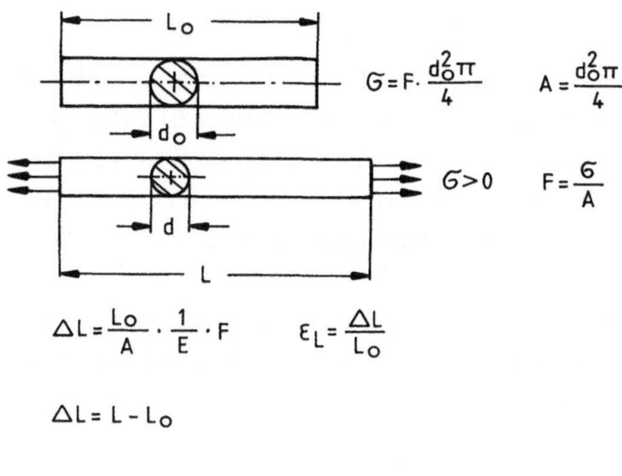

Bild 4.2.1/1   Geometrie-Funktionsprinzipien am Zugstab

Beispiel 1

Geometrie-Funktionsprinzipien an einem Stab aus zähem Stahl CK 15. Beim Aufbringen einer Zugkraft, die unterhalb der Streckgrenze liegt, wird der Stab elastisch um einen kleinen Betrag gelängt und sein Durchmesser etwas verringert, Bild 4.2.1/1. Man kann nun entweder die Längenvergrößerung oder die Durchmesserverringerung als Wirkung der Ursachen Geometrie, Stoff und Zugkraft auffassen. Faßt man zunächst die Längenänderung als Wirkung auf, so gilt:

$$\Delta L = \underset{G_i}{\underline{\dfrac{L_0}{A}}} \cdot \underset{S_j}{\underline{\dfrac{1}{E}}} \cdot \underset{U_x}{\underline{F}} \tag{4.2.1/1}$$

Damit ist ein erstes Geometrie-Funktionsprinzip am Stab darge-

stellt. Ein zweites kann dadurch realisiert werden, daß die Kraft als Wirkung der Ursachen-Geometrieparameter, Stoffparameter und eingeleitete Längenänderung aufgefaßt wird.
Dabei wird also die geometrische Größe der Längenänderung als eine weitere Ursachengröße aufgefaßt:

$$F = \underbrace{\underbrace{\frac{A}{L_0}}_{G_i} \cdot \underbrace{E}_{S_j} \cdot \underbrace{\Delta L}_{U_k}} \tag{4.2.1/2}$$

Ein drittes Geometrie-Funktionsprinzip schließlich könnte dadurch gebildet werden, daß die Durchmesseränderung als Wirkung aufgefaßt wird. Das Beispiel des Stabes zeigt den bereits mehrfach erwähnten Sachverhalt: Eine geometrisch gestaltete Stoffanordnung kann unterschiedlichste Aufgaben lösen (Funktionen erfüllen).
Beispiel 2
Wir fragen hier, welche Geometrie-Funktionsprinzipen lassen sich mit einem statisch bestimmt gelagerten Biegebalken realisieren, Bild 4.2.1/2.

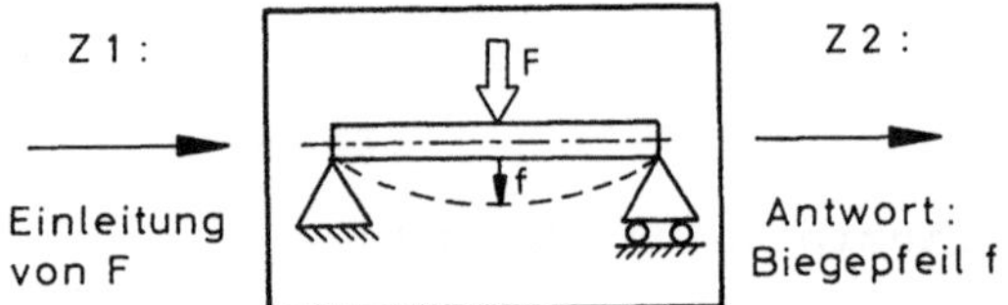

Bild 4.2.1/2 Geometrie-Funktionsprinzip 1 am Biegestab

Wir nehmen zunächst als Wirkung den Biegepfeil f und als Ursachen die Trägergeometrie, den Trägerwerkstoff und die belastende Biegekraft an. Die Geometriedaten sind die Balkenhöhe H, die Balkenbreite B, die Balkenlänge L und der Kraftangriff senkrecht auf der Balkenachse in Balkenmitte. Der Elastizitätsmodul E ist die relevante Stoffgröße, sofern unter der Fließgrenze statisch belastet wird. Der weitere Ursachenparameter ist die Kraft. Es gilt laut Ingenieurtabellen:

$$f = \frac{F \cdot L^3}{48 \cdot E \cdot J} \tag{4.2.1/3}$$

$$J = \frac{B \cdot H^3}{12} \qquad (4.2.1/4)$$

Faßt man den E-Modul als Konstante C1 und die Kraft als Konstante C2 auf, so erhält man den geometrisch bedingten Anteil von f:

$$f_{Geo} = K \cdot \frac{C2}{C1} \cdot L^3 \cdot B^{-1} \cdot H^{-3} \qquad (4.2.1/5)$$

Hier ist das Geometrie-Funktionsprinzip als ein Potenzprodukt der beteiligten Größen dargestellt, und man kann aus (4.2.1/5) unmittelbar den Einfluß der Änderungen an den Geometrieparametern auf die Wirkung erkennen. Im zweiten Fall fassen wir als Wirkung die maximale Biegespannung in der Randfaser an einem Biegebalken auf, der durch an den Enden eingeleitete Momente belastet ist, Bilder 4.2.1/3 und 4.2.1/4. Die Wirkung ist also die maximale Biegespannung, die Ursachenparameter sind wieder die Balkengeometrie, der Elastizitätsmodul und nun die an den Enden eingeleiteten Momente. Es gilt laut Ingenieurtabellen:

$$\sigma_b = \frac{M_0}{J} \cdot \frac{H}{2} \qquad (4.2.1/6)$$

$$\sigma_b = 6 \cdot M_0 \cdot B^{-1} \cdot H^{-2} \qquad (4.2.1/7)$$

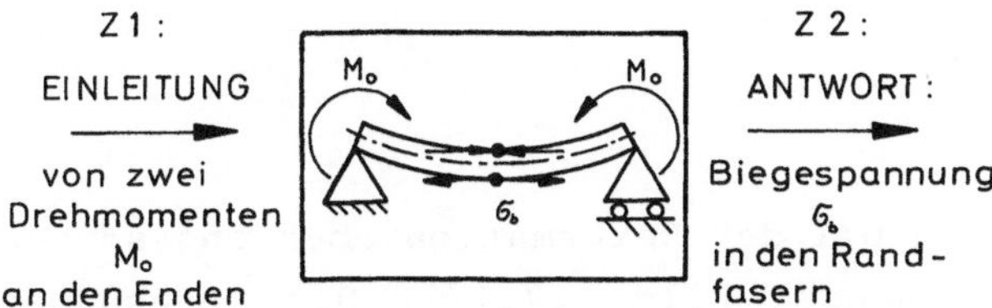

Bild 4.2.1/3   Geometrie-Funktionsprinzip 2 am Biegestab
              (Balken)

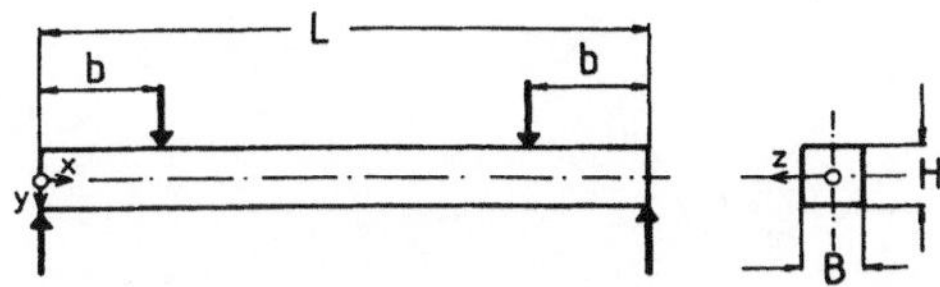

Bild 4.2.1/4   Biegemomente in Form von Kräftepaaren am Balken

Wenn M_0 eine Konstante ist, dann erhält man auch hier den geometrisch bedingten Anteil an der Biegespannung:

$$\sigma_{b_{Geo}} = K \cdot B^{-1} \cdot H^{-2} \tag{4.2.1/8}$$

Ergänzend und zur Erinnerung: Die Beziehung (4.2.1/6) hatte bei ihrer Herleitung folgende – geometrisch interpretierbare – Voraussetzungen: Die Lastebene fällt in eine Trägersymmetrieebene, Bild 4.2.1/5. Es besteht für den Werkstoff ein linearer Spannungs-Dehnungs-Zusammenhang, Bild 4.2.1/6.

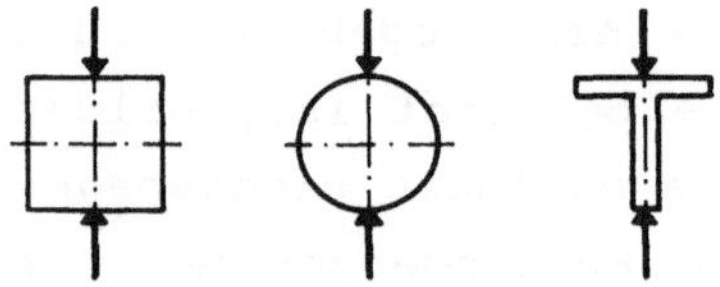

Bild 4.2.1/5   Lastebene ist eine Symmetrieebene des Balkens

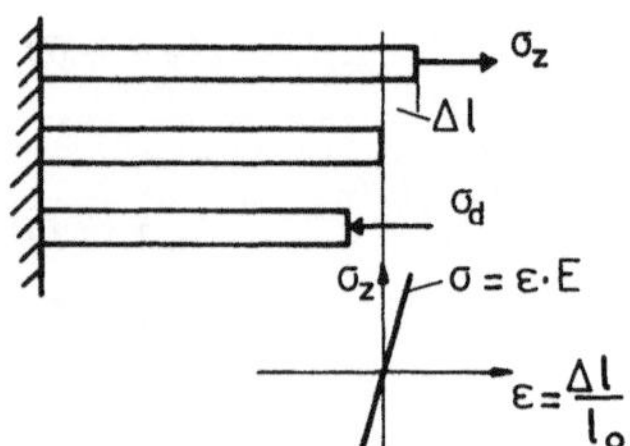

Bild 4.2.1/6   Lineares Kraftweggesetz

Die Balkenquerschnitte bleiben bei der Deformation eben und stehen senkrecht auf der neutralen Achse, Bild 4.2.1/7. Die Spannungen sind proportional zum Abstand von der neutralen Faser, Bild 4.2.1/8.

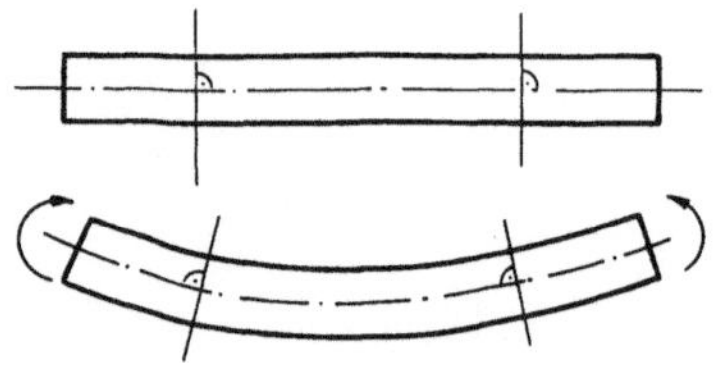

Bild 4.2.1/7   Querschnitte bleiben bei Biegung eben (Bernoulli)

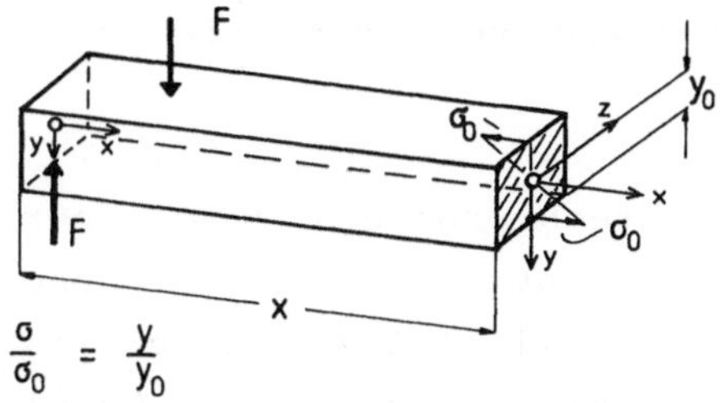

$$\frac{\sigma}{\sigma_0} = \frac{y}{y_0}$$

Bild 4.2.1/8   Die Spannungen verhalten sich wie die Abstände zur
               Achse Geradliniengesetz (Navier)

Der letzte Fall von Geometrie-Funktionsprinzipien am Balken, der
hier betrachtet sei, ist die erste Eigenkreisfrequenz der Biegeschwingungen eines mit einer Punktmasse besetzten Balkens. Als die
Wirkung sei die erste Eigenkreisfrequenz der Biegeschwingungen
aufgefaßt, die beim Durchlaufen von erregenden Schwingungen entsteht. Die Ursachen sind wieder die Geometrieparameter, die Stoff-
konstanten und die Punktmasse m. Es gilt:

$$\omega_0 = \sqrt{\frac{c}{m}} \tag{4.2.1/9}$$

$$c = \frac{48 \cdot E \cdot J}{L^3} \tag{4.2.1/10}$$

Wenn nun m und E Konstanten sind, dann ist:

$$\omega_{0_{Geo}} = K \cdot \sqrt{\frac{B \cdot H^3}{L^3}} \tag{4.2.1/11}$$

die formale Darstellung der geometrisch bedingten ersten Eigenkreisfrequenz der Biegeschwingungen, Bild 4.2.1/9. Damit sind
einige Geometrie-Funktionsprinzipien am Balken dargestellt. Die
bewußt einfachen Beispiele sollten in die formale Darstellung
einführen. In den folgenden Beispielen soll das geometrisch-funk-

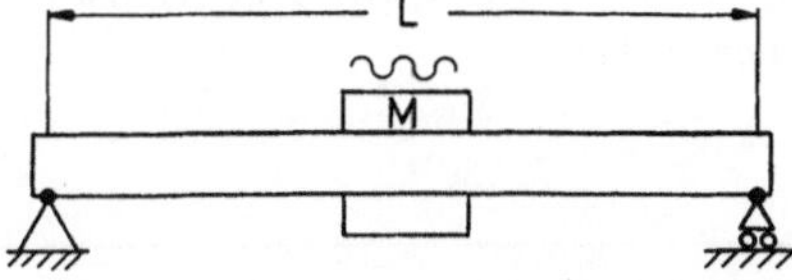

Bild 4.2.1/9   Balken mit Punktmasse als Biegeschwinger

tionale Denken und die verbale Darstellung von Geometrie-Funktionsprinzipien weiter eingeübt werden.

Beispiel 3

Das Geometrie-Funktionsprinzip des Einstechvorganges mit einer Injektionsnadel ist uns - und sei es auch nur zur Verabreichung eines Betäubungsmittels beim Zahnarzt - vielleicht in schmerzlicher Erinnerung. Wir werden gefühlsmäßig die Spitze dieser Nadel als wesentlichen Schmerzerreger betrachten. Die Spitze einer Injektionsnadel läßt sich durch einige geometrische Parameter beschreiben. Bild 4.2.1/10 zeigt zwei übliche Ausführungen, die wesentlich von der Fertigungstechnologie bestimmt werden. Wenn wir hier im Sinne einer Formulierung des Geometrie-Funktionsprinzips für den Einstechvorgang nach Ursachen-Wirkung-Zusammenhängen fragen, so stehen wir - ähnlich wie beim Kugelschreiber - vor einer Vielzahl von Ursachen und Wirkungen. Die Frage: Welche Spit-

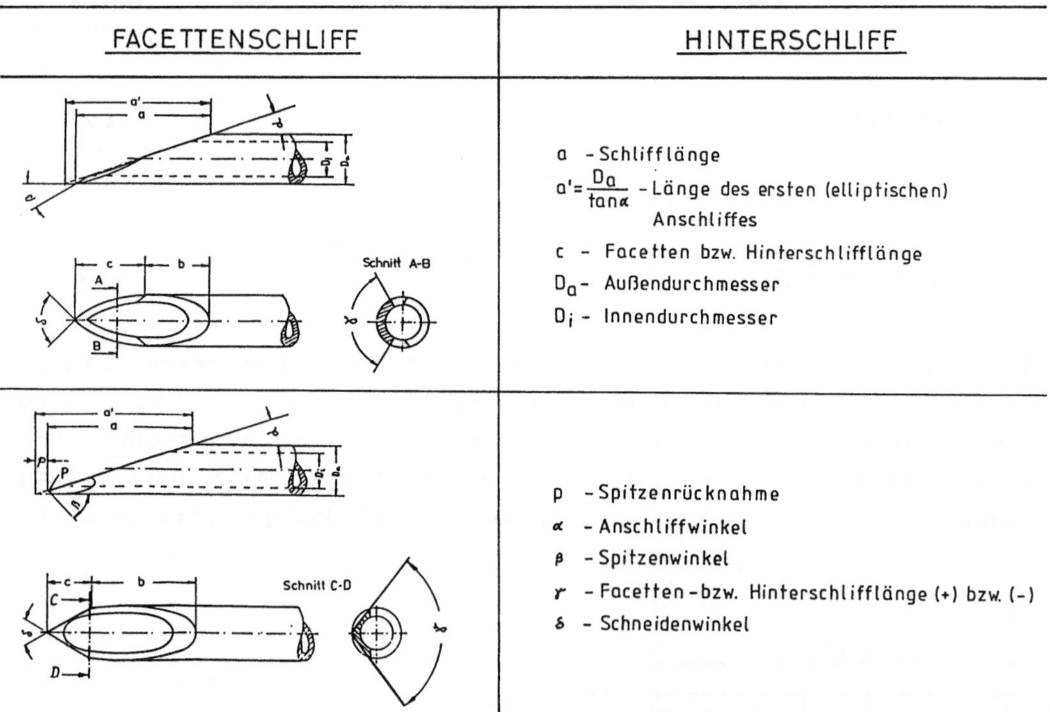

Bild 4.2.1/10 Spitzen an medizinischen Kanülen

zengeometrie ist "günstig in ihrer Wirkung"?, kann von verschiedenen Standorten betrachtet werden:

- Wann ist die Schmerzempfindung beim Patienten am geringsten?
- Wie verhält sich die Spitzengeometrie bei der Handhabung durch den Arzt? Gefahr eines Gefäßdurchstichs? Gefahr, daß ein Hautstück herausgestanzt wird? Nachbluten?

Man ist bei der Darstellung von Geometrie-Funktionsprinzipien (wie wirken die Geometrieparameter auf die Funktion?) hier auf das Experiment angewiesen. Die Definition von Teilwirkungen kann implizit formal wie folgt durch Konventionen festgelegt werden:

- Schmerzempfindung $= F_1$ (Geometrie, Stoff, weitere Ursachen)
- Handhabung $\qquad = F_2$ (Geometrie, Stoff, weitere Ursachen)
- Durchstanzen $\qquad = F_3$ (Geometrie, Stoff, weitere Ursachen)
- usw.

Geometrieparameter: Bild 4.2.1/10 sowie Rauhigkeiten, Grate an den Schneidkanten

Stoffparameter: Nadelwerkstoff, Körpergewebe,

Weitere Parameter: Einstichrichtung, Einstichkraft, Individuelle Patienteneinflüsse.

Zur Darstellung beginnt man in solchen Fällen mit einem geometrischen Ansatz für die Form der Spitze, der "vernünftig" erscheint und mit vertretbarem Aufwand herstellbar ist. Beim Zusammensetzen der empirisch ermittelten Teilwirkungen der Geometrie erkennt man im allgemeinen die günstigen geometrischen Parameter und kann so einen Kompromiß für die Nadelspitzengeometrie angeben /4.2.11/1/. Zwischenbemerkung: Die Beispiele und besonders das letztere Beispiel zeigen, daß wir bei der Darstellung des Geometrie-Funktionsprinzips nicht unbedingt einen modularen Funktionsbegriff im Sinne einer Black-Box mit Stoff-, Signal- und Energieumsatz heranziehen, sondern die Funktionsbegriffe zu einer Anordnung, je nach Aufgabe, definieren. Das verleiht uns eine sehr große Freiheit der Funktionsformulierung und der Zuordnung von Gestalten, der Funktionsbegriff wird in die Gestaltfindung miteinbezogen. Wir bekommen die individuelle Anpassung des Funktionsdenkens an die Gestaltung und schreiben dem Konstrukteur keine Benutzung genormter elementarer Funktionsblöcke vor. Dies kommt uns besonders dann zugute, wenn wir so elementare Baugruppen wie Lager und Führungen funktional darstellen. Dies ist mit den modularen Funktionen nach VDI 2222

nur sehr gezwungen möglich. Hier wird der Begriff des Geometrie-
Funktionsprinzips besonders hilfreich. Eine gewisse Modularisier-
ung der Funktion erfolgt mit dem Begriff der Gestaltfunktionen
(siehe unten).

Beispiel 4

Der geometrische Grundgedanke von Gleitführungen besteht - sehr
allgemein gesprochen - in der Bereitstellung von Kontaktstellen,
die eine makroskopische Bahn zwischen zwei Körpern herstellen,
wobei viele weitere Kriterien wie Führungsgenauigkeit, Reibungsarmut, Spielfreiheit definiert sein können. Um etwas vor Augen zu
haben, ist auf Bild 4.2.1/11 dieser Sachverhalt für eine Geradführung veranschaulicht. Der zu führende Körper K wird in einer
Führung F über geometrisch angeordnete Kontaktstellen geleitet.
Auf Bild 4.2.1/12 sind einige weitere Betrachtungen zur Herstellung von Sonderabmessungen (Justierungen) an dem aus drei Elementenpaarungen (3 Ebenen) aufgebauten Führungssystem angegeben. Danach müssen vier Sonderabmessungen eingehalten werden.

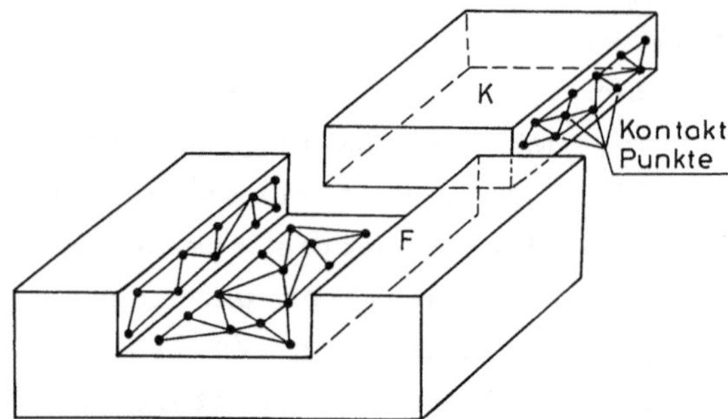

Bild 4.2.1/11   Kontaktpunkte an einer Geradführung

Welche Geometrie-Funktionsprinzipien sind nun denkbar? Aus den Ur-
sachengrößen Geometrieparameter der Führung, Stoffparameter,
Belastungsparametern, Verschiebungsparametern usw. lassen sich
Wirkungen wie translatorische Abweichungen von der Idealbahn,
rotatorische Abweichungen von der Idealrichtung usw. bilden. Das
heißt, man kann je nach den Anforderungen an die Gleitführung
entsprechende Geometrie-Funktionsprinzipien definieren. Dies gilt
entsprechend für Gleitlagerungen, die hohe geometrische Genauig-
keiten erfüllen sollen. Sollen hingegen Lagerungen für hohe Bela-

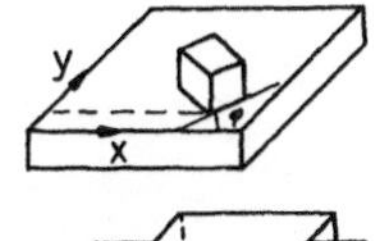

1 Gelenk : Ebene / Ebene
$b_i = 3$
Flächen ideal eben
angenommen.

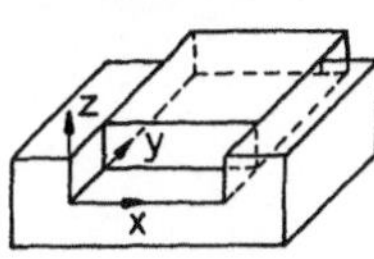

3 Ebenen = 3 Gelenke
$F = 6(2 - 1 - 3) + 3 \cdot 3 + J$
$F = -12 + 9 + 4 = 1$
$J = 4 \dots$ Justierungen !

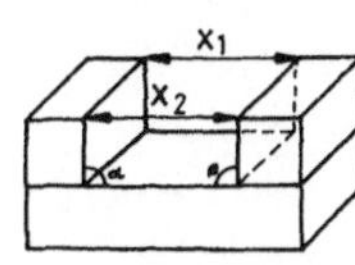

Man stelle sich die
3 Ebenen durch
Klötzchen realisiert
vor : x_1, x_2, α, β sind die J.

Es gilt :
$$F = 6(n - 1 - g) + \Sigma b_i + J$$

$F =$ Zahl der Freiheiten (Hier 1)

$n =$ Zahl der Glieder (Hier 2)

$g =$ Zahl der Gelenke (Hier 3)

$b_i =$ Zahl der Freiheiten im Gelenk (Hier 3)

$J =$ Zahl der Justierungen

   (Anzubringen an K und F !)

Bild 4.2.1/12   Geometrische Veranschaulichung zur Zahl der Justierungen (Sonderabmessungen)

stungen und höhere Drehzahlen ausgelegt werden, so steht mit der hydrodynamischen Auslegung eine geometrisch funktional orientierte Methode zur Verfügung.

Beispiel 5

Die geometrische Anordnung einer statisch bestimmten Lagerung kann u.a. mit sechs Stützstäben, Bild 4.2.1/13, realisiert werden. Für deren Anordnung gelten bestimmte Regeln, z.B.: Es dürfen sich nicht mehr als drei Stützstäbe in einem Punkt schneiden. Es dürfen nicht mehr als drei Stützstäbe in einer Ebene liegen. Es darf sich durch die sechs Stützstäbe keine Gerade legen lassen, die alle sechs Stäbe schneidet. Damit sind die Bedingungen für die Ursache "Geometrische Anordnung" erfüllt. Fragt man nach Ursache-Wirkung-Zusammenhängen der statisch bestimmten Lagerung, so folgen z.B.:

- Ursache-Wirkung-Zusammenhang 1: Die Kräfte in jedem der sechs Stützstäbe sind eine Funktion der Geometrie und der Belastung. Die Kräfte sind mit den sechs Gleichgewichtsbedingungen bestimmbar.

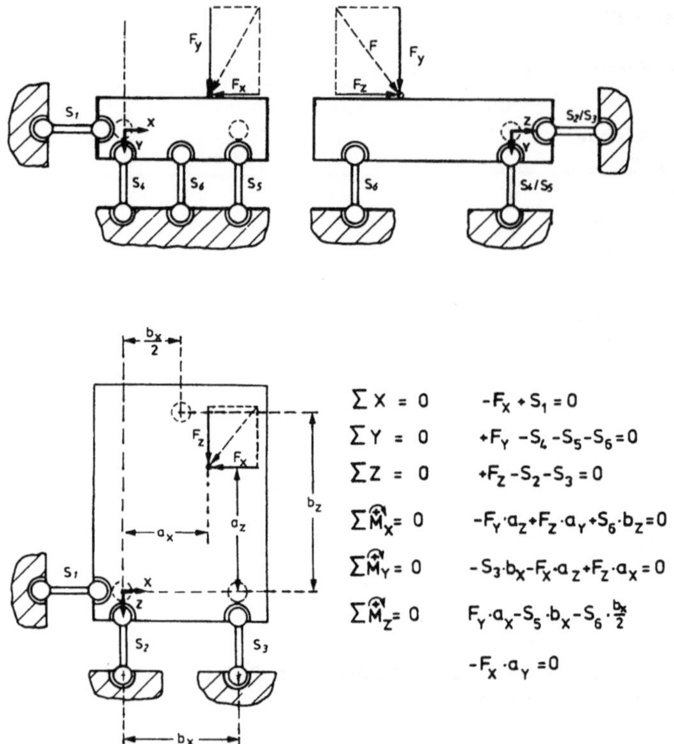

Bild 4.2.1/13 Zum Geometrie-Funktionsprinzip der statisch
bestimmten Lagerung

- Ursache-Wirkung-Zusammenhang 2: Die thermischen Ausdehnungen des
  gelagerten Körpers sind ohne Einfluß auf die Kräfte in den
  Stützstäben infolge der Belastungen.
- Ursache-Wirkung-Zusammenhang 3: Eventuelle Fundamentpunktänder-
  ungen sind ohne Wirkung auf die Kräfte in den Stützstäben infolge der Belastungen.

Beispiel 6

Aus einem ganz anderen Bereich ist das folgende Beispiel für ein
Geometrie-Funktionsprinzip entnommen. Das Geometrie-Funktionsprinzip der Glocken beruht auf der Eigenschaft eines entsprechend
geformten Körpers, Eigenschwingungsformen zu bilden, die die Luft
zu Schwingungen anregen. Das "Klangbild" besteht aus einer Über-
lagerung von Tönen, die in einem bestimmten Frequenzverhältnis

stehen. Das Geheimnis des Klangbildes liegt wesentlich in der geometrischen Ausprägung der Rippenform begründet und hat eine lange (empirische) Entwicklungsgeschichte, wie das Bild 4.2.1/14 /4.2.1/2/ erkennen läßt. In dieser Geometrieentwicklung spiegelt

Entwicklung der Glockenrippe
Jahrhunderttypische Form:

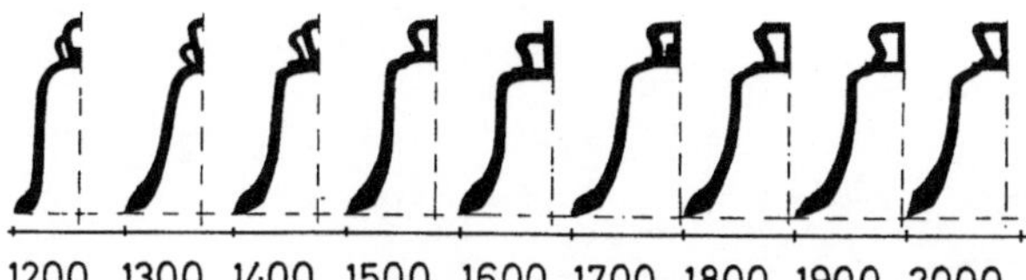

Bild 4.2.1/14   Entwicklung des Querschnittes bei Kelchglocken aus
                 Bronze im Verlauf der Jahrhunderte

sich die geometrisch-funktionale Entwicklungserfahrung vieler Glockengießergenerationen. Auf den Bildern 4.2.1/15 und 4.2.1/16 ist eine Veranschaulichung für den tiefsten Teilton und den Hauptton versucht. Diese und weitere Oberschwingungen hat man sich beim Anschlagen der Glocke überlagert vorzustellen. Wegen der Vielzahl

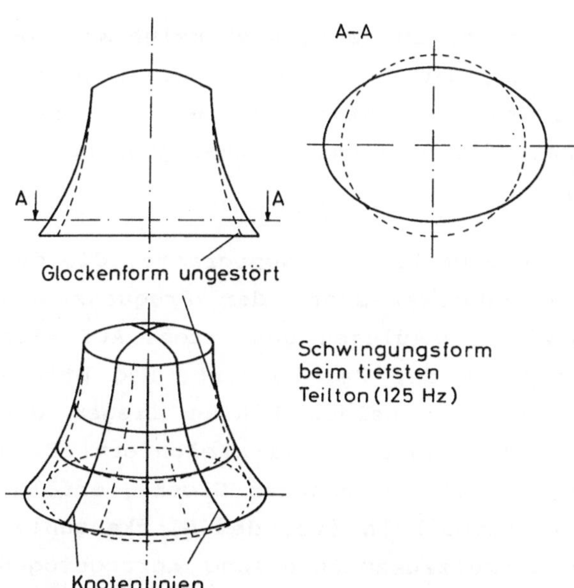

Bild 4.2.1/15   Schwingungsformen - Veranschaulichung   125 Hz

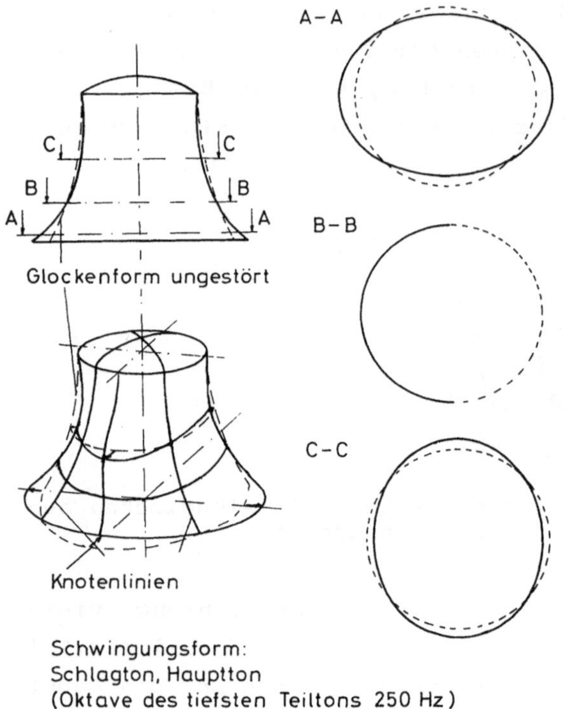

Bild 4.2.1/16   Schwingungsformen - Veranschaulichung   250 Hz

der geometrischen Parameter existiert zur Zeit noch keine strenge
Grundlage, die es gestatten würde, die Geometrie zu einem gewünschten Klangbild zu berechnen. Man versucht mit Hilfe von Finite-
Elemente-Methoden, Glockenrippen, die bestimmte Klangeigenschaften
liefern, zu entwerfen, /4.2.1/3/.

Es existieren für bestimmte Glockenwerkstoffe Nomogramme, die den
Zusammenhang zwischen dem Glockendurchmesser, der Frequenz des
Schlagtones und dem Glockengewicht abzulesen gestatten. Auf Bild
4.2.1/17 ist ein solches Nomogramm der Fa. Bachert, Bad Fried-
richshall, dargestellt. Zwischen den beiden Linien liegen die
empirisch gefundenen Werte für Bronzeglocken mit Kelchform. Eine
gewisse Klangkorrektur, der noch nicht gegossenen Glocke, erfolgt
durch Vorabgießen von kleinen Stimmgabeln (vor dem Glockenguß!),
deren Ton zur Korrektur der Schmelzzusammensetzung herangezogen
wird, bevor der endgültige Glockenguß erfolgt. (Zinnzugabe macht
helleren Klang - Kupferzugabe dunkleren Klang).

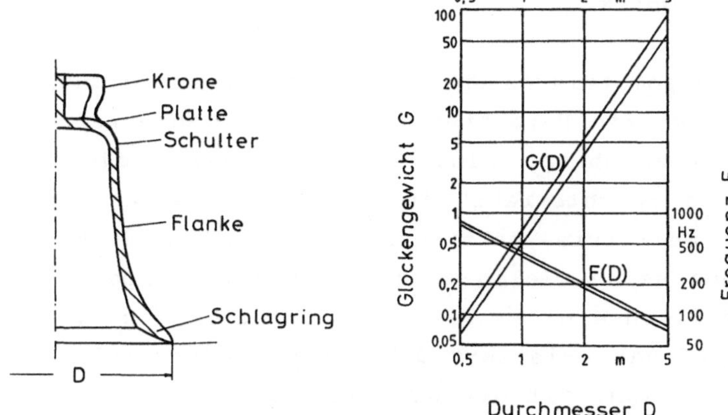

Bild 4.2.1/17   Glockengewicht und Frequenz des Schlagtones in
                Abhängigkeit des Durchmessers D bei Bronzeglocken
                nach Bachert

Im Falle der Glocke liegt uns ein Geometrie-Funktionsprinzip in
Form des Diagrammes 4.2.1/17 vor.

Zum Verständnis des Geometrieeinflusses auf die Funktion sind alle
Arten der Veranschaulichung geeignet. Die Möglichkeiten, einen
Vorgang in Phasen darzustellen, wie bei den Bildern 4.2.1/15 und
4.2.1/16 werden wir unten noch weiter ausführen.
Das Beispiel der Glocken ist repräsentativ für Fälle, in denen die
explizite Darstellung des Geometrie-Einflusses auf die Wirkung
nicht ohne weiteres möglich ist. Man denke hier auch besonders an
Beispiele, bei denen die Physik der Vorgänge noch verwickelter ist
und gegenseitige Beeinflussungen stattfinden, die man noch nicht
durchschaut. Man hat noch keine Theorie, bzw. die Aufstellung
einer strengen Theorie ist zu aufwendig. Was tut man in solchen
Fällen? Wir versuchen hier die Effekte, die infolge von Änderungen
an den geometrischen und stofflichen Parametern auftreten, zu
verstehen, indem wir uns Modelle usw. bilden. Die Darstellung in
Form eines Nomogrammes bzw. Diagrammes (ähnlich Bild 4.2.1/17) ist
bereits eine akzeptable Modellbildung, auch wenn die Vorgänge im
einzelnen noch nicht geklärt sind. Wesentlich am Glockenbeispiel
ist noch der Hinweis auf die Darstellung der Geometrie zu verschiedenen Zeitpunkten oder, wie wir auch sagen: die Änderungen
der Geometrie in der Zeit.

4.2.2 Beispiele aus der Optik

Schon die Bezeichnung "geometrische Optik" deutet auf die grundlegende Bedeutung der Geometrie Parameter für die hier anzutreffenden Ursache-Wirkung-Zusammenhänge hin. So führt allein die Abstraktion des Begriffes "Lichtstrahl" in der geometrischen Optik
zu einer Vielzahl von Geometrie-Funktionsprinzipien. Man denke an
das Brechungsgesetz und seine vielen technischen Anwendungen. Der
"Lichtstrahl" als Mittelachse eines kleinen Lichtbündels bzw. als
Normale auf die Wellenfront existiert dabei nur als Vorstellung,
als geometrische Abstraktion, mit der wir allerdings sehr konkret
umgehen. In einem weiteren geometrischen Bild betrachten wir das
Licht als die Ausbreitung eines Wellenzuges, bei dem es als elektromagnetische Schwingungserscheinung gedeutet wird. Damit gelingt
es, die Erscheinungen der Beugung, der Polarisation, der Interferenz geometrisch-funktional zu interpretieren. Schließlich
stellen wir uns in einem Bild "Licht" als eine Partikelfolge
kleiner definierter Energiepakete (Photonen) vor, auch dies ist
letztlich ein geometrisches Modell, um bestimmte Erscheinungen zu
verstehen.

Wie eine Sache "funktioniert" gilt dann als verstanden, wenn man
vorhersagen kann, wie sich eine reale geometrische Anordnung in
ihrem Ursache-Wirkung-Verhalten unter bestimmten Bedingungen
verhält (chaotisches Verhalten sei hier ausgeklammert). Hier kann
das Modell der Elektronen als kleines, elektrisch negativ geladenes "kugelförmiges" Materieteilchen mit Eigendrehung angeführt
werden. Mechanische Modelle, grafische Darstellungen von geometrischen Anordnungen im Zeitverhalten usw., sind wichtige Vorgehensweisen sich Unanschauliches klarzumachen und Ursache-Wirkungsketten zu verstehen.
Beispiel 1
Im Brechungsgesetz begegnet uns einer der wichtigsten geometrisch-
funktionalen Zusammenhänge der Optik. Man kann hier, je nach den
Festlegungen für Ursachen und Wirkungen, eine Reihe von Geometrie-
Funktionsprinzipien angeben. Faßt man z.B. die Ablenkung eines
Lichtstrahles beim Übergang von einem Medium in ein zweites als
Wirkung auf, so ist diese für Licht einer Wellenlänge durch die
Ursachen Einfallswinkel zum Lot, Brechungsindex vor Grenzfläche

und Brechungsindex nach Grenzfläche bedingt. Das Geometrie-Funktionsprinzip ist auf Bild 4.2.2/1 veranschaulicht. Läßt man die Konstanz der Wellenlänge fallen, so tritt eine weitere Abhängigkeit der Ablenkung von der Wellenlänge auf. Diese als Dispersion bezeichnete Zerlegung des Lichtes in seine Farben ist als Geometrie-Funktionsprinzip auf Bild 4.2.2/2 dargestellt.

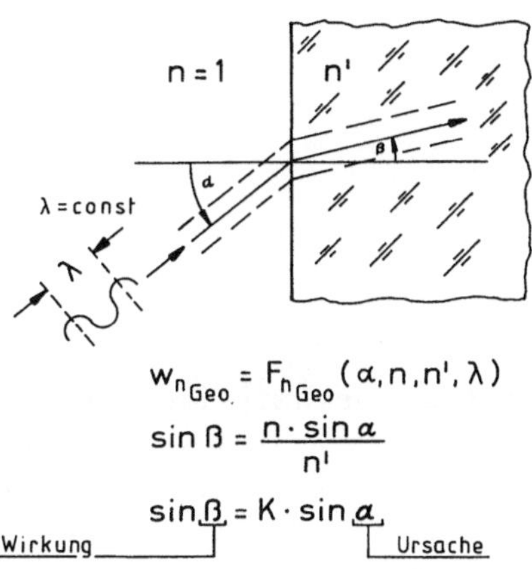

$$w_{n_{Geo}} = F_{n_{Geo}}(\alpha, n, n', \lambda)$$

$$\sin \beta = \frac{n \cdot \sin \alpha}{n'}$$

$$\underbrace{\sin \beta}_{\text{Wirkung}} = K \cdot \underbrace{\sin \alpha}_{\text{Ursache}}$$

Bild 4.2.2/1   Brechungsgesetz als Geometrie-Funktionsprinzip dargestellt

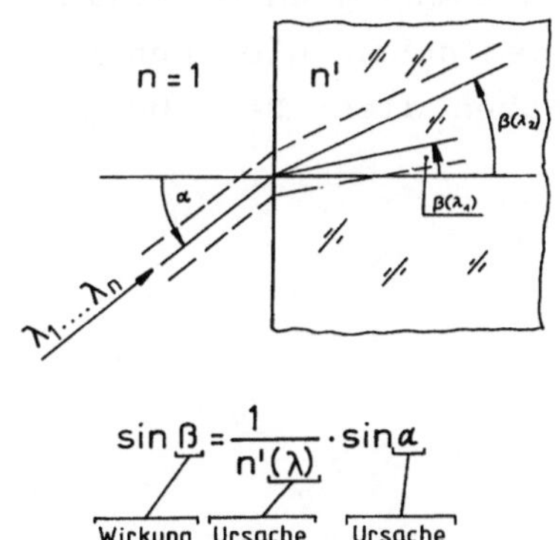

$$\sin \beta = \underbrace{\frac{1}{n'(\lambda)}}_{\text{Ursache}} \cdot \underbrace{\sin \alpha}_{\text{Ursache}}$$
$$\underset{\text{Wirkung}}{}$$

Bild 4.2.2/2   Brechung und Dispersion als Geometrie-Funktionsprinzip dargestellt

Beispiel 2

Der Strahlversatz an einer Planplatte kann als Wirkung der Ursachen Einfallswinkel, Planplattendicke und der Brechzahlen auf-

gefaßt werden. Auf Bild 4.2.2/3 sind die Zusammenhänge als Geometrie-Funktionsprinzip dargestellt.

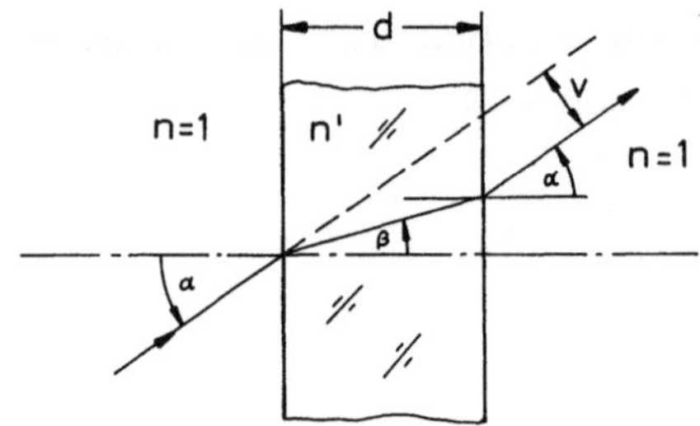

$$n \cdot \sin \alpha = n' \cdot \sin \beta$$

$$v = \sin(\alpha - \beta) \cdot d \cdot \frac{1}{\cos \beta}$$

Bild 4.2.2/3   Strahlversatz. Geometrie-Funktionsprinzip an einer
               Planplatte

Beispiel 3
Zur geometrischen Veranschaulichung der Erscheinungen von Polarisation, Reflexion und Durchgang an Glasflächen sind die Anteile
der elektrischen Feldvektoren im oberen Bildteil von 4.2.2/4 perspektivisch und im unteren Bildteil in Diagrammform dargestellt.
Die Abbildungen veranschaulichen die Fresnel'schen Gleichungen.
Bei der Entspiegelung von Glasoberflächen haben diese Beziehungen
große Bedeutung /4.2.2/1/.

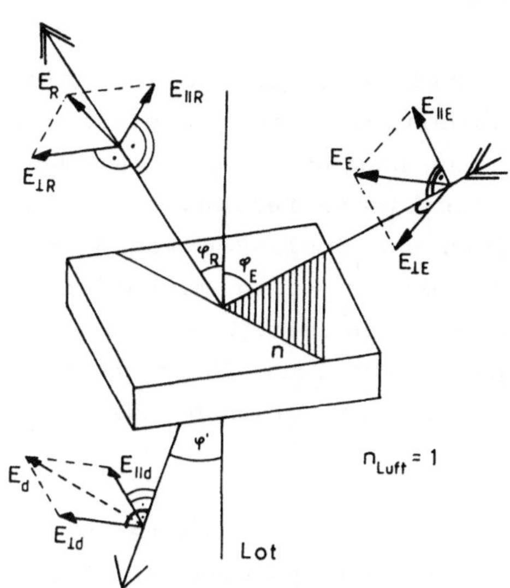

|| parallel EE
⊥ senkrecht EE

Luft → Kronglas

Brechung:

$$n_{Luft} \cdot \sin\varphi_E = n \cdot \sin\varphi'$$
$$\sin\varphi' = \frac{\sin\varphi_E}{n}$$

Vor der Fläche:
- Einfallswinkel
- Einfallsebene

Nach der Fläche:

Brewsterscher Winkel:
$$\varphi_P = \arctan n$$

Von E_{IIE} wird beim Brewster-
schen Winkel nichts reflektiert
(es geht alles durch).

$E_{IIR} = 0$

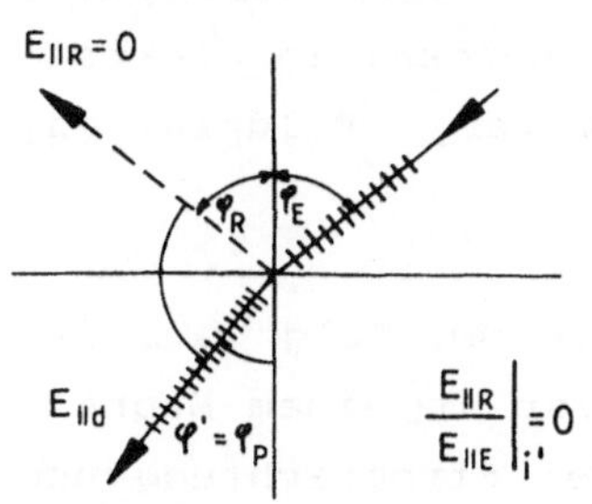

$$\left.\frac{E_{IIR}}{E_{IIE}}\right|_{i'} = 0$$

Von $E_{⊥E}$ wird reflektiert
und geht durch bei i'.

Reflexion: $\varphi_E = \varphi_R$

$$\frac{E_R}{E_E} = \frac{\text{Reflektierte Amplitude von } E_⊥ \text{ bzw } E_{II}}{\text{Einfallende Amplitude von } E_⊥ \text{ bzw } E_{II}}$$

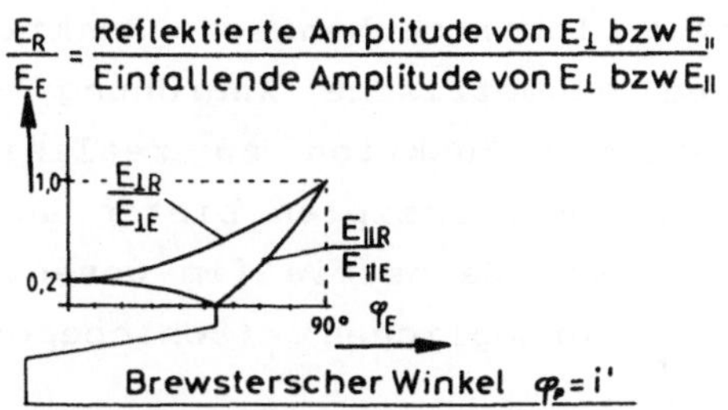

Brewsterscher Winkel $\varphi_P = i'$

Brechung:

$$\frac{E_d}{E_E} = \frac{\text{Durchfallende Amplitude von } E_⊥, E_{II}}{\text{Einfallende Amplitude von } E_⊥, E_{II}}$$

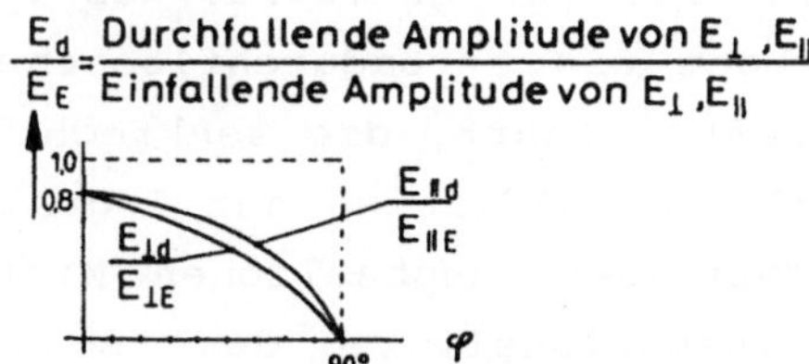

Bild 4.2.2/4 Anschauliche Darstellung zur Reflexion, zum Durchgang und zur Polarisation von Licht an einer Planplatte

4.2.3 Beispiele aus der Elektromechanik

Hier gewinnt das Funktionieren der Geometrie im Zeitablauf seine
besondere Bedeutung. Man denke an Änderungen der geometrischen
Lage von Bauteilen in Magnetfeldern, an Lageänderungen von Magnetfeldern relativ zu einander, an elektrische Feldänderungen in
der Umgebung von Teilen usw. Das Öffnen und Schließen von Strom-
wegen mit Hilfe gesteuerter Transistoren hat sein mechanisches
Analogon im Steuern von Flüssigkeitsströmen mit Ventilen. Die
Geometrie der Stromwege in Abhängigkeit der Zeit führt dann zu
Wanderungen von Magnetfeldern, von piezoelektrischen Zuständen
usw.

Erweitert man also den Geometriebegriff in der angedeuteten Richtung, so kann man auch in elektromechanischen Systemen die Frage
nach den Geometrie-Funktionsprinzipien stellen. Oder umgekehrt:
Wie muß man eine Schaltungsanordnung zu einer Geometrie wählen, um
eine bestimmte elektromechanische Funktion zu erreichen? Oder: Wie
muß man eine geometrische Anordnung wählen, um die gewünschte
elektromagnetische Funktion zu realisieren? Gute Beispiele für
Geometrie-Funktionsprinzipien bieten auch alle jene Sensoren, die
eine Umformung von Geometrie (im wesentlichen Längen) in elektrische Signale ermöglichen (Schiebepotentiometer, Feldplatten,
Kondensatoren).

Ein Musterbeispiel für geometrisches Funktionieren folgt aus dem
Prinzip, nachdem ein stromdurchflossener Leiter in einem Magnet-
feld eine Kraft erfährt, die senkrecht auf der Stromrichtung und
senkrecht auf den Feldlinien der Induktion steht. Dieses Prinzip,
dargestellt mit dem anschaulichen Mittel der Gummifadenanalogie
besagt, daß Induktionslinien das "Bestreben" haben, sich zu ver-
kürzen, sie unterliegen einem Längszug. Induktionslinien haben
auch das Bestreben, sich möglichst weit voneinander zu entfernen,
sie erzeugen aufeinander einen Querdruck. Dies ist z.B. die Grundlage für den permanentmagnetisch erregten Gleichstromkleinmotor.
Beispiel 1
Bei diesem Beispiel soll das stationäre, magnetisch erregte Feld
eines kleinen Magnetkreises - Bild 4.2.3/1 - als Wirkung der Ursachen: Magnetkreis-Geometrie, Eisenweg-Luftweg, Spulengröße,

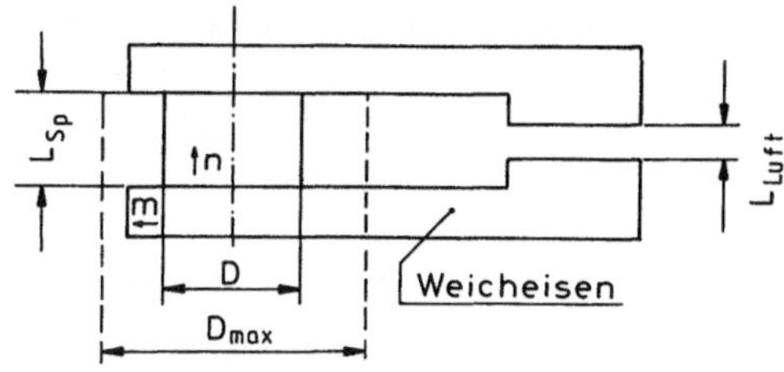

Bild 4.2.3/1   Kleiner Magnetkreis mit n-Windungen bei m-Lagen

Windungen pro Lage, Zahl der Lagen, Strombelag, Drahtquerschnitt, aufgefaßt werden. Unter Anwendung des Durchflutungsgesetzes mit Vernachlässigung des magnetischen Widerstandes im Eisen folgt die Leitgleichung für das Geometrie-Funktionsprinzip:

$$B_L = \mu_0 \cdot i \cdot \frac{d^2 \pi}{4} \cdot \frac{L_{Sp}}{d_A} \cdot \frac{D_{max}-D}{2\,d_A} \cdot \frac{1}{L_{Luft}} \qquad (4.2.3/1)$$

d = Kupferdurchmesser   mm
d = Drahtaußendurchmesser   mm
$\mu_0 = 1{,}256 \cdot 10^{-6}$ $\frac{Vs}{Am}$
L_{Luft} = Luftspalt   m
L_{Sp} = Spulenlänge   mm
D_{max} = Spulenaußendurchmesser   mm
D = Spuleninnendurchmesser   mm
$i = 3 \frac{A}{mm^2}$

Numerische Rechnungen lassen erkennen, daß bei so kleinen Magnetkreisen im Luftspalt von ca. 1 mm Länge (Spulendurchmesser ca. 7 mm, 2500 Wdg) eine Induktion von 0,006 T realisierbar ist. Mit kleinen Permanentmagneten, die in das Spulenvolumen hineinpassen, erreicht man um den Faktor 100 größere Induktionen.

Beispiel 2

Auf Bild 4.2.3/2 ist als ein Beispiel das Geometrie-Funktionsprinzip des Reluktanz-Schrittmotors dargestellt. Die Ständergeometrie ist 4-polig ausgeführt, wobei 12 bewickelte Ständerzähne drei räumlich versetzte Magnetkreise ermöglichen, die mit Steuerpulsen zeitlich nacheinander angesprochen werden. Das sich jeweils mit den Läuferzähnen einstellende Luftspaltminimum führt zum Drehen des achtzähnigen Läufers. Die Darstellung läßt deutlich die Steuerpulse, die Schaltung der Magnetspulen, die Wanderung der Erregung und den Nachlauf des Läufers im Zusammenhang erkennen. Man "erkennt", wie die Geometrie funktioniert.

Geometrie-Funktionsprinzip
des Reluktanz-Schrittmotors:

Geometrie:

Ständer   4-polig
          3 Magnetkreise
          12 bewickelte Ständerzähne

Läufer   Weicheisen
          8 Läuferzähne

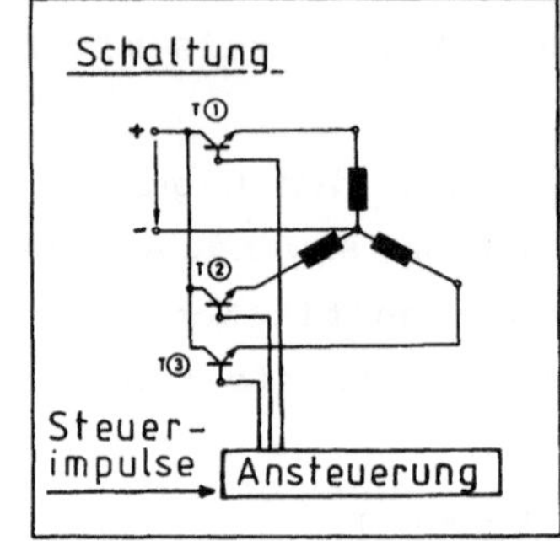

Funktion:

Erregung der Ständerpole mit 1 aus 3 Code-Ringzähler. Luftspaltminimum zwischen den erregten Ständerpolen und Läuferzähnen stellt Läufer weiter.

Zusammenwirken von Elektronik und Magnetfeldgeometrie mit Läuferstellung

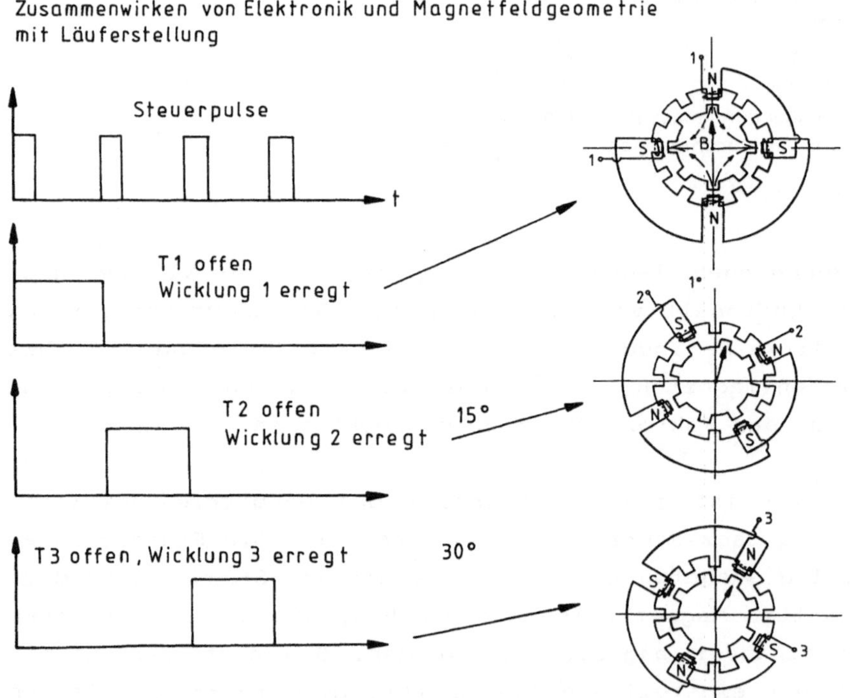

Bild 4.2.3/2 Zum Geometrie-Funktionsprinzip des Reluktanz-Schrittmotors

4.2.4 Zusammenfassende Bemerkungen

Wir könnten nun, wie oben begonnen, die Reihe der Geometrie-Funktionsprinzipien in den unterschiedlichen Gebieten fortsetzen z.B.:
- Geometrie-Funktionsprinzipien bei Strömungsvorgängen
- Geometrie-Funktionsprinzipien zur Einstellung von Spielfreiheit

    in Lagern, in Getrieben usw.

Immer steht als Leitmotiv die Frage nach dem Funktionieren der Geometrie im Vordergrund. Dem Konstrukteur stehen oft keine rechnerischen Grundlagen für spezielle Aufgaben zur Verfügung. Er sucht sich Leitgleichungen aufzubauen, die Geometrie-, Stoff- und weitere Ursachenparameter enthalten.

Diese Leitgleichungen durchziehen ein System oft unter ganz verschiedenen Aspekten. Beim Verbrennungsmotor kann man eine Leitgleichung für die Nutzleistung aufstellen, eine für den Massenausgleich usw. Für eine Luftbildkamera stellt die Gleichung für die Bildfolgezeit eine solche Leitgleichung dar, die die verschiedenen geometrischen Einflüsse sichtbar macht und denen man dann in Einzelbetrachtungen nachgehen kann:

$$t_F = \frac{s' \cdot H_0}{f} \cdot \frac{1}{V_{Flug}} \cdot \left(1 - \frac{p}{100}\right) \qquad (4.2.4/1)$$

$$
\begin{aligned}
s' &= \text{Bildformat} & &\text{mm} \\
f &= \text{Brennweite} & &\text{mm} \\
H_0 &= \text{Flughöhe} & &\text{m} \\
V_{Flug} &= \text{Fluggeschwindigkeit} & &\tfrac{\text{m}}{\text{s}} \\
p &= \text{Überdeckung im Bild} & &\%
\end{aligned}
$$

Diese Gleichung werden wir noch genauer betrachten, indem wir ihre Bedeutung für den Gestaltentwurf einer Luftbildkamera verdeutlichen. Einfache Leitgleichungen an Elementen wie Linsen usw. lassen die möglichen Geometrie-Funktionsprinzipien schnell erkennen.

Eine gewisse Ähnlichkeit mit der bei uns als Leitgleichung bezeichneten Schreibweise zu den Geometrie-Funktionsprinzipien hat die Darstellung von Rodenacker, die er am Viskosimeter durchgeführt hat. Er benutzt die Gleichung der Viskosität für Newtonsche

Flüssigkeiten in einer Kapillare bei laminarer Strömung zur Angabe
von verschiedenen Möglichkeiten für Kapillarviskosimeter /4.2.4/1/.
Wie weit sich diese Leitgleichung für Schmelzviskosimeter und für
nichtnewtonsche Flüssigkeiten beibehalten läßt, sei dahingestellt.

Wir wollen unter einer Leitgleichung stets eine möglichst genaue
formale Annäherung an die Geometrie- und Stoffbedingungen des
Ursache-Wirkung-Verhaltens verstehen.

Wir haben mit dem Begriff des Geometrie-Funktionsprinzips einen
Arbeitsbegriff zur Gestaltanalyse und Gestaltsynthese eingeführt,
der ein Bindeglied zwischen Funktionsdenken und Gestaltbildungs-
denken darstellt. Wenn wir die an den Beispielen veranschaulichten
Sachverhalte nun im Sinne einer schärferen begrifflichen Definition zusammenfassen, kann man folgende Darstellung geben: Das Geometrie-Funktionsprinzip beschreibt einerseits die geometrischen
Formen, die Anordnungsregeln, die geometrischen Grundstrukturen
der zugrundeliegenden Physik, die Verträglichkeiten, die Art des
geometrischen Zusammenwirkens usw. einer Anordnung, andererseits
die Ursache-Wirkung-Zusammenhänge der Anordnung, für die man
Ursachen und Wirkungen zuvor festgelegt hat. Zur Ermittlung der
Geometrie-Funktionsprinzipien einer gegebenen Anordnung geht man
mit verschiedenen Fragen vor:
1. Fragestellung
Die erste Frage zur Ermittlung der in einer gegebenen Anordnung
enthaltenen Geometrie-Funktionsprinzipien erfordert die Festlegungen was sollen Wirkungen sein? Was sind Ursachen - geometrische?
- stoffliche? - weitere?
Teilfragen:
Wie wirken die geometrischen Parameter beim Herstellen des Ursache-Wirkung-Zusammenhanges mit den stofflichen und weiteren
Parametern zusammen? Lassen sich Gleichungen aufstellen, die die
wirkenden Effekte beschreiben? Sind Versuchsergebnisse vorhanden?
2. Fragestellung
Gibt es eines oder mehrere charakteristische Gestaltungsmerkmale
der geometrischen Anordnungen und Formen, die funktionstypisch
sind? Auf einer weiteren Stufe der Abstraktion kann man einem
bestimmten Geometrie-Funktionsprinzip bestimmte Gestaltfunktionen
zuordnen, was auf Bild 4.2.4/1 dargestellt ist. In einem Produkt

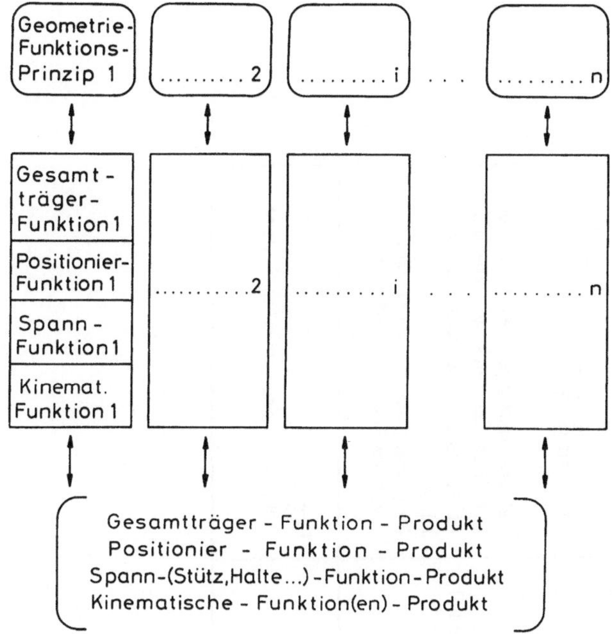

Zuordnung der gestaltorientierten Funktionsbegriffe
zu einem Produkt.

Bild 4.2.4/1   Geometrie-Funktionsprinzipien und Gestaltfunktionen.
Einfachste denkbare Struktur an einem Produkt: Jedes
Geometrie-Funktionsprinzip hat seine eigenen Ge-
staltfunktionen

wirken meist mehrere Geometrie-Funktionsprinzipien. Jedem Geometrie-Funktionsprinzip lassen sich Gestaltfunktionen zuordnen. Mit
dem Begriff Gestaltfunktion befassen wir uns im folgenden Abschnitt. Grundtypen von Ursache-Wirkung-Zusammenhängen für das
Ganze, Bild 4.2.4/2.

Einige Grundtypen von Ursache‑Wirkung zusammenhängen für das Ganze

Typ I	Typ II	Typ III
Die Gesamtwirkung W_{Ges} ist durch einen einfachen Ursache‑Wirkungszusammenhang darstellbar : $W_{Ges} = F_{Ges}(G_i, S_j, U_k)$ Die Geometrieparameter gehen o linear , o multiplikativ , o exponentiell ... in die Gleichung für die Gesamt‑wirkung ein .	Die Gesamtwirkung W_{Ges} ist durch eine Folge von Teilursachen ‑ Wirkungszusammenhängen , die in‑einander einsetzbar sind , darstellbar : $W_1 = F_1(G_i, S_j, U_k)$ $W_2 = F_2[\hat{G}_i, \hat{S}_j, \hat{U}_k, W_1(...)]$ $\vdots$ $W_{Ges} = F_{Ges}[\tilde{G}_i, \tilde{S}_j, \tilde{U}_k, W_{n-1}(...)]$ Eine Gleichung beschreibt den Einfluß aller Geometrieparameter auf die Gesamtwirkung .	Die Gesamtwirkung W_{Ges} muß durch mehrere Ursache‑Wirkungszusammen‑hänge dargestellt werden : $W_{T1} = F_{T1}(G_i, S_j, U_k)$ $W_{T2} = F_{T2}(\hat{G}_i, \hat{S}_j, \hat{U}_k)$ $\vdots$ $W_{Tn} = F_{T2}(\tilde{G}_i, \tilde{S}_j, \tilde{U}_k)$ Mehrere Gleichungen beschreiben den Einfluß der Geometrieparameter auf die Teilursachen‑Wirkungszusammen‑hänge . Die „Gesamtwirkung" ist nur durch gewichtete Bewertung definierbar .
Beispiel : Hebelgesetz	Beispiel : Kette der Signalverarbeitung in einem Messgerät	Beispiel : Fehlervektor eines optischen Systems

Bild 4.2.4/2   Ursache-Wirkung-Zusammenhänge:
      Typ I   Hebel
      Typ II   Trinkente
      Typ III   Kugelschreiber, Nadelspitze

4.3 Gestaltfunktionen in Geometrie-Funktionsprinzipien

Mit dem Geometrie-Funktionsprinzip haben wir einen methodischen
Arbeitsbegriff zur funktionalen Gestaltbildung eingeführt. Seine
Formulierung verlangt - und das sei zugegeben - eine individuelle
Behandlung des jeweiligen Problems und ein gutes Hineindenken in
die Funktionsmöglichkeiten der Geometrie einer Anordnung. Wir
wollen uns nun auf einem zweiten Wege der funktionsorientierten
Gestaltung nähern und führen dazu den Begriff der Gestaltfunktionen ein. Wir verallgemeinern hierzu die früher erörterten produkt-
klassentypischen Funktionen der Vorrichtungen, indem wir sie auf
alle Arten von Geometrie-Funktionsprinzipien übertragen. Damit
lösen wir bestimmte Funktionswirkungen von den geometrischen Gestalten differenziert ab.
Wir erfüllen damit einen wichtigen methodischen Aspekt, indem wir
von bestimmten Gestaltausführungen abstrahieren und "modulartige"
Funktionsbegriffe bilden - andererseits bleiben wir in der Nähe zu
den geometrischen Bedingungen und heben damit nicht zu weit vom
Boden der Realitäten ab.

Die hier behandelten Gestaltfunktionen betreffen die Gesamtträger-
Funktion, die Positions-Definitions-Funktion, Spannfunktionen, die
kinematischen Funktionen und Schutzfunktionen wie Abgrenzen, Isolieren, Dichten. Viele weitere Gestaltfunktionsbegriffe lassen
sich den Gegebenheiten einer Branche oder einer Produktklasse
anpassen. Weiter lassen sich konkrete Lösungen zu den Gestaltfunktionen auch katalogartig ordnen, doch soll dies hier nicht Gegenstand der Betrachtungen sein. Die Gestaltfunktionen greifen im
allgemeinen in ihrer Auswirkung über Einzelteile oder Baugruppen
einer Konstruktion hinaus, oft können sich Gestaltfunktionen aber
auch in einem Bauteil/Gruppe überschneiden. Beide Aspekte verlan-
gen bzw. führen zu einer ganzheitlichen Betrachtungsweise, weshalb
wir im folgenden versuchen, außer Baugruppen auch größere Einhei-
ten in die Betrachtungen einzubeziehen.

Das sei kurz veranschaulicht. So trägt das Portal einer Meßmaschine einen Wagen, der zugleich auch sehr genau geführt ist.
Funktional gesprochen: Das Portal, bestehend aus einer Quertraverse, einem Fuß A und einer Säule B trägt den x-Wagen samt z-Säule

mit Tastersystem, erfüllt also eine Trägerfunktion, Bild 4.3/1.

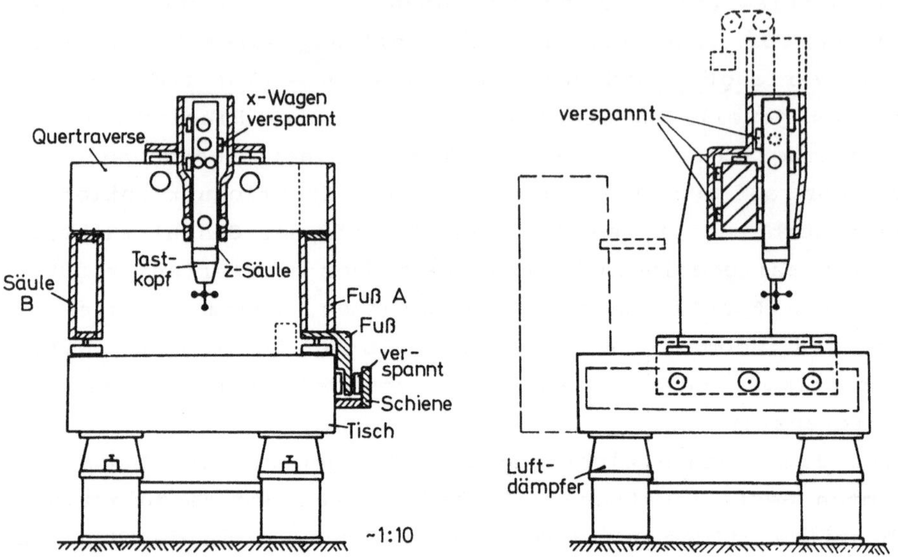

Bild 4.3/1   Struktur einer Portalmeßmaschine

Weiter erfüllt das Portal aber auch - zusammen mit dem x-Wagen-
eine kinematische Funktion, nämlich die Führungsfunktion für den
x-Wagen, der die z-Säule trägt. Damit im Maschinenkoordinatensys-
tem x, y, z eine genaue Führung in x-Richtung erfüllt wird, muß
u.a. eine entsprechende Bearbeitung der oberen Fläche der Quertraverse sicherstellen, daß die beim Verschieben des x-Wagens auftretenden Änderungen der Luftlagerspalte zwischen Tischplatte und
Säule bzw. Fuß kompensiert werden - Trägerfunktion und Führungsfunktion sind hier also gemeinsam zu sehen. Bild 4.3/2 zeigt eine
Möglichkeit für die Kompensation in Form einer konkaven Ausarbeitung der Quertraverse. Beim Verlagern des x-Wagens an die Enden
erfolgt dort ein Zusammendrücken der Luftspalte auf 2 bis 3μm.
Durch die konkave Aussparung bleibt die Tastkugel in x-Richtung
angenähert auf einer geraden Linie.

Betrachtet man Geometrie-Funktionsprinzipien in den verschiedensten Gebieten, so erkennt man neben speziellen Funktionen - operational ausgedrückt durch Hauptwort und Tätigkeitswort - immer
wieder einige grundlegende Gestaltfunktionen. So muß z.B. in jedem

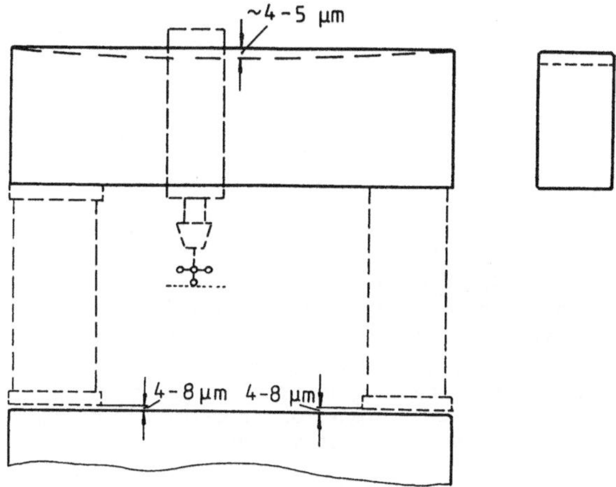

Bild 4.3/2   Ausarbeitung der Quertraverse an einer Portalmeß
             maschine

Geometrie-Funktionsprinzip der Zusammenhalt, das Zusammenwirken,
das Zusammenspielen erfolgen. Wir benötigen Gesamtträger-Funktion-
en. Weiter müssen im Rahmen eines Geometrie-Funktionsprinzips (und
auch zwischen mehreren!) Positionen, Orientierungen, Abstände
zwischen Linien, Flächen und Räumen relativ zueinander festgelegt
werden, um eine einwandfreie Gesamtfunktion zu erreichen. Wir
benötigen Positions-Definitions-Funktionen. Die miteinander in
Wechselwirkung stehenden Teile müssen gespannt, gehalten, gestützt, getragen werden: Es werden Spann-Funktionen, Halte-Funktionen, Stützfunktionen benötigt. Zwischen bestimmten Teilen finden Relativbewegungen statt - man kann hierzu die große Gruppe
der kinematischen Funktionen als den übergeordneten Gestaltfunktionsbegriff definieren. Hier sind z.B. Lagerfunktionen, Führungsfunktionen, Getriebefunktionen einzuordnen. Die geometrischen
Aspekte sind: Lagerungsgenauigkeit, Rundlauf, Axialschlag, Steifigkeitsverhalten, Führungsgenauigkeit, Abweichungen von einer
Geraden, Rastpolbahn, Gangpolbahn, Koppelkurven usw. Immer kann
man aus Geometriefunktionsprinzipien die verschiedenen Gestaltfunktionen herauslösen.

Bild 4.3/3 zeigt das Geometrie-Funktionsprinzip des Wippkranes.
Der Lastangriffspunkt wandert bei dieser Lenkergeometrie beim
horizontalen Bewegen der Last auf dem geraden Stück einer Lemniskate. Damit wird die Zufuhr bzw. Abfuhr potentieller Energie beim

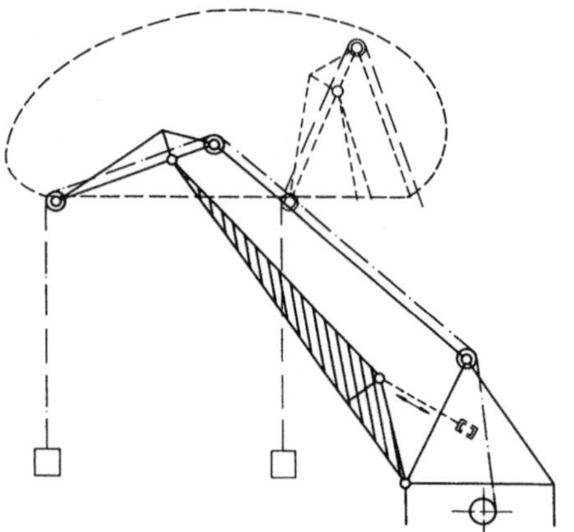

Bild 4.3/3   Geometrischer Grundgedanke der Wippkran-Geometrie:
Horizontales Bewegen der Last

Wippvorgang vermieden, was vorteilhaft ist. Man kann sich aus
diesem Geometrie-Funktionsprinzip die Trägerfunktion für verschiedene Stellungen herausgelöst denken und z.B. jede Stabkraft bestimmen. Zur kinematischen Funktion, der Bewegung auf der Lemniskate für unterschiedliche Geometrien, vergleiche man die Litera-
turstelle auf Bild 4.3/3. Dort sind Nomogramme zur Auslenkung der
Lenkergeometrie dargestellt.

Dem Konstrukteur soll mit dem Begriff der Gestaltfunktion auch ein
Freiraum für eigene Begriffsbildungen zur Funktion in seinem
Arbeitsgebiet an die Hand gegeben werden. Z.B. kann man von "dynamischen Funktionen" sprechen, wo es um Kräfteübertragungen bei
dynamischen Vorgängen geht - oder von "Dichtfunktionen" oder von
"Schutzfunktionen". (Eine schützende Gestaltfunktion besitzt z.B.
die entsprechend gestaltete und geerdete Metallverkleidung, weil
sie ggf. eine berührgefährliche Spannung aus dem Griffbereich
fernhält.) Im Bereich der Spielzeugkonstruktion ist oft die einfachste Nachbildung von irgendwelchen Eigenschaften gefordert. So
kann man bei Spielzeugtieren von tiertypischen Funktionen sprech-
en. Z.B. können hier Lauffunktion, Schwimmfunktion, Geräuschfunk-
tion, Freßfunktion usw. als Begriffe genannt werden, die einen
unmittelbaren Kontakt zur Gestalt herstellen. Die verbalen Darstellungen der Funktionen einer Branche in operationaler Form mit
geometrischer Textausprägung wie:

- Lichtstrahl ablenken,
- Werkstück berührungslos antasten,
- Spielfreiheit herstellen,
- leichte Wartung ermöglichen (für Verschleißteile),
- Kondenswasser ableiten,
- magnetischen Fluß leiten,

usw. sind geometrische, entwurfsnahe Funktionsdarstellungen. Man suche Beispiele im eigenen Produktgebiet und ordne durch Verallgemeinerungen Gestaltfunktionen zu. Am Beispiel "Lichtstrahl ablenken" treten folgende Gestaltfunktionen auf:

- Gesamtträgerfunktion für das reflektierende Element,
- Positionsdefinition durch Justierelemente,
- Spannfunktion (keine Deformation des Spiegels),
- Haltefunktion,
- Stützfunktion.

Es ist aus der Sicht der Gestaltung fast unverständlich, daß man den Begriff der Gestaltfunktion bei der Begründung der Konstruktionsmethodik nicht den stoff-, energie- und signalumsatz-orientierten Funktionsbegriffen an die Seite gestellt hat. So wichtige und elementare Dinge wie ein Tisch, ein Fensterrahmen, ein Fahrradrahmen, ein Brillengestell, ein Distanzstück lassen sich funktional nicht sinnvoll mit Stoff-, Energie- und Signalbilanzen darstellen.

4.3.1 Gesamtträger-Funktion

Die Gesamtträger-Funktion (Bild 4.3.1/1) wird benutzt, um den Zusammenhalt der in einem Geometrie-Funktionsprinzip benötigten Teile, Medien usw. funktional (zustandsverbal oder operational) zu beschreiben. Sind in einem Produkt mehrere Geometrie-Funktionsprinzipien erforderlich, so gilt dies entsprechend auch für deren Zusammenfassung. Mit der Gesamtträger-Funktion wird über das Ganze einer Anordnung der Zusammenhalt der Teile, die Leitung von Auflagerkräften in die Struktur, die Leitung von Kraftflüssen zwischen verschiedenen Orten in der Struktur, die Leitung von Energien und Stoffen usw. funktional erfaßt. Dementsprechend kompliziert wird eine funktionale Beschreibung der Gesamtträger-Funktion.

Gestaltfunktionen

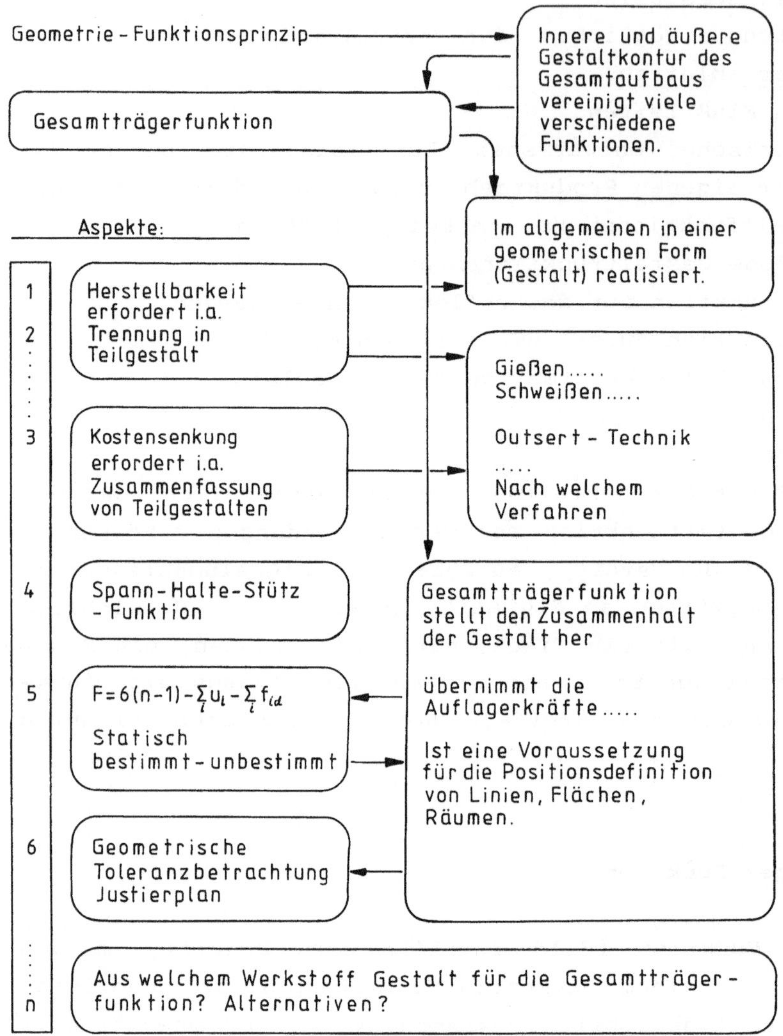

Bild 4.3.1/1 Übersichtsblatt zur Gesamtträgerfunktion mit einigen Aspekten

Die Ermittlung der Gestalt zur Erfüllung einer komplexen Gesamt-trägerfunktion erfolgt heute noch i.a. direkt von bestimmten Prioritäten der Aufgabenstellung her mit Gefühl und Rechenmethoden und weniger von einer Funktionsbeschreibung aller Teilfunktionen aus. Es gilt auch hier: Wenn ein Gehäuse, ein Chassis etc. vorliegt, ist es einfach, eine Beschreibung der Gesamtträger-Funktion zu machen /4.3.1/1/. Zielfragen zur Gestaltung der Teile (des Teils) für eine Gesamtträger-Funktion:

- Anschlußgeometrie des Gesamtträgers an die Umgebung?
- Wie müssen die Teile der verschiedenen Geometrie-Funktionsprinzipien zusammengebracht werden?
- Ist man in der Anordnung frei oder sind geometrische Restriktionen zu erfüllen, z.B. Designforderungen, ergonomische Bedingungen, Montagebedingungen, Justierbedingungen usw.?
- Welche Kraftflüsse, Wärmeströme, Feldstärken usw. durchlaufen den Gesamtträger und bewirken welche geometrische Effekte (Deformation, thermische Ausdehnungen usw.)?
- Welche Stoffströme durchlaufen den Gesamtträger? Strömungsführung? Impulskräfte infolge von Umlenkungen, Druckkräfte usw. und deren Auswirkungen?
- Welche Eigenschwingungsformen, thermische Verformungen entstehen unter wechselnden Betriebsbedingungen?
- Gesamtträger als Einzelteil oder aus mehreren Teilen ausführen? An Transport, Montage usw. denken.
- Besonderheiten des Gesamtträgers: Dichtstellen - Spielfreie Bewegungen - Kondenswasserbildung - Verschleiß und Alterung.

Ansätze zur Gestaltentwicklung des Gesamtträgers:

- Aufbau des Ganzen von innen heraus: Aufbauen. Man legt Lagerstellen, Führungen, Fixpunkte usw. fest und fügt Teilgestalten ein, die in diesem "Lagerstellensystem" zusammenwirken. Das Zusammenwirken wird durch Einfügen von Material ermöglicht, z.B. bei Zahnradgetrieben: alle Lagerstellen in eine Ebene (ebene Abwicklung). Der Aufbau von innen heraus kann auch in eine bestimmte Kontur hinein erfolgen - dann muß ggf. von außen entsprechend wieder nach innen gestaltet werden.
- Aufbau des Ganzen von außen nach innen: Einpassen. Ergonomisch oder anderweitig bedingte Außenkontur, in die die Funktionselemente einzubringen sind: handgehaltene Geräte wie Fön, Fernglas, Kamera. Wesentlich ist die Greiftechnik.
- Aufbau des Ganzen von bestimmten festliegenden Baugruppen aus, deren Relativlagen festliegen. "Kristallisationsstellen" können bei einer Kamera sein: Objektiv, Filmanordnung, Verschlußprinzip, bei einer Tabakschneidemaschine: Messerlage, Vorschubwalzen, Vorschubantrieb.

Oft muß ein Gesamtträger auch um bestimmte, festliegende Gestaltkomplexe herumgebaut werden. Zusammenhänge der Gesamtträger-Funktion mit der Positions-Definitions-Funktion, der Spann-, Halte-,
Stützfunktion, den kinematischen Funktionen usw.: Die Beschreibungen zur Gesamtträgerfunktion lassen weiter erkennen, daß engste
Verbindungen zu den anderen genannten Gestaltfunktionen bestehen:
In der Gesamtträgerfunktion sind z.B. Spannfunktionen und kinematische Funktionen usw. durch Positionsdefinitions-Funktionen verknüpft.

Gestaltfunktionen am Rohrstück

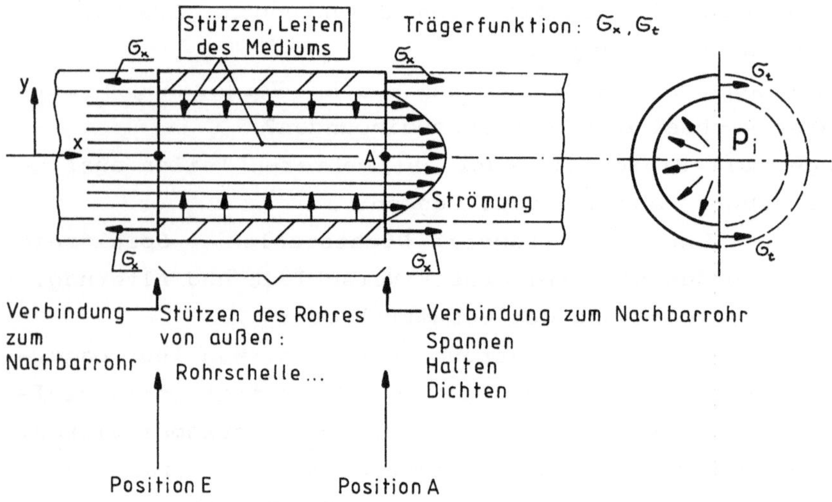

<u>Druckverlust infolge Rohrreibung</u>:

$$\Delta p = \lambda \cdot \frac{L}{d} \cdot \frac{\rho}{2} \cdot \bar{c}^2 \qquad \frac{N}{m^2}$$

Mit: $[\lambda] = 1$ Rohrwiderstandsbeiwert

    $[L] = m$ Leitungslänge

    $[d] = m$ Leitungsdurchmesser

    $[\rho] = \frac{kg}{m^3}$ Dichte des Strömungsmediums

    $[\bar{c}] = \frac{m}{s}$ Mittlere Geschwindigkeit des
    Strömungsmediums

Bild 4.3.1/1   Erläuterungen von einigen Gestaltfunktionen an
    einem Rohrstück. Unten Druckverlust als Geo-
    metrie-Funktionsprinzip dargestellt

Dies läßt sich an einem durchströmten Rohr (Bild 4.3.1/2) gut zeigen. Das Rohr übernimmt u.a. eine Trägerfunktion (p_i, σ_x, σ_t. Weiter die Stützfunktion für das Medium, und es definiert durch seinen Anfang und sein Ende die Positionen E und A der Strömungsmittellinie im Gesamtsystem x, y.

Der hier i.a. unerwünschte Energieumsatz kann als Druckverlusthöhe aufgefaßt werden, die in komplexer Weise von einer Größe λ (Strömungszustand, Zähigkeit, Rohrgenauigkeit usw.) abhängt. Die Gleichung für den Druckverlust ist wieder der Ausgangspunkt für eine Reihe denkbarer Geometrie-Funktionsprinzipien, die mit der Rohrgeometrie herstellbar sind.

Entscheidungsprozesse beim Entwerfen der geometrischen Gestalt für die Gesamtträger-Funktion

Die bei der Gestaltbildung auftretenden Entscheidungsvorgänge basieren im wesentlichen auf Vorerfahrungen, auf logischen Ketten von Schlußfolgerungen auf gegebenen Gestaltelementen und auf spontanen Einfällen. Die Vorerfahrungen im Produktgebiet sind meist in Form schlechter Erfahrungen, auch in Form von Regeln (besonders die fertigungsgerechte Gestaltung betreffend!) dargestellt. Für bestimmte Trägerelemente, wie z.B. Wellen, existieren Abläufe zur Gestaltung. Man kann sich denken, daß Sammlungen von Abläufen in den jeweiligen Produktbereichen aufgebaut und fortgeschrieben werden. Sie rühren an den in neuerer Zeit aufgekommenen Begriff des Expertensystems.

Beispiel: Regeln zur Gestaltbildung der Gesamtträger von genauen Maschinen (Koordinaten-Meßgeräte, Lehrenbohrwerke). Faßt man die zur Gesamtträger-Konzeption erforderlichen Entscheidungsgrundlagen – etwas nach dem Ablauf geordnet – zusammen, so kann man etwa wie folgt vorgehen:

- Festlegung der Werkstückabmessungen, die gemessen bzw. bearbeitet werden sollen (Werkstückgewicht), Werkstückspektrum. Werkstückart: Gehäuse – prismatisch, Zahnräder – rotationssymmetrisch, beliebige Formen
- Genauigkeit?, Meßunsicherheit?
- Punkt-zu-Punkt-Messung oder Scanning-Betrieb?

Werkstückgröße und Werkstückgewicht geben Hinweise auf die Art der Relativbewegungen zwischen Werkstück und Meßsystem. Es stehen u.a. vier Möglichkeiten zur Entscheidung:

- Werkstück ruht - Taster in x, y, z verschiebbar
- Werkstück in x-Richtung verschiebbar - Taster in y-, z-Richtung verschiebbar
- Werkstück in x-y-Richtung verschiebbar - Taster in z-Richtung verschiebbar
- Werkstück in x-y-z-Richtung verschiebbar - Taster ruht.

Damit sind Vorstellungen vom Grundaufbau, von der Tischanordnung, der Auslegeranordnung, der Art und Zahl der Tische, der Lagerung, der Weiterleitung des Kraftflusses in den Boden usw. möglich, Bild 4.3.1/3.

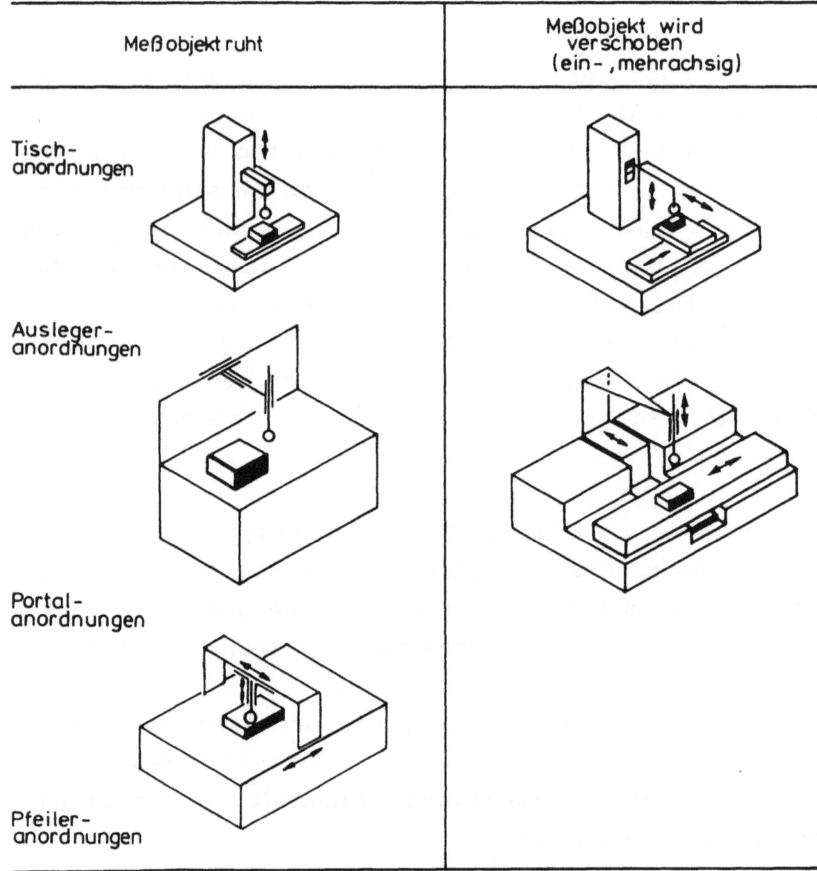

Bild 4.3.1/3 Grundformen von Koordinatenmeßgeräten

Beispielhaft sei ein tragendes Bauteil einer Meßmaschine aus der Gruppe der Auslegeranordnungen bezüglich des Kraftflusses betrachtet: Einleitung - Weiterleitung - Verrippung, Bild 4.3.1/4. Aus

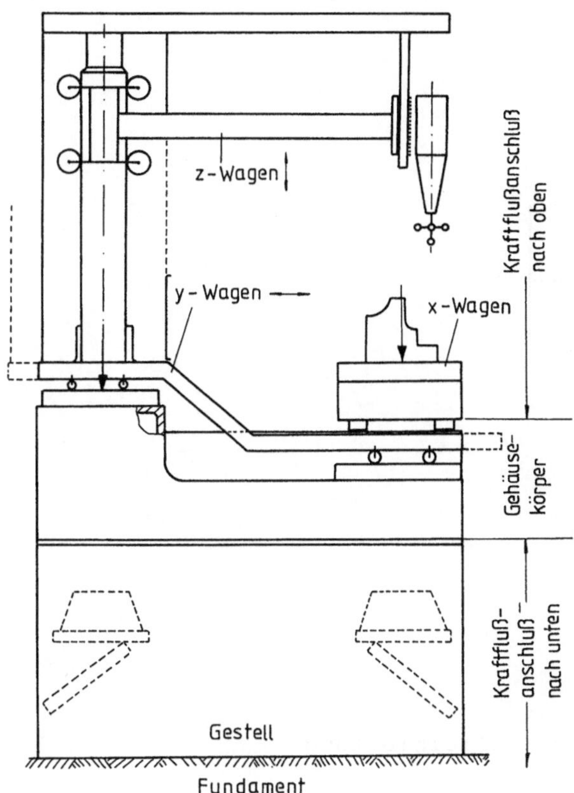

Bild 4.3.1/4   Seitenansicht zur Ausführung Auslegeranordnung

der Anordnung der x-y-Verschiebemöglichkeiten folgt die Lage der Auflageschienen am Gehäusekörper für den x- und y-Wagen, Bild 4.3.1/5 und 4.3.1/6. Von den Schienen wird der Kraftfluß auf kürzestem Wege ins Gestell weitergeleitet, wenn er über drei topfartige Gebilde, die durch eine Verrippung miteinander verbunden sind, geführt wird. In ähnlicher Weise kann man für alle Genauigkeitsteile Betrachtungen, die den Kraftfluß betreffen, vornehmen. Die rechnerische Optimierung setzt an den so ermittelten Anordnungen an. Wir können einige Regeln formulieren:
-    Kleinsten Aufbau der Meßmaschine anstreben (thermische Ausdehnung).

- Einfachheit der Teile, die die Genauigkeit bringen, anstreben, (Ebenen, Zylinder, Kugeln usw. benutzen, Platten usw., Luftlagerungen usw.).
- Teile statisch bestimmt lagern. Kann oft nicht realisiert werden. Dann eine entsprechende "Bettung" der Teile vornehmen.

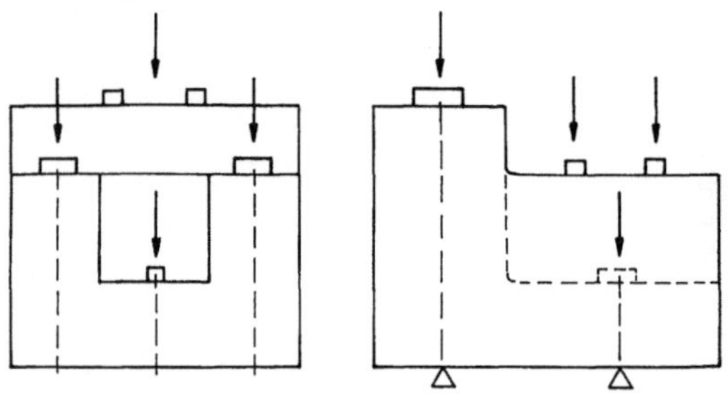

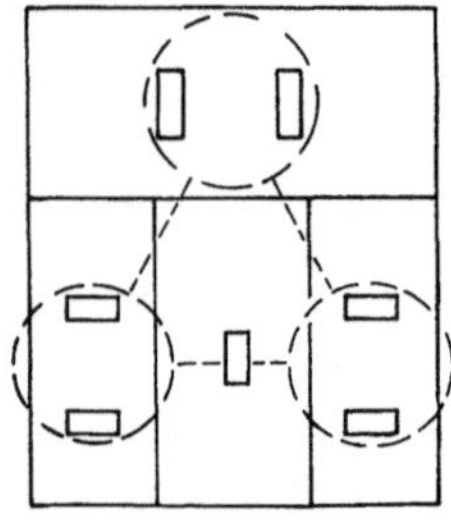

Bild 4.3.1/5   Gehäusekörper mit Krafteinleitung

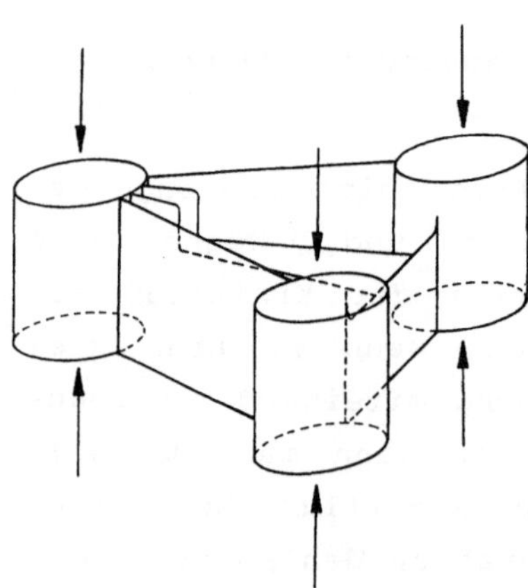

Bild 4.3.1/6   Verrippung des Gehäusekörpers

Beispiel zur Tragfunktion: Maßstäbe lagern. Die Bilder 4.3.1/7 und 4.3.1/8 zeigen einige Möglichkeiten, Glasmaßstäbe an Steinplatten zu befestigen. Mit Hilfe von Elastomerbändern erfolgt ein

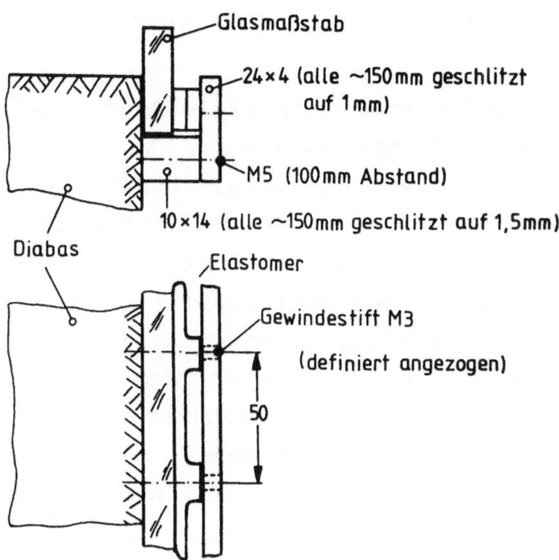

Bild 4.3.1/7   Befestigung eines dünnen Glasmaßstabes an einem Steintisch

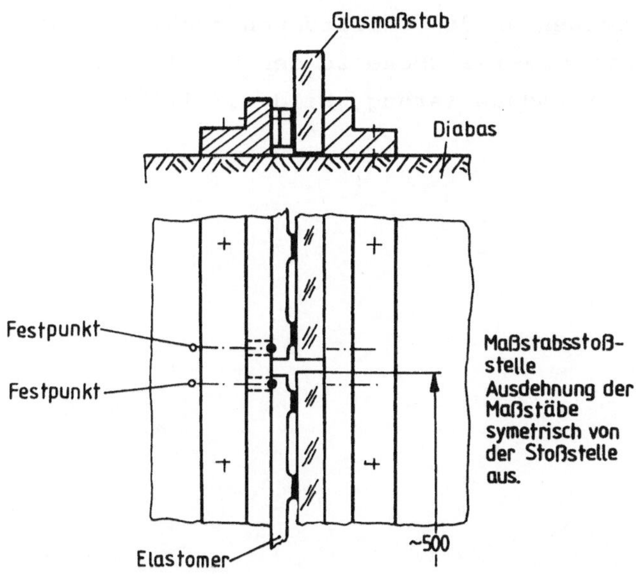

Bild 4.3.1/8   Stoßstelle von zwei Glasmaßstäben

definiertes Andrücken an die Steinplatten. Regeln zum Aufbau der
Führungen:

- Komparatorgerechte Anordnung anstreben (streng nicht möglich), daher: hochgenaue Führungen und sehr genaue Rechtwinkligkeit durch Justieren realisieren. Siehe folgendes Beispiel.

Bild 4.3.1/1 (oben) zeigt eine handelsübliche Portalmeßmaschine.
Dargestellt ist im wesentlichen die Lageranordnung. Auf einem
stabilen Steintisch (Diabas, oft fälschlich als Granit bezeichnet)
gleitet ein Portal (bestehend aus den Füßen A und B der Quertraverse und dem x-Wagen mit z-Säule) auf 6 Luftlagern der sogenannte
y-Wagen. Die Lager 1, 2, 3 tragen dabei das Portalgewicht und die
Lager 4, 5, 6 führen das Portal in y-Richtung zwischen Steinplatte
und einer Schiene. Auf der Quertraverse (Diabas) fährt der x-Wagen
auf 9 Luftlagern. Die Lager 19, 20 tragen das Gewicht und die
Lager 21, 22, 26 sowie 23, 24, 25.1 und 25.2 übernehmen die Führung in x-Richtung. Die z-Säule schließlich wird von 7 Luftlagern
15, 16, 17, 18 sowie 12, 13, 14 geführt - ihr Gewicht über ein
Gegengewicht ausgeglichen. Die Justierung der Rechtwinkligkeit der
Abläufe kann z.B. aus einer Vorjustierung (die im Werk erfolgt)
und einer Endjustierung bei der Aufstellung (beim Kunden) bestehen. Die Quertraverse kann relativ zum Fuß A gemäß Bild 4.3.1/9
vorjustiert werden. Durch Drehen an den Keilstücken dreht sich die
Quertraverse um A. Damit ist die x-z-Ebene zu den Luftlagern 2, 3
vorjustiert. Schritte bei der Endjustierung, Bild 4.3.1/10:

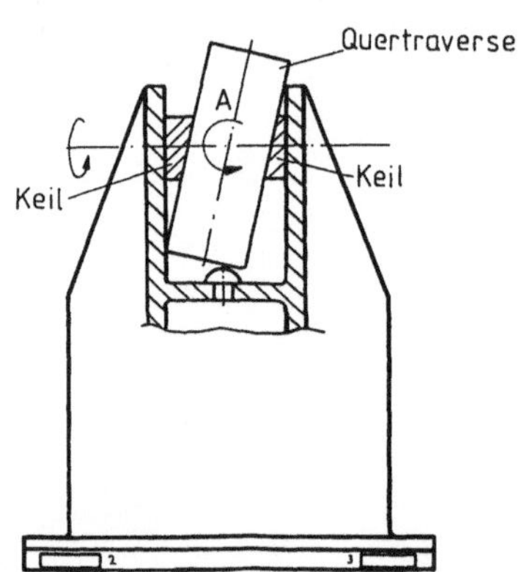

Bild 4.3.1/9 Justierung der Quertraverse

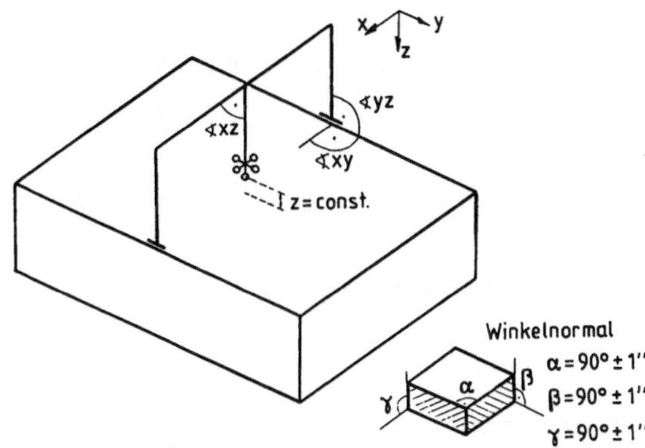

Bild 4.3.1/10   Zur Gesamtjustierung

- Tisch mit Hilfe von Unterlagen unter die Luftdämpfer (Barry) einnivellieren. Wasserwaage - 10' -.
- Luftlager mit Hilfe der Drosseln und Meßtaster auf 4 bis 5 μm Spalt einstellen.
  Parallelität Quertraverse zur Tischoberfläche: Luftlager 2, 3. Z-Anzeige muß beim Abfahren in y-Richtung (und in x-Richtung) konstant bleiben. (Wegen der Gewichtsverlagerungen auf den Luftlagern 1, 2, 3 beim Verschieben in x-Richtung muß evtl. Quertraverse oben "Hohl" gearbeitet sein!)
- Orthogonalität der x- und y-Achse auf 1" durch Einstellung an den Lagern 4, 5 (x, y).
- Orthogonalität der z-Achse zur y-z-Ebene mittels Winkelnormal auf Tisch. y-z-Ebene: Luftlager 2, 3. x-z-Ebene: Luftlager 19, 20.
- Alle Orthogonalitäts-Einstellungen auf ± 1" genau mit Winkelnormal.

Zusammenfassung einiger produkttypischer Gestaltungsregeln zum Gesamtträger von Meßmaschinen:
- Gesamtaufbau der Art der Meßobjekte anpassen.
- Komparatorgerechte Anordnungen (streng nicht möglich). Daher:
- Hochgenaue Führungen - sehr genaue Rechtwinkligkeit durch Justieren.
- Reibungsfreie Führungen - Tastkräfte.
- Möglichst kleinen Gesamtaufbau anstreben wegen thermischer Ausdehnung.
- Führungen dem Meßbereich und der angestrebten Meßunsicherheit anpassen.

- Passivisolierung und Selbstnivellement.
- Kraftfluß durch die Gesamtanordnung bei normaler Meßsituation und in Extremsituationen?
- Nachjustierung?
- Tische und Portale in geeigneter Weise von den Antrieben abkoppeln.
- Geregelte Antriebe für die Verschiebebewegungen.

Regeln zur Gestaltbildung von Gerätehäusen
Beispiel eines Gehäuses als Gesamtträger

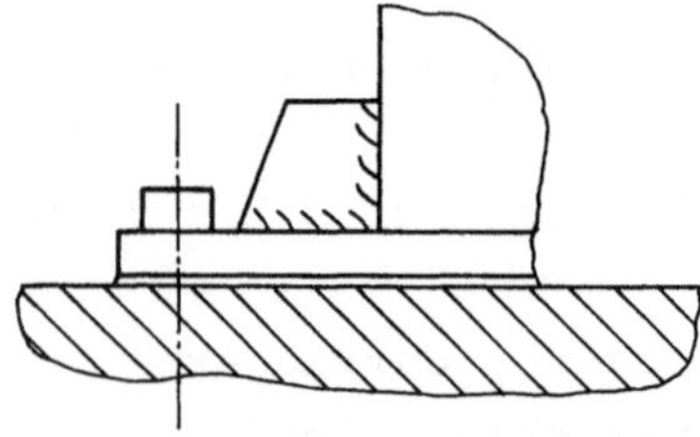

Bild 4.3.1/11   Flanschecke an einem Gehäuse

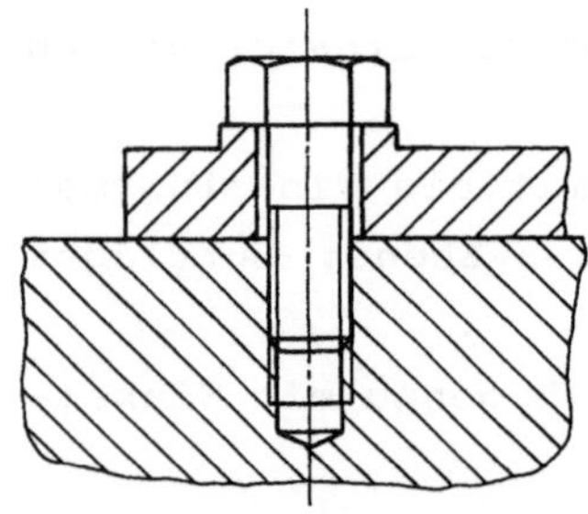

Bild 4.3.1/12   Kleine Auflageflächen am Kopf

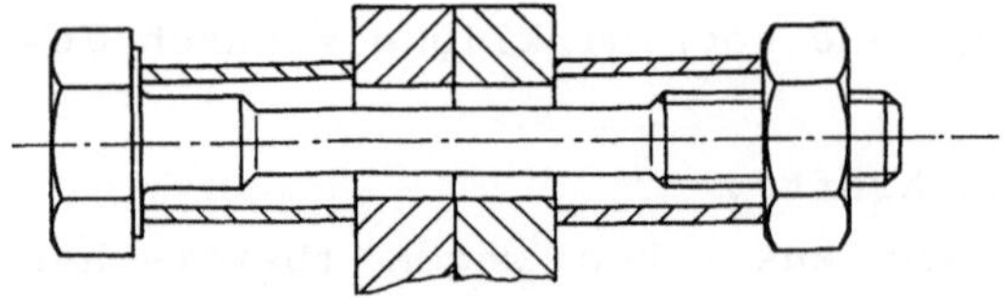

Bild 4.3.1/13   Ermöglichung von Dehnschrauben durch Hülsen

Checkpunkte:

- Geometrische Einbausituation: Positionen in den Endlagen? Zentrierpositionen? Verstellbereiche? (In kritischen Fällen maßstabsgerechte Modelle benutzen.)
- Anschlußstellen und Auflagerkräfte? Anschraubstellen verrippen, Bild 4.3.1/11. Anschraubflächen kleinflächig, Bild 4.3.1/12. Dehnschrauben vorsehen evtl. durch Flanschhülsen ermöglichen, Bild 4.3.1/13. Keine lappenartigen Teile überstehen lassen (neigen zum Schwingen).
- Zugangsöffnungen für den Austausch von Verschleißteilen zur Justierung vorsehen. Die Deckel so einfügen, daß Kraftfluß möglichst wenig gestört wird.
- Tropfwassersituationen bedenken (Challenger-Unglück). Stecker so, daß Tropf- bzw. Kondenswasser aus der Steckdose herausläuft und nicht hinein. Trockenpatronen im Sichtbereich.
- Wärme weg von empfindlichen Stellen.
- Optik und Mechanik trennen.
- Prüfstecker für Elektronik zugänglich.
- Dichtstellen, HF-Abschirmungen usw.

Beim Ablauf der Gestaltentwicklung speziell für Gerätegehäuse in Fahrzeugen: Experimentelle Analysen mit sumulierten Gehäusen und angenommenen Massenverteilungen auf Vibratoren usw. durchführen.

Die Beispiele machen deutlich, daß die Gestaltung eines Gesamtträgers in einem Produktgebiet nach Regeln erfolgt, die im jeweiligen Gebiet bei der Gestaltung von Neukonstruktionen umso hilfreicher sind, je mehr sie den speziellen Produktbelangen Rechnung tragen. Man benötigt produktspezifische Gestaltungsregeln! Neben produkttypischen Regeln haben natürlich spezielle Beispiele zu den einzelnen Gestaltfunktionen im jeweiligen Gebiet ihre besondere Bedeutung für die methodische Gestaltbildung.

Beispiel: Gesamtträgerfunktion im Gerätebereich 1

Hier soll der "Kraftfluß" aus einem deformationsempfindlichen Gebiet herausgehalten werden. Bild 4.3.1/14 zeigt das Gehäuse einer Anordnung 1 in der Draufsicht. Im Mittelbereich ist ein Genauigkeitsbereich (angedeutet durch Wände) am Gehäuseboden befestigt. Die Kraftwirkungen können über den Boden in den Genauigkeitsbereich eindringen und z.B. Auflagestellen optischer Bauteile deformieren. Bei der Anordnung 2 ist der Boden um den Genau-

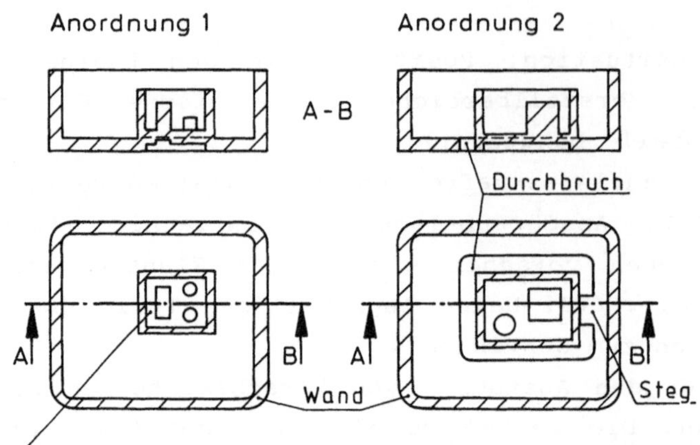

Genauigkeitsbereich zur Aufnahme eines deformations-
empfindlichen Meßsystems.
Kraftwirkungen und Momente
können in den Genauigkeitsbereich eindringen.

Genauigkeitsbereich ist durch
einen Durchbruch bis auf einen
schmalen Steg vom Boden getrennt.

Bild 4.3.1/14   Gehäuse, dessen Genauigkeitsbereich mit einem
                schlitzförmigen Durchbruch vom äußeren Gehäuseteil
                abgetrennt ist, um Kraftwirkungen fernzuhalten

igkeitsbereich herum durch einen schmalen Schlitz bis auf einen
Haltesteg abgekoppelt. Kraftflußwirkungen können nicht mehr in den
Genauigkeitsbereich eindringen.
Beispiel: Gesamtträgerfunktion im Gerätebereich 2
Auf Bild 4.3.1/15 ist ein Gerätegehäuse dargestellt, bei dem ein
Genauigkeitsbereich durch Erwärmung gestört ist. Durch Verlager-
ung der Wärmequelle ist die Störung beseitigt. Anordnung 2: Man
kann sich als Lösung auch eine Wärmeisolierung bzw. eine Kühlung
vorstellen.
Beispiel: Gesamtträgerfunktion bei Absperrarmaturen
Die Vielzahl der Formen des Gesamtträgers (der Formenschatz) wird
hier im wesentlichen von drei Haupteinflüssen bewirkt: dem Strö-
mungswiderstand, dem Kraftfluß und dem Medium. Daneben wirken
natürlich viele weitere Zielaspekte auf die Gesamtträgerform ein
(Mischventile, Anschlußgeometrie usw.). Bild 4.3.1/16, aus
/4.3.1/2/ entnommen, vermittelt einen kleinen Eindruck von den
Realisationen zur Gesamtträger-Funktion.
Reduziert man die Möglichkeiten auf das "Funktionieren der Geometrie" beim Absperrvorgang, so kann man dies, wie im Bild 4.3.1/17

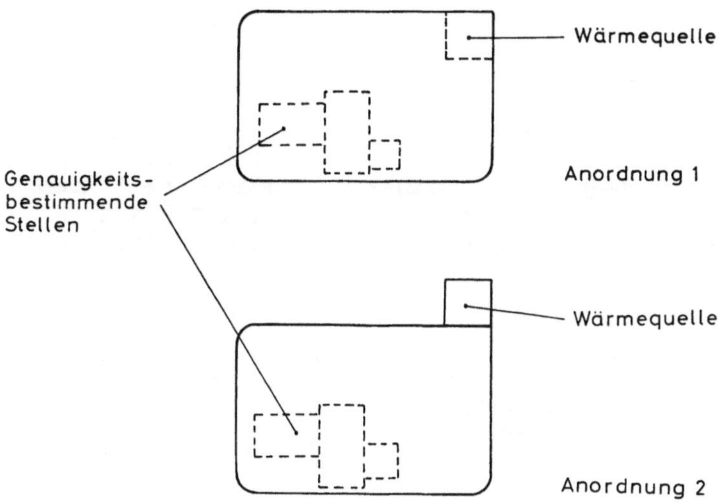

Bild 4.3.1/15 Wärmequellen von genauen Stellen entfernen

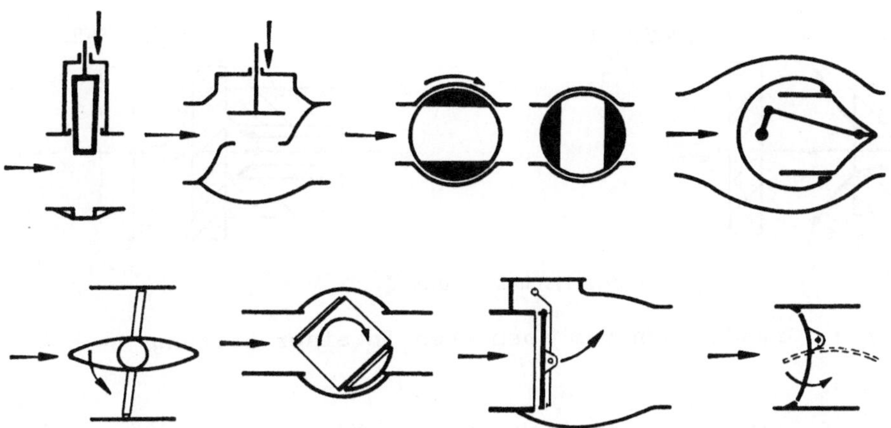

Bild 4.3.1/16 Gesamtträgerstrukturen von Absperrarmaturen
/4.3.1.1/1/

gezeigt, sehen. An Gestaltelementen werden vom stofflichen Träger
der Gesamtträger-Funktion verknüpft: Die Gewinde für die Anschluß-
leitungen oder Bohrungen für Flanschanschlüsse zu den Anschluß-
rohren, die Führungsbohrungen zur Aufnahme von Stangen, die Bohrungen zur Aufnahme von Dichtelementen, die Führungskanäle zur
Leitung der Medien, die Gehäusewände zur Aufnahme der Drücke, die
Lagerungsstellen für die Betätigungselemente usw.

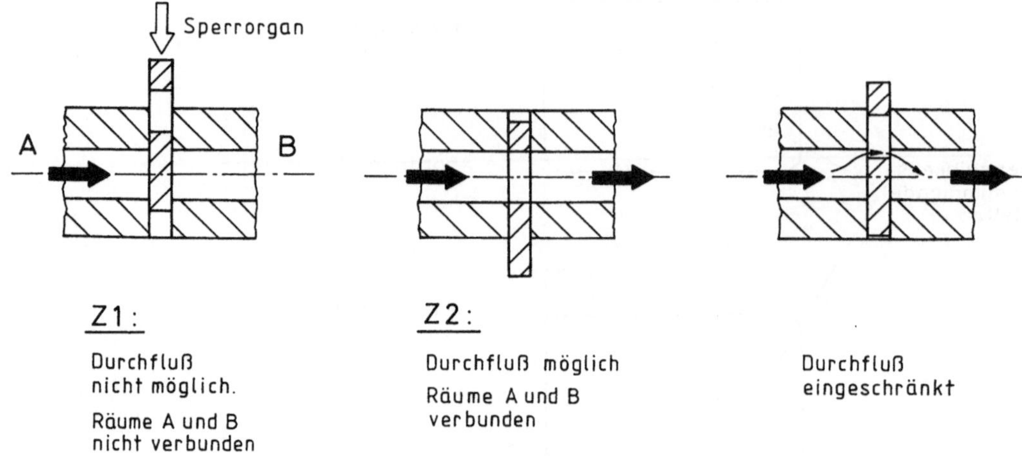

Geometrisches Urbild 1 eines Absperrorgans für Strömungen
(Zustandsverbale Darstellung)

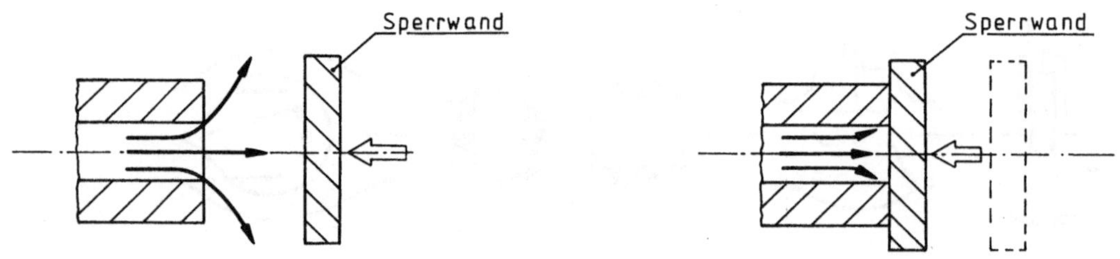

Geometrisches Urbild 2

Bild 4.3.1/17   Grundformen zum Absperren in einer Leitung

Bild 4.3.1/19 zeigt schematisch die Anordnung der Träger der
verschiedenen Gestaltfunktionen in einer Kontur, die der Gesamtträger-Funktion entspricht. Beim Entscheidungsprozeß für die Gestaltbildung zur Gesamtträger-Funktion bei einer Absperrarmatur,
kann man vom erwünschten Verlustbeiwert, vom Druck, von der Positionsdefinition der Anschlüsse und von der Betätigungslage herkom-
mend grob die Gesamtgeometrie festlegen. Einige geometrische
Möglichkeiten von Bauformen für Gerätegehäuse wurden in /4.3.1/3/
zusammengestellt, Bild 4.3.1/19.

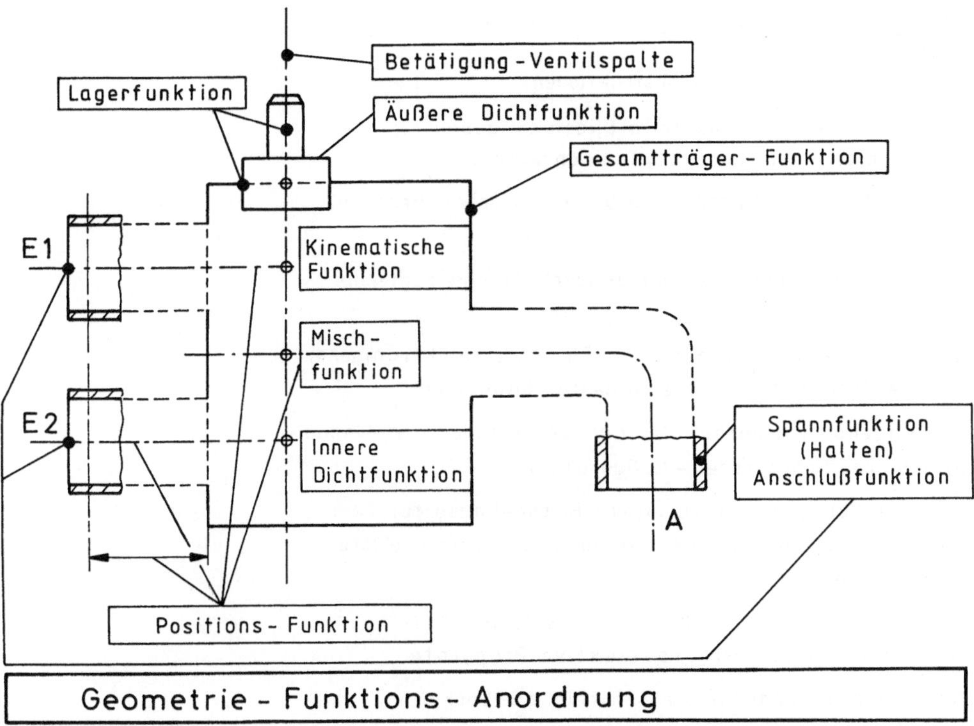

Bild 4.3.1/18   Geometrische Anordnung von Einlauf und Auslauf an
einem Mischventil mit schematisch eingezeichneten
Gestaltfunktionen bzw. deren geometrischen Ansätzen

<u>Bauformen von Gehäusen</u>   (nach Stabe)

Stülpdeckel-, Hauben-,Glockenkonstruktionen;

Schalenbauweise (zwei gleiche Teile bilden ein Gehäuse),
Belichtungsmesser, Rasierapparat, Taschenrechner;

Klappdeckelgehäuse (hauptsächlich bei elektrischen Geräten),
Koffergeräten;

perforierte Schutzgehäuse (Berührungsschutz und zugleich
Lüftung);

Gehäuse mit Frontplattenchassis als Einschub (elektronischer
Geräte zur Aufnahme der Geräte in Gestellbauweise);

Schubkastengehäuse (Hinterlader und Vorderlader (für Einbaugeräte) z.B. bei Schalttafel - Meßgeräten);

vakuumdichte Gehäuse, z.B. verlötete Blechgehäuse für Fahr-
zeuge, evakuierte Glasgehäuse, verklebte oder verschweißte
Kunststoffgehäuse;

Panzergehäuse für hohe Drücke, magnetische Abschirmung,
Strahlenschutz, bombenfeste, radioaktive Präparate;

Flanschgeräte zum Einbau in Schalttafeln, z.B. Cockpit
Pultgeräte, Einbaugeräte in der schägen Pultplatte.

Bild 4.3.1/19 Namen von Gehäusebauformen aus /4.3.1/3/ nach Stabe

4.3.2   Positions-Definitions-Funktion

Die Positions-Definition (Bild 4.3.2/1) von Gestaltelementen an
Bauteilen, von Bauteilen in Baugruppen und von Baugruppen im
Gesamtträger gehört zu den grundlegenden Operationen beim Gestalt-
bildungsvorgang. Dies ist der Hauptgrund dafür, hier eine eigene
Gestaltfunktion, die Positions-Definitions-Funktion (auch als
Bestimmfunktion bezeichnet) einzuführen. Ausgang der Überlegungen
ist der Bestimmvorgang für ein Werkstück in einer Vorrichtung.
Elemente zur Gestaltung von Positions-Definitionen sind: Stative,
Abstandsbolzen, Unterlagescheiben, Rastschlitze, Justierelemente
aller Art usw. Methoden zur Positions-Definition sind: Justiervor-
gänge im Rahmen der Funktion, genaue Fertigung der Teile usw.
Positions-Definitionen betreffen Punkte, Strecken, Flächen und

Positions - Definitions - Funktion

Geometrie-Funktions-Prinzipien erfordern das Zusammenwirken von Bauteilen und damit die Festlegung von
Positionen für ....

1   Flächen, Bohrungen ..... an den Einzelteilen.

2   Flächen, Bohrungen ..... am Gesamtträger.

3   Speziell erfordern kinematische Funktionen, wie sie
von Lagerungen, Führungen, Eingriffsituationen ....
bewirkt werden, Positions- Definitions- Funktionen.

4   Die Verbindung von Trägerteilen zum Gesamtträger
erfordert (oft genug tolerierte) Positions-Definitionen.

⋮
n

Bild 4.3.2/1   Übersichtsblatt zur Positions-Definitions-Funktion
mit einigen Aspekten

Volumina hinsichtlich ihrer Abstände und Winkellagen und dienen
der Funktionserfüllung hauptsächlich im Zusammenwirken.
Beispiel: Bestimmen in einer Vorrichtung
Bei der Positions-Definition eines Werkstückes in einer Vorrichtung wird das Werkstück für die anschließenden Spann- und Bear-
beitungsvorgänge so in seiner Lage relativ zu den Werkzeugführungsflächen der Vorrichtung angekoppelt, daß die Bearbeitung
innerhalb der zuvor festgelegten Toleranzen erfolgen kann. Auf
Bild 4.3.2/2 ist dazu ein Werkstück mit Bezugsebenen dargestellt.
Auf diesen Bezugsebenen baut sich die tolerierte Bemaßung auf.
Weiter sind die Bestimmebenen (ideal) des Werkstückes dargestellt
und ferner die Werkstückbestimmflächen (real). Unten sind schließlich die Vorrichtungsbestimmflächen als Auflagekuppen erkennbar.
Drei Punkte definieren die Ebene II und zwei Punkte die Ebene I.
Das Werkstück ist in Richtung der Kante der Ebenen I und II ver-
schiebbar und benötigt zur vollständigen Positionsdefinition noch
einen weiteren Punkt. Auf Bild 4.3.2/3 sind einige zur Positions-
Definition und zu dem anschließenden Spannvorgang zu beachtende

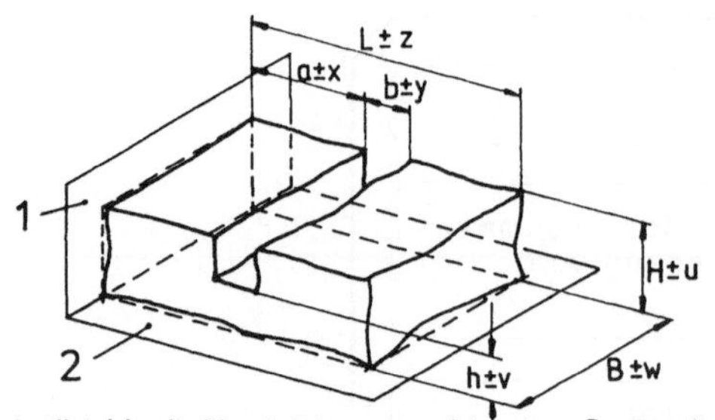
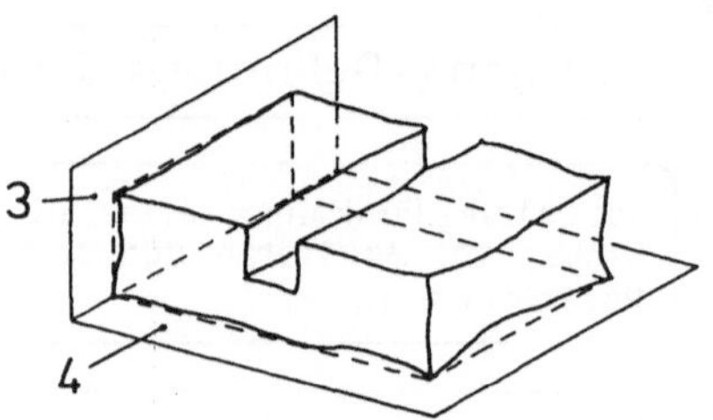

Werkstück W mit übertrieben gezeichneter Realgestalt
1,2 Bezugsebenen des Werkstücks
(Idealebenen)

3 Bestimmebene I des Werkstücks
4 Bestimmebene II des Werkstücks
(Idealebenen)
Man könnte z.B. auch die Bestimmebenen in den Schlitz legen!

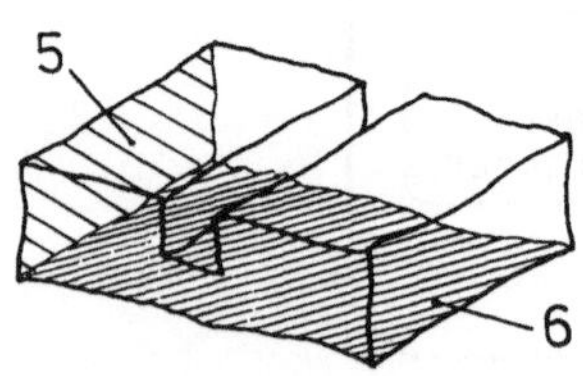
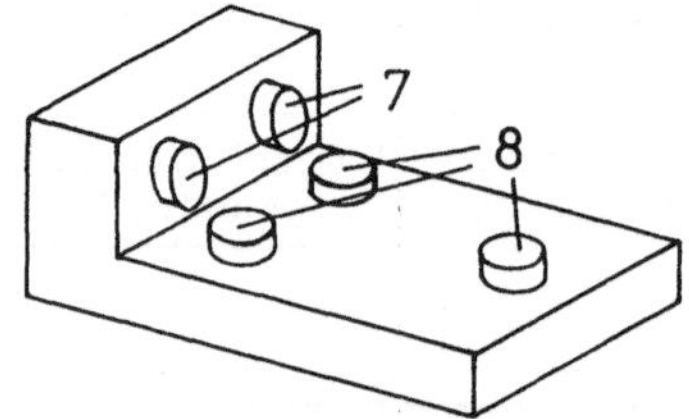

5 Werkstückbestimmfläche I
6 Werkstückbestimmfläche II
(Realflächen)

7 Vorrichtungsbestimmfl. I
8 Vorrichtungsbestimmfl. II
(Realflächen)

Bild 4.3.2/2 Werkstück und Vorrichtung Bezugsebenen, Bestimmebenen, Bestimmflächen

Regeln zusammengestellt. Diese Regeln sind sinngemäß für die Positions-Definitions-Funktion und die Spann-Funktion in andere Produktklassen übertragbar.

Beispiel: Positions-Definitionen in einem Gehäuse
Gesamtträger (z.B. Gehäuse aus Kunststoff, Kokillenguß oder Druck-guß) haben bei entsprechenden Abmessungen Maßabweichungen zwischen zwei Anschlußbereichen für Baugruppen Bild 4.3.2/4. Während innerhalb eines Anschlußbereiches die fertigungsbedingten Toleranzen klein sind, müssen zwischen den Anschlußbereichen Maßnahmen des Ausgleichs (Justieren, Nacharbeit) getroffen werden, um die Funktion der zusammenwirkenden Baugruppen zu gewährleisten.

Beispiel: Positions-Definition an einer Peltonschaufel
Ähnlich wie für Glocken existieren im Wasserturbinenbau Diagramme,

<u>BESTIMMEN</u>

▻ Bestimmpunkte bzw. Bestimmflächen je nach dem Vor-
  bearbeitungszustand des Werkstückes anordnen.
  (Werkstücksteifheit).
  Bearbeitete Stellen am Werkstück zur Bestimmung
  vorziehen.

▻ Bestimmung auf die geforderten Bezugsebenen des
  Werkstückes beziehen.
  Möglichst Bestimmebenen und Bezugebenen zusammen-
  fallen lassen.
  Komparatorfehler bedenken.

▻ Möglichst große Abstände der Bestimmpunkte in den
  Bestimmflächen anstreben.

▻ Spannpunkte so anordnen, daß die Bestimmlage beim
  Spannen erhalten bleibt.

▻ Bestimmpunkt möglichst "gegenüber" den Spann-
  punkten anordnen, um kurze Kraftflußwege im
  Werkstück zu erhalten.

▻ Bestimmen immer gemeinsam mit der Bearbeitung, dem
  Spannen, der eventuell auftretenden Deformation
  sehen.

▻ Überbestimmungen vermeiden.
  Definierte Absätze in Vorrichtung oder am Werkstück.
  Reibkegel beachten.

▻ Toleranzen der Bestimmelemente möglichst klein
  im Verhältnis zur Werkstücktoleranz wählen.

<u>SPANNEN</u>

▻ Die notwendigen Spannkräfte durch Rechnung oder
  Experiment ermitteln.

▻ Spannstellen so legen, daß Werkstücke möglichst
  wenig deformiert bzw. markiert werden.

▻ Spannkraftfluß aus den Werkstückzonen der kritischen
  Toleranzen heraushalten.

▻ Beim Spannen an die event. auftretenden Temperatur-
  änderungen und damit Längenänderungen des Werk -
  stückes denken. Starr - elastisch.

▻ Spannen bei genauen Teilen:
  Die Spannung soll so erfolgen, wie es der späteren
  Werkstückeinspannung entspricht.

▻ Spannkräfte bei großflächigem Angriff möglichst
  gleichförmig einleiten.
  Membranspannung, Kraftausgleichsysteme.

**Bild 4.3.2/3 Gestaltungsregeln zum Bestimmen und Spannen in Vor-
             richtungen**

die es gestatten, bei gegebener Wassermenge und Fallhöhe den
günstigsten Turbinentyp (Peltonturbine, Franzisturbine, Kaplanturbine) auszuwählen. Sie haben den Charakter der "Leitgleichung" für

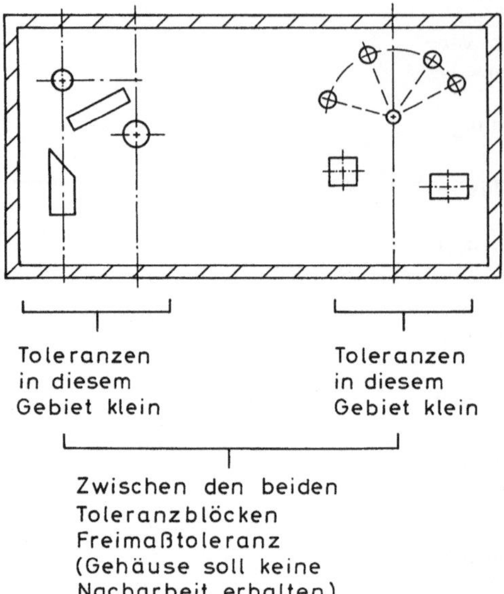

Bild 4.3.2/4   Positions-Definition über größere Abstände an einem
Werkstück

das Ganze und spiegeln die Vorerfahrungen vieler Generationen von Wasserturbinenbauern. Dies wird hier als bekannt vorausgesetzt. Stellvertretend für viele Bauteile aus hochentwickelten Maschinen greifen wir aus dem Wasserturbinenbau die Turbinenschaufel einer Peltonturbine als Beispiel für die Positions-Definition von Flächen an einem Teil heraus, Bild 4.3.2/5. Es zeigt sich, daß man zum Verständnis der Schaufelgestalt das Geometrie-Funktionsprinzip des Impulsentzuges aus dem Wasserstrahl verstehen muß. Die Peltonschaufel ist gekennzeichnet durch zwei löffelförmige Flächen, die eine Aussparung besitzen, und eine Eintrittsschneide, nebst einer Möglichkeit zur Befestigung der Schaufel am Radkörper. Weiter ist die Zahl der Schaufeln am Rad als Positions-Definitions-Größe zu betrachten.

Ein Geometrie-Funktionsprinzip der Peltonturbine beruht auf dem Übertragen der Impulskraft von Strahl auf die langsamer bewegte Fläche. Dies ist auf Bild 4.3.2/6 links veranschaulicht: Die mit $U_1 < C_1$ laufende Schaufel (C_1 = Strahlgeschwindigkeit) entzieht dem Strahl bei $U_1 \sim c_1/2$ die größte Leistung P, Bild 4.3.2/6 rechts. Mit Bild 4.3.2/7 erkennt man den Impulsentzug aus dem

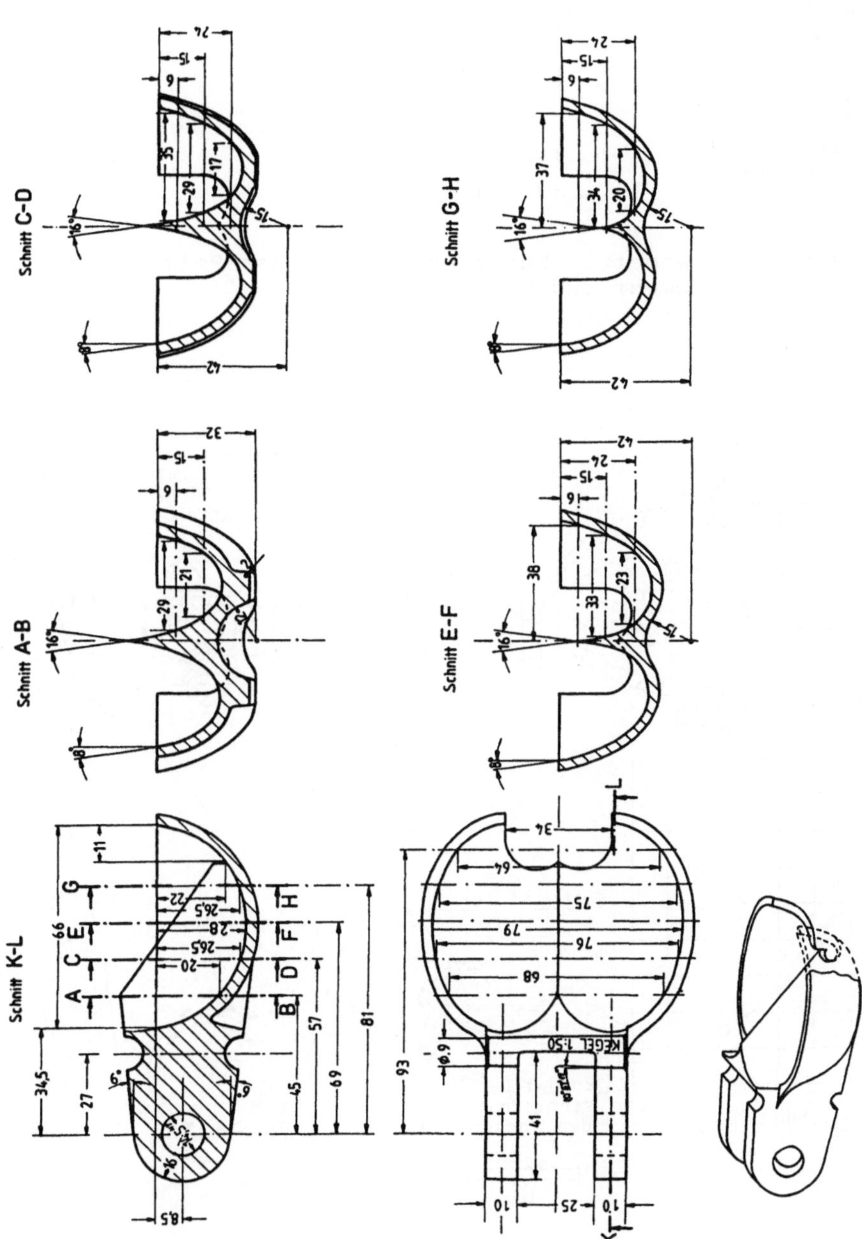

Bild 4.3.2/5 Zur Positions-Definition der Gestaltelemente an
einer Peltonschaufel

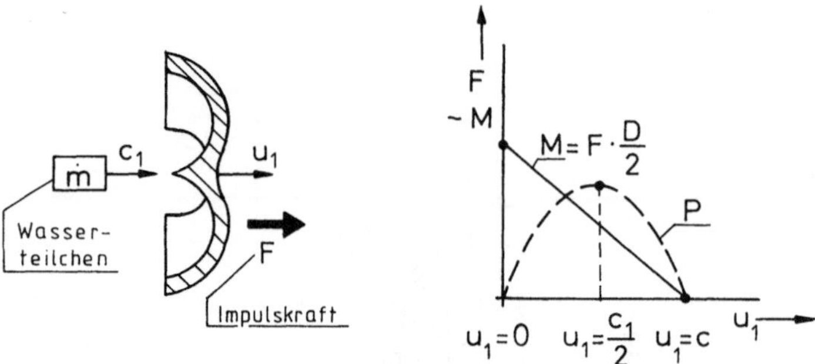

Bild 4.3.2/6   Zum Geometrie-Funktionsprinzip der Peltonturbine
Drehmoment und Leistung

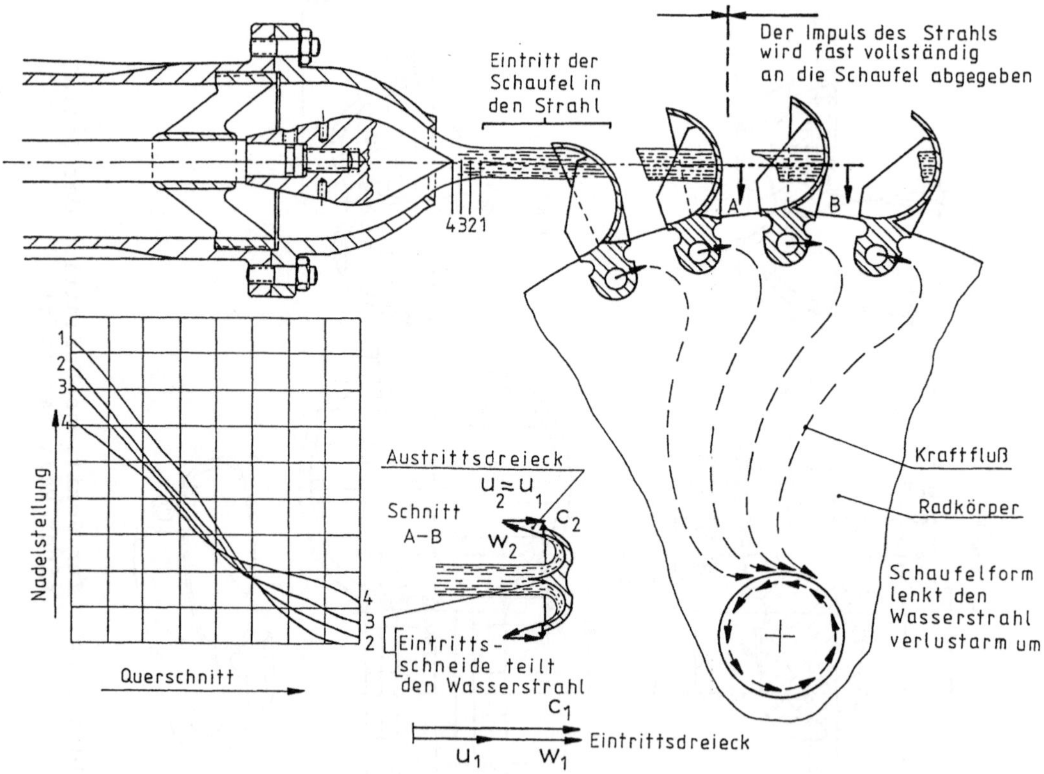

Bild 4.3.2/7   Zum Geometrie-Funktionsprinzip der Peltonturbine
Strahlbildung in Nadeldüse und Impulsentzug im Lauf-
rad

Strahlabschnitt, den eine Schaufel beim Eintritt vom Strahl abschneidet. Diesem Strahlabschnitt wird der Impuls in seiner Schaufel nahezu vollständig entzogen. Das betrachtete Geometrie-Funktionsprinzip wurde bereits von Pelton an Blechschaufeln in vielen Versuchen empirisch optimiert /4.3.2/1/. Auf Bild 4.3.2/7 ist links noch ein zweites Geometrie-Funktionsprinzip der Peltonturbine angedeutet: Die Strahlbildung in der Düse erfolgt so, daß für beliebige Nadelstellungen (1 bis 4) immer eine Abnahme des Ringspaltquerschnittes in Strömungsrichtung erfolgt (d.h. stets beschleunigter Wasserstrahl, Diagramm links unten).

Die Positions-Definitionen an der Peltonschaufel:
- Auffangen des tangential eintretenden Wasserstrahles, der mit der Geschwindigkeit C_1 auf die mit U_1 rotierende Schaufelmitte trifft.
- Teilen des Strahls mit einer sogenannten Eintrittsschneide (zwei Flächen unter dem Winkel 2α), Bild 4.3.2/9.
- Umlenkung des Strahles in den löffelartigen Schaufelflächen-Impulsübertragung.
- Austritt des Wassers an den Rändern der Schaufel.
- Ausbruch der Schaufel an der Strahleintrittsstelle, damit Strahl möglichst unbehindert eintritt (Eintrittsschneide).
- Positionen der Schaufel - untereinander so, daß kein Impuls verlorengeht. Es dürfen keine Strahlabschnitte ungenutzt den Schaufelkreis verlassen.

Zur Positionsfestlegung der Eintrittsschneide vergleiche man die in der Literatur angegebenen Regeln zur Konstruktion von Eintrittsschneide, relativer und absoluter Wasserbahn, Bild 4.3.2/8. Das Beispiel zeigt, wie aus einem Geometrie-Funktionsprinzip die Positionen der einzelnen Gestaltelemente folgen und welche Bedeutung jedes Gestaltdetail für die Wirkung im Ganzen hat.

Beispiel: Positions-Definitionen an einem Nivelliergerät
Vorbemerkung: Zur Festlegung von Ebenen im Gelände dienen Nivelliergeräte und Strichlatten. Ein einfaches Nivelliergerät besteht aus einer Libelle, d.h. einer in Metall gefassten zylindrischen Glasröhre, die im oberen Teil wannenförmig ausgeschliffen, mit Äther gefüllt ist und eine Teilung aufweist. Die Libelle kann um eine Vertikalachse gedreht werden, die senkrecht auf der Libel-

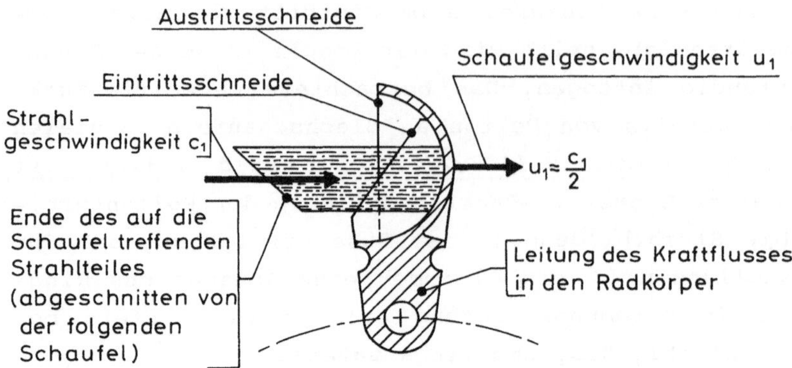

Bild 4.3.2./8   Eintrittsschneide und Austrittsschneide an Peltonschaufel

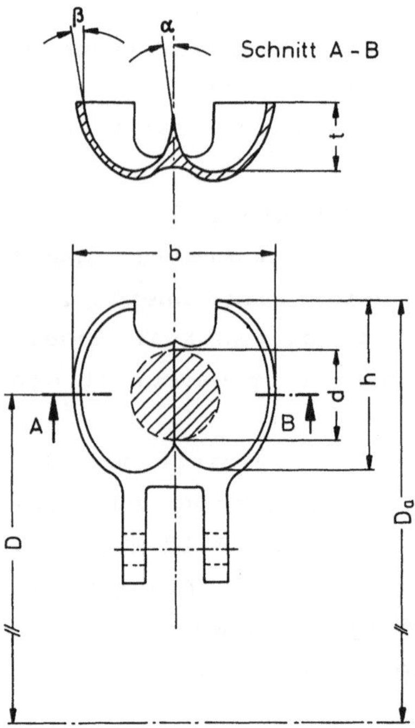

Bild 4.3.2/9   Schaufel-Hauptabmessungen

lenachse steht. Verbunden ist die Libelle noch mit einem Fernrohr, dessen Achse parallel zur Libellenachse ausgerichtet ist. Das Gerät ist mit drei Fußschrauben an einem Stativ befestigt. Mit den Fußschrauben können Kippungen zwischen Stativplatte und Nivelliergerät vorgenommen werden.

Bild 4.3.2/10 zeigt eine Prinzipskizze des Gerätes mit der Fernrohrachse F-F (das Fernrohr gestattet mit der Zerstreuungslinse ein Fokussieren der Strichlattenabbildung in die Strichplattenebene). Senkrecht auf der Fernrohrachse steht die Vertikalachse V-V, um die das Fernrohr samt der Libelle gedreht werden kann. Die Libellenachse L-L steht parallel zur Fernrohrachse. Die verschiedenen Positions-Definitionen - hier Winkellagen - müssen durch Justiervorgänge hergestellt werden.

<u>Beispiel:</u>

Justieren der Vertikalachslibelle an einem Nivelliergerät

Gesamtjustierung:
Die Fernrohrachse und die Libellenachse müssen parallel (~5") und senkrecht auf der vertikalen Drehachse stehen.

Einzeljustierungen:
1. Die Libellenachse wird senkrecht zur Drehachse ausgerichtet LL $\perp$ VV.
2. Die Fernrohrachse wird parallel zur Libellenachse gestellt FF II LL.

<u>Anmerkung:</u>
Von den verschiedenen Wegen, die Justierung vorzunehmen, wird hier einer behandelt.

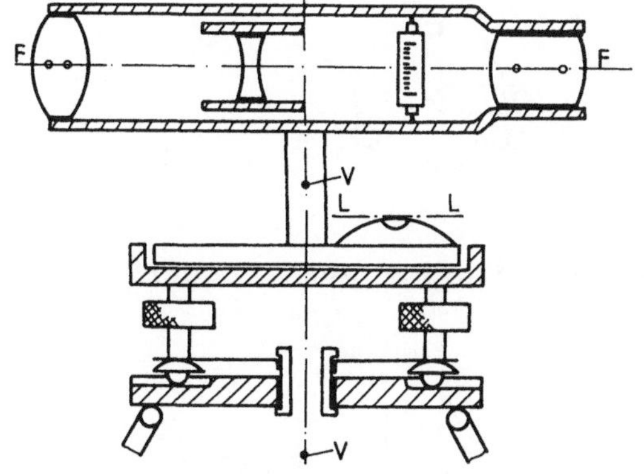

Bild 4.3.2/10   Schema eines einfachen Nivelliergerätes und Andeutung seiner Befestigung auf einem Stativkopf

Die Bildfolge 4.3.2/11 bis 4.3.2/14 veranschaulicht die geometrischen Überlegungen und Schritte, die zu den funktional erforderlichen Positionen führen. Auf Bild 4.3.2/11 ist oben der Schritt 1-Libelle zu den zwei Fußschrauben I und II parallel stellen und unten Luftblase der Libelle auf Mittelmarke mit den Fußschrauben einspielen lassen, dargestellt. Dreht man nun die Libelle um 180° um die Drehachse, so folgt Ausschlag der Luftblase nach L_2 Bild 4.3.2/12 oben. Die Hälfte des Ausschlages M-L_2 wird dann mit den Fußschrauben I, II beseitigt, die Luftblase kommt an den Spielpunkt S, Bild 4.3.2/12 unten. Anschliessend wird die Libelle samt Achse um 90° gedreht, und mit der Fußschraube III wird die Blase auch in dieser Stellung auf den Spielpunkt S gebracht. Zur Kontrolle: Bei vollständiger Drehung um die Drehachse muß die Blase im Spielpunkt stehenbleiben. Andernfalls Korrektur. Auf Bild

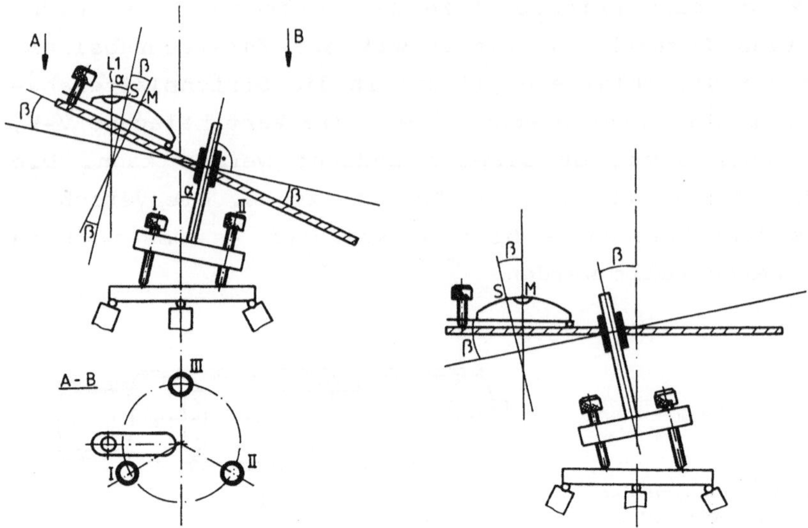

Bild 4.3.2/11   Justierschritte (1)

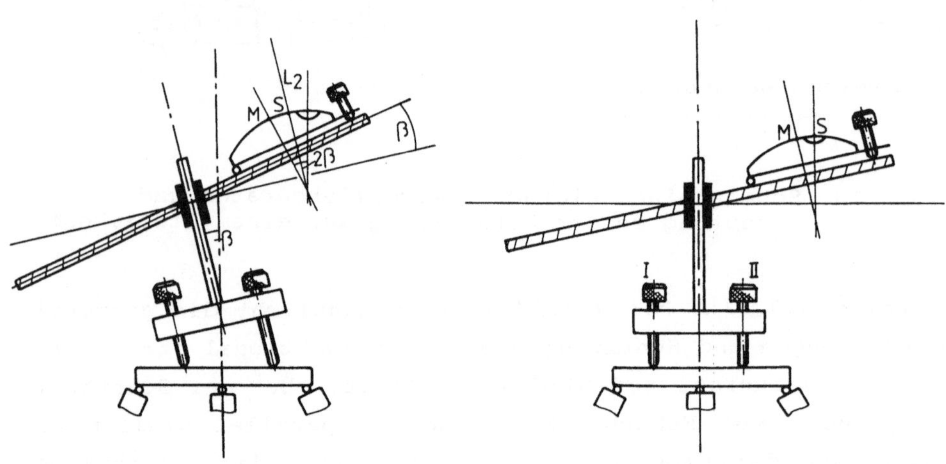

Bild 4.3.2/12   Justierschritte (2)

4.3.2/13 ist die mit der Libellenjustierschraube LS erfolgte
Einstellung der Blase auf die Mittelmarke M der Teilung erfolgt.
Die Achse L-L steht nun senkrecht auf V-V. Im nächsten Schritt muß
nun die um den Winkel schiefstehende Fernrohrachse F-F mit der
Achse L-L parallelgestellt werden. Dazu wird zunächst das Instru-
ment gemäß Bild 4.3.2/14 oben zwischen zwei im Abstand von etwa

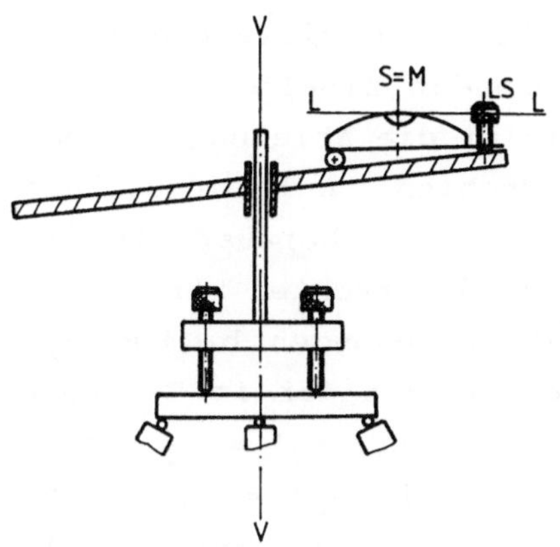

Bild 4.3.2/13   Justierschritte (3)

Parallelstellen der Fernrohrachse zur Libellenachse

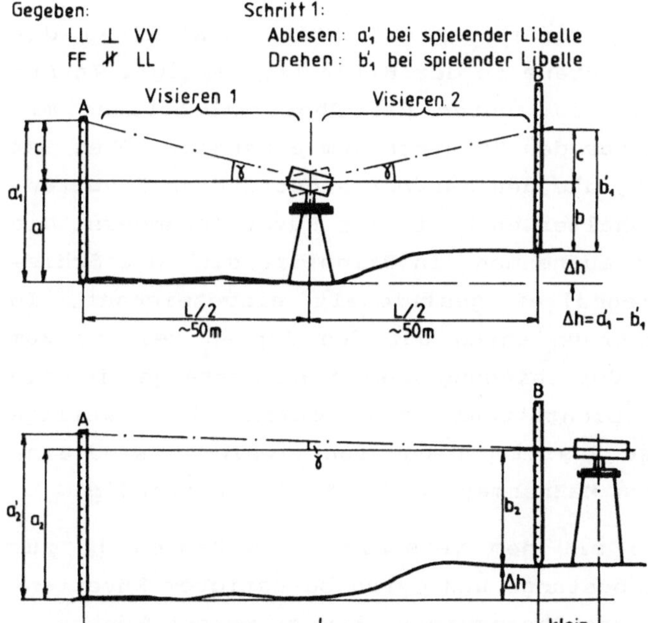

Schritt 2:

Latte B anvisieren → b_2
Latte A anvisieren → a'_2
Es muß $a_2 = b_2 + \Delta h$ sein wenn $\gamma \to 0$
Ergibt sich a'_2 dann Strichplattenmitte solange verschieben
    bis sich a_2 ergibt.
Dann ist   LL ∥ FF

Bild 4.3.2/14   Justierschritte (4)

100 m angeordneten Strichlatten aufgestellt. Man visiert nun die linke Strichlatte an und liest bei spielender Libellenblase den Abstand a_1' ab. Nach Drehung um 180° erfolgt die Ablesung b_1' bei spielender Libellenblase. Der Höhenunterschied Δh im Gelände ergibt sich richtig, weil beidseits die Höhe C herausfällt. Im nächsten Schritt wird nun das Instrument an der rechten Strichlatte aufgestellt Bild 4.3.2/14 unten. Die Ablesungen b_2 und a_2' ergeben die Möglichkeit zur Korrektur von γ mit der im Fernrohr einstellbaren Strichplattenmarke. Es muß nämlich $a_2' = a_2 = b_2 + \Delta h$ sein, nur dann ist $\gamma = 0$. Ergibt sich ein $a_2' = b_2 + \Delta h$, dann muß die Strichplattenmitte so lange verschoben werden, bis sich a_2 ergibt. Dann ist L-L mit F-F parallel.

Beispiel: Positionierung einer Glasküvette im Strahlengang eines
         Photometers

Auf Bild 4.3.2/15 ist in einer vereinfachten Darstellung die Draufsicht auf einen Küvettenraum in der Bildmitte gezeigt. In Art einer Explosionsdarstellung ist unten das Photometergehäuse mit den beiden Aufnahmezapfen für den Küvettenraum erkennbar. Oben ist eine Schiebestange gezeigt, die den darüber angeordneten Küvettenhalter trägt. Der Küvettenhalter enthält vier Küvettenkammern, die die Glasküvetten definiert aufnehmen. In Bildmitte sind die Schiebestange und der Küvettenhalter gestrichelt eingezeichnet. Im Betrieb sitzt der Küvettenraum unten auf den Zapfen relativ zum Photometer so, daß bei Verschiebung der Schiebestange in die Positionen 1 bis 4 der Lichtstrahl immer durch die jeweilige Küvette fällt. Damit diese Positionierung funktioniert, sind eine Anzahl von gestaltbildenden Maßnahmen an den Teilen notwendig:

- Der Küvettenraum muß mit dem verschiebbaren Zapfen 1, zur Einstellung von Schiebestange und daran befestigtem Küvettenhalter auf den Spalt des Photometers, bewegt werden können.
- Der Küvettenhalter muß so auf der Schiebestange angeordnet sein, daß die Rastung der Schiebestange mit der Kugelraste, mit den Positionen der Küvettenkammer zusammenfällt. Nur dann tritt der Lichtstrahl genau durch die Glasküvetten.

Wie man unschwer erkennt, ist eine Reihe von Toleranzen einzuhalten und es müssen Einstellvorrichtungen geschaffen werden. Auf Bild 4.3.2/16 ist eine kostengünstigere Alternative zur Positions-

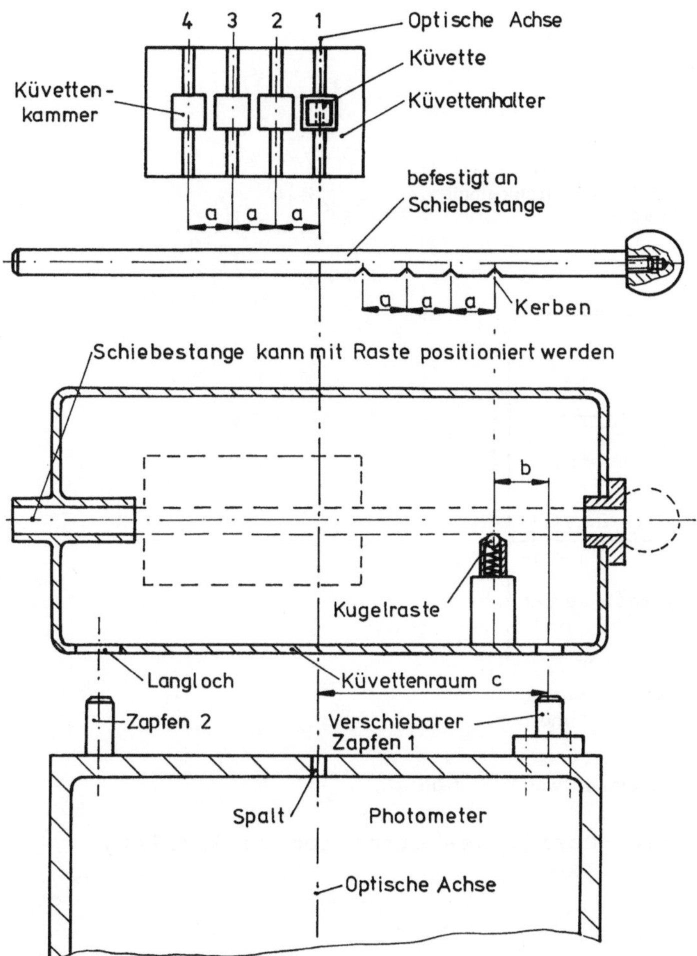

Bild 4.3.2/15 Positions-Definitionen an einem Photometer

definition der Küvetten angedeutet. Der Küvettenhalter trägt an
jeder Kammer eine Kerbe, die mit einer Kugelraste am Spalt zusam-
menwirkt. Der Aufwand ist klein. Das Beispiel zeigt, wie wichtig
die Positions-Definitions-Funktionen sind und daß es sich lohnt,
sehr genau über die Gestaltausführungen dazu nachzudenken.
Positions-Definitionen begegnen uns im Gerätebau auf Schritt und
Tritt. Es sei an die Positionierung der Typen von Schreibmaschi-
nen, Auslösemechanismen in Fehlerstromschutzschaltern usw. erinnert.

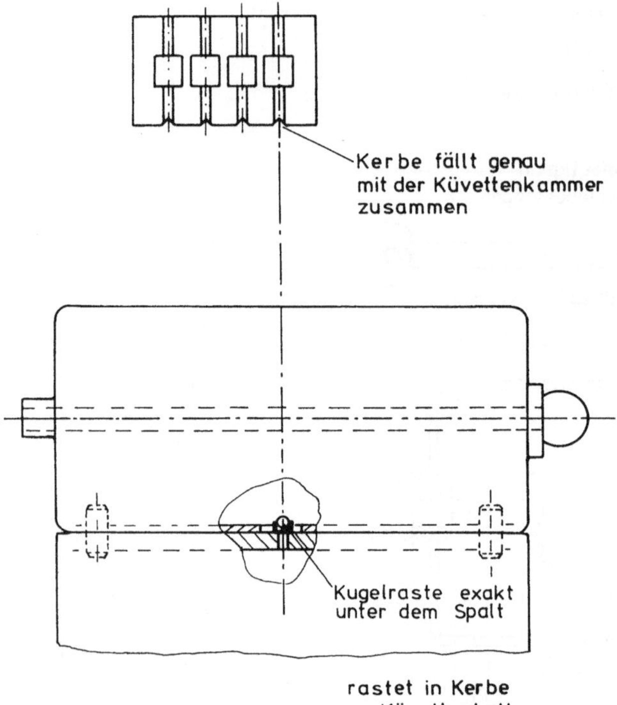

Abstände a,b,c beliebig. Justieraufwand = Null

Bild 4.3.2/16 Vereinfachte Positions-Definition zu 4.3.2/15

4.3.3 Spann-Funktion – Halten, Stützen, Verbinden

Um innerhalb des Gestaltbereiches eines Geometrie-Funktionsprinzips die Trägerfunktionen und die erforderlichen Positionsdefinitionen zu erfüllen, sind weitere Gestaltkomplexe erforderlich, deren Funktionen mit Spannen, Halten, Stützen, Verbinden usw. umschrieben werden können. Eine Zusammenstellung von Geometrie-Funktionsprinzipien zum Spannen bzw. Halten von Einzelteilen bzw. Baugruppen ist auf Bild 4.3.3/1 angegeben. In den genannten Prinzipien kann die Kraftübertragung in Normalrichtung zu den Flächen wirken, wir sprechen von Formschluß. Im Falle des Reibschlusses wirkt die Kraft zwischen den Flächen in Tangentialrichtung. Beim Stoffschluß wird die Spannwirkung durch atomare Bindekräfte erzeugt.

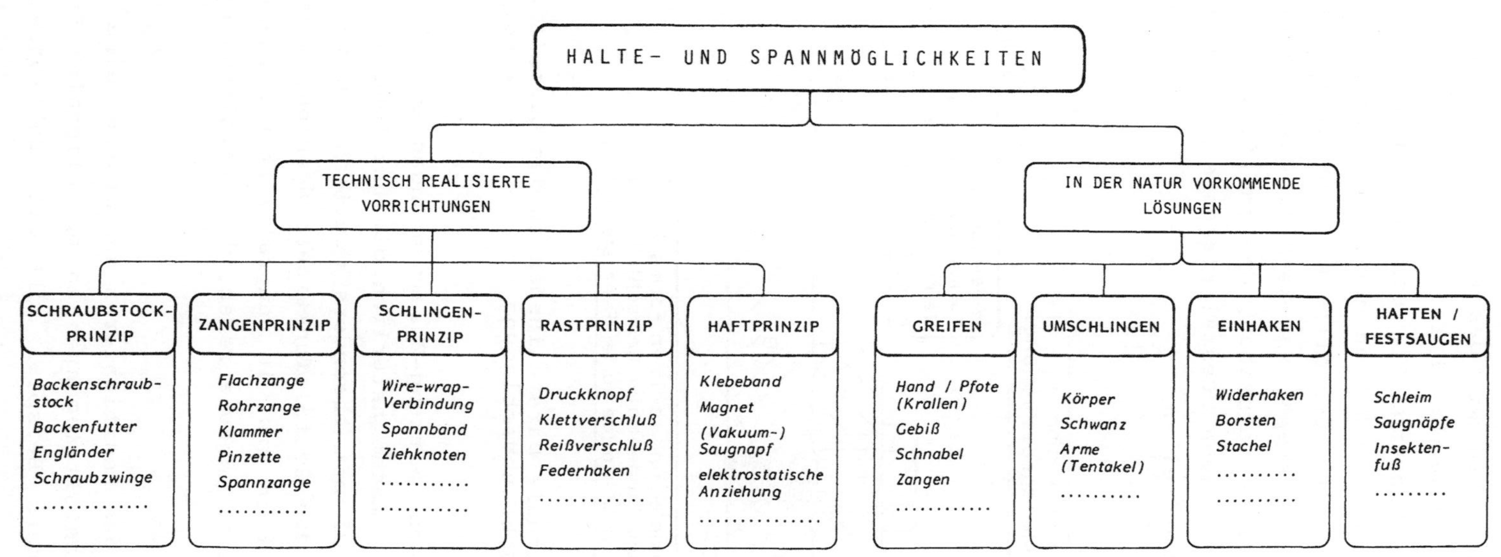

Bild 4.3.3/1   Geometrie-Funktionsprinzipien zum Halten und Spannen

99

Auf Bild 4.3.3/2 betrachten wir das Maschinenelement "Schraube"
und schreiben in operationaler Form Funktionen an verschiedene
Gestaltelemente der Verbindung. Die Gestaltelemente der Schraube
und der Blechteile wirken im Rahmen der Gesamtanordnung zusammen,
und man erkennt, daß die Gestaltfunktionen über verschiedene
Bauteile hinweg "funktionieren". Man kann in diesem Sinne gut die
Formulierung von Schreiner verstehen, der in /4.3.3/1/ von "Funk-
tionsgruppen" spricht, wenn Gestaltelemente an verschiedenen
Teilen eine Funktion herstellen.

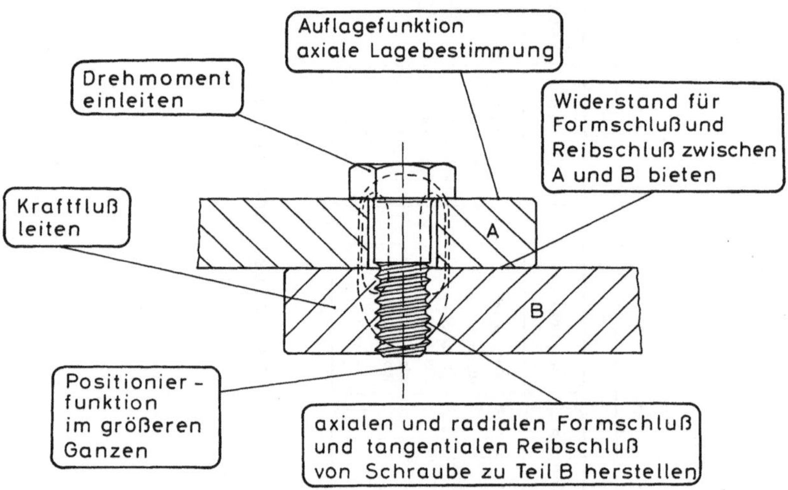

Bild 4.3.3/2   Operationale Darstellungen zu den Gestaltfunktionen
              einer Schraubverbindung

Das Erkennen von Ursache-Wirkung-Zusammenhängen über verschiedene
Gestaltbereiche hinweg macht natürlich die Entstehung von Gestalten im Status nascendi oft besonders deutlich. An verschiedenen
Bildbeispielen seien die Gestaltfunktionen Spannen, Halten, Stützen in operationaler Form bzw. in neutraler Form dargestellt. Die
Beispiele sollen zugleich dazu anregen, den Gestaltfunktionsbegriff einzuüben.

Auf Bild 4.3.3/3 ist das Positionieren und Spannen eines Zahnrades
mit entsprechenden Gestaltelementen in operationaler Form veranschaulicht. Auch dieses Beispiel soll die Funktionswirkung der

einzelnen Gestaltelemente deutlich machen. Während beim Spannen immer ein "innerer" Kraftfluß vorliegt, wird beim Halten nur in bestimmten Fällen eine Kraftwirkung übertragen. Bild 4.3.3/4 zeigt das Halten einer Platte an einer Pressenspindel mit zwei Blechteilen. Beim Aufwärtshub des Stößels halten die Blechteile die Platte. Bild 4.3.3/5 schließlich stellt ein Musterbeispiel für die Gestaltfunktion Stützen dar. Aus dem Bild läßt sich die Wirkungsweise ohne Schwierigkeiten verstehen: Ein dünnes Blechteil wird

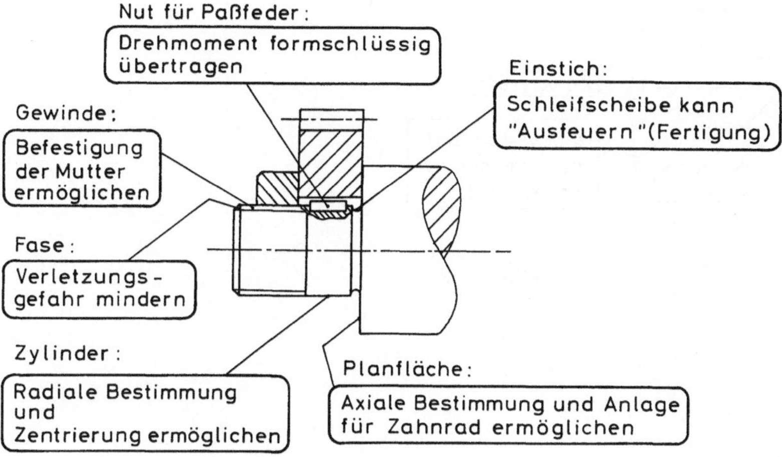

Bild 4.3.3/3   Operationale Darstellung zu den Gestaltfunktionen "Zahnrad auf Welle"

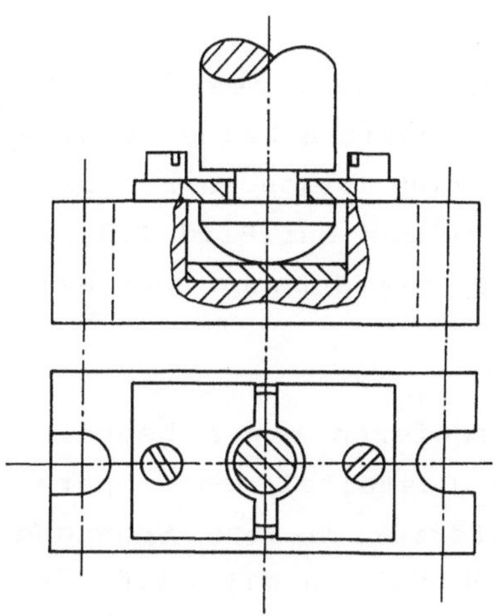

Bild 4.3.3/4   Zur Gestaltfunktion Halten

Gleichmäßig verteiltes Stützen
eines Blechteils durch
pneumatisch herangefahrene
Bolzen, die anschließend durch
Klemmhülsen hydraulisch fest-
gespannt werden.
L Luftanschluß
P Drucköanschluß
     (System Kostyrka)

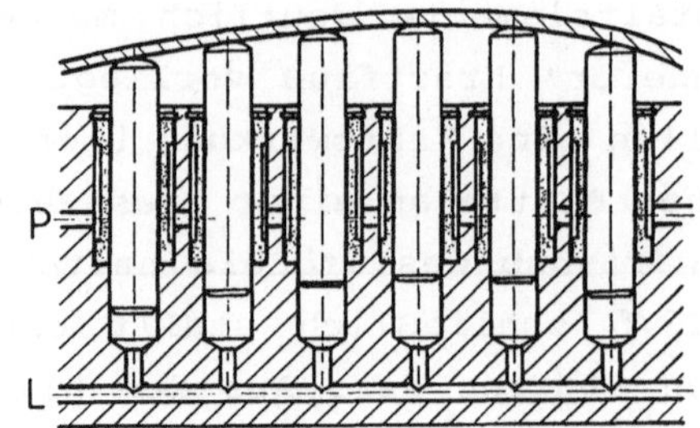

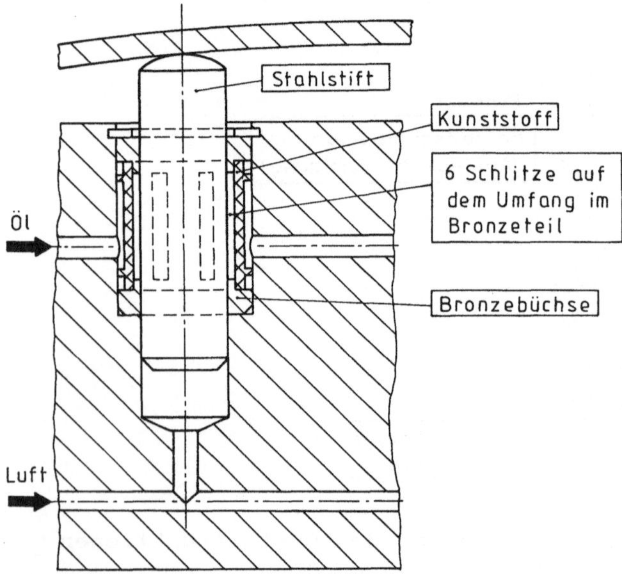

Bild 4.3.3/5   Zur Gestaltfunktion Stützen

sanft - ohne es zu deformieren - in seiner Kontur gestützt und
kann dann so gespannt werden, daß es beim Bearbeiten keine Schwingungen ausführt. Man erkennt an diesen und den folgenden Beispielen die Vielgestaltigkeit der Ausführungen zu den auf Bild 4.3.3/1
dargestellten Geometrie-Funktionsprinzipien zum Spannen und Halten.

Bild 4.3.3/6 zeigt das Spannen und Positionieren eines Deckels.
Man beschreibe die Funktionen der einzelnen Gestaltelemente operational. Auf dem Bild 4.3.3/7 ist die deformationsarme Spannung
eines Kupferspiegels mit einer Ebenheit von 0,1 µm mit Hilfe der
Membranwirkung an der Auflagefläche gezeigt. Bild 4.3.3/8 zeigt
eine Ausführung zur Spannfunktion, die beim Verbinden von zwei

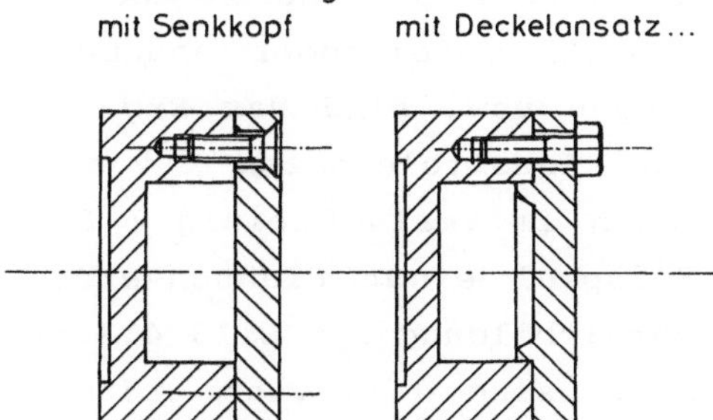

Bild 4.3.3/6   Spannen und Positionieren ohne Überbestimmung

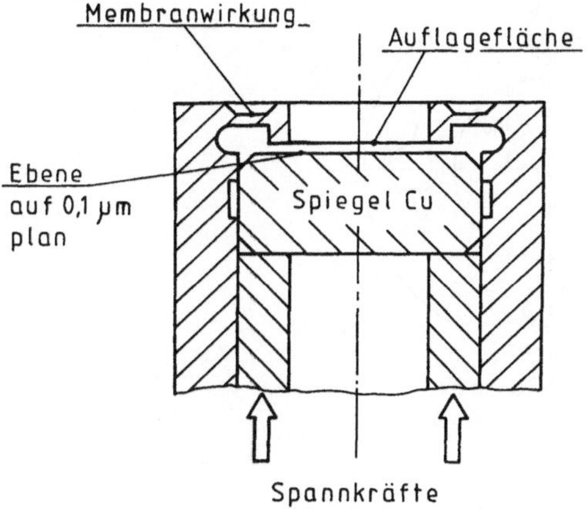

Bild 4.3.3/7   Deformationsarmes Spannen eines Spiegels

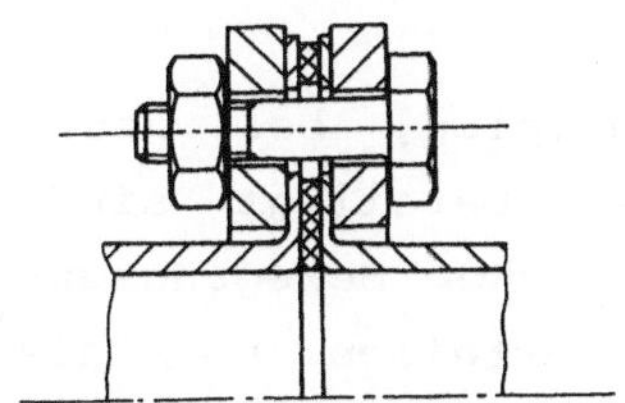

Bild 4.3.3/8   Spannen Rohrverbindung

Rohren Anwendung findet. Das Bild gibt uns zugleich die Gelegenheit zu einer allgemeinen Anmerkung über die Ausgewogenheit konstruktiver Maßnahmen.

Ein hochentwickeltes Produkt ist immer ein sinnvoller Kompromiß

104

bezüglich der Wahl und der Anordnung seiner Baugruppen und der
Geometrie seiner Einzelteile. Funktionell aufeinander angepaßte
Wandstärken, Übergänge, Leitungsführungen usw. sind das Ergebnis
des Abbaues von Überzeichnungen, von "Angsttoleranzen", von zu
schwacher Dimensionierung, wie sie sich im Verlauf einiger Pro-
duktgenerationen herausstellt. Am Beispiel einer Flanschverbin-
dung sei dies im Hinblick auf die Gestaltbildung auf Bild 4.3.3/9
veranschaulicht. Viele kleine Schrauben sind dazu vier größeren
gegenübergestellt. Wo ist ein sinnvoller Kompromiß?

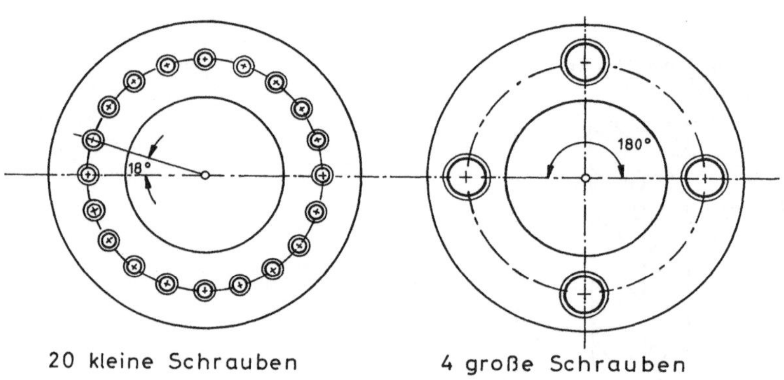

Bild 4.3.3/9 Zur Ausgewogenheit konstruktiver Maßnahmen

4.3.4 Kinematische Funktionen

Zur Realisierung von Geometrie-Funktionsprinzipien, bei denen
Bewegungsvorgänge am Ursache-Wirkung-Verhalten beteiligt sind,
kann man die Gestaltanteile, die unmittelbar das Bewegungsge-
schehen verursachen, übertragen, überlagern, verteilen usw. als
Elemente zur Erzeugung der kinematischen Funktionen auffassen. Mit
dem Begriff der kinematischen Funktion tritt zu den bisherigen
Gestaltfunktionen also eine Gestaltfunktion hinzu, bei der es um
Änderungen der räumlichen Lage von Körpern in der Zeit in bezug
auf andere Körper (Koordinatensysteme) geht. Dabei fragen wir
nicht nach den Kräften, die zu den Lageänderungen erforderlich
sind. Wir interessieren uns ausschließlich für die Gestaltkomplexe,
die die Geometrieänderungen in der Zeit bewirken.

In dieser Auffassung sind kinematische Funktionen der Oberbegriff
für alle Wirkungsweisen, die mit Relativbewegungen von Körpern
oder immateriellen Gebilden wie Feldern, Lichtstrahlen verknüpft
sind. Gestaltkomplexe zur Herstellung kinematischer Funktionen
sind in einer anschaulichen Einteilung:
- Bewegungen erzeugen - Elektromotore, Magnete, Piezowandler,
  Thermobimetalle usw.
- Bewegungen übertragen - Kupplungen, Wellen, Drahtauslöser,
  Ketten, Riemen, Getriebe usw.
- Bewegungen überlagern - Differentialgetriebe, Nockengetriebe,
  Schrittgetriebe usw.
- Bewegungen verteilen - Hydraulikkolben, Lager, Transmissionen
  usw.

Nun kann man den Gestaltelementen zur Bereitstellung kinematischer
Funktion viele weitere zusätzliche Randbedingungen auferlegen,
die geometrische Konsequenzen für die Gestaltung haben. Es seien
genannt: Genauigkeit, Reibungsarmut, Spielfreiheit, Schlupffrei-
heit, Hysteresearmut usw. Man kann diese Eigenschaften wieder
durch bestimmte Geometrie-Funktionsprinzipen herstellen. So
schließt sich der Kreis geometrisch-funktionalen Denkens: Von
Geometrie-Funktionsprinzipien können bestimmte Gestaltfunktionen
gedanklich abgetrennt werden - andererseits sind zur Realisierung
von bestimmten Gestaltfunktionen wieder bestimmte Geometrie-Funktionsprinzipien erforderlich. Eine erste wichtige Fragestellung
bei der Betrachtung von Anwendungen mit kinematischen Funktionen
ist die nach deren Beweglichkeit.

Beweglichkeit eines Systems

Die Untersuchung der Beweglichkeit eines mechanischen Systems
/4.3.4/1/ kann mit Einschränkungen und unter Beachtung bestimmter
Bedingungen formal mit Hilfe der Beziehungen von Tschebyschew bzw.
Grübler erfolgen. Folgende Begriffe werden eingeführt: Freiheitsgrad einer Elementenpaarung (EP) f: Zahl der Koordinatenangaben um
die Lage eines Gliedes der Elementenpaarung relativ zum anderen
anzugeben (Bild 4.3.4/1). Laufgrad F: Zahl der Koordinatenangaben,
um einen Getriebeverband in bezug auf sein Gestell eindeutig zu
beschreiben. Damit: Überprüfung der "Beweglichkeit" eines Getrie-
beverbandes:

-   F = 1:   Zwanglauf. Eine Koordinatenangabe reicht zur Beschreibung der Stellung des Verbandes aus, eindeutige und einfache Beweglichkeit (F > 1 mehrdeutige Beweglichkeit).

-   F = 0:   Starre Verbindung, einfach, unbeweglich, keine statische Überbestimmung.

-   F = -1:   Mehrfach unbeweglich, statisch unbestimmt.

Laufgrad eines Getriebes:

Raumgetriebe:

$$F = 6(n-1) - \Sigma u_i - \Sigma f_{iden} + s \qquad (4.3.4/1)$$

F = Laufgrad

n = Zahl der Glieder einschließlich Gestell

u_i = Unfreiheiten im Gelenk i

Σf_{iden} = Summe aller identischen Freiheitsgrade [4.3.4/1]

s = Zahl der passiven Bindungen [4.3.4/1]

Beispiel: Starrheit abbauen, Beweglichkeit einbauen.

Zwangfreie Ankoppelung eines Schlittens an einen zweiten Schlitten (Bild 4.3.4/2). Lösung 1: Zweifache Überbestimmung. Lösung 2: Zwangfreie eindeutige Beweglichkeit.

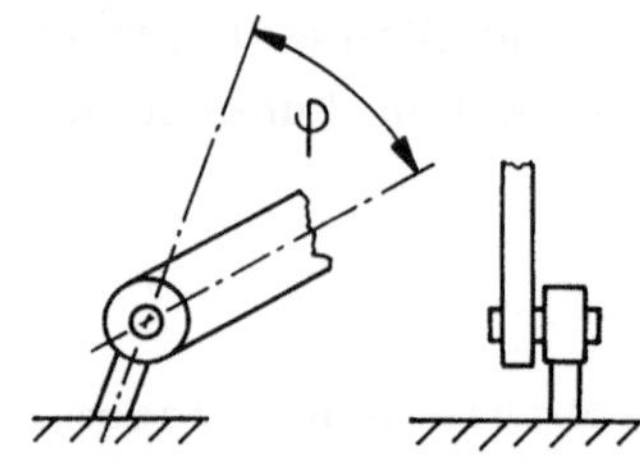

Berührung in Flächen: Niedere Elementenpaarung

Kugel auf Fläche:

Berührung in Punkten bzw. Linien: Höhere Elementenpaarung

Bild 4.3.4/1   Elementenpaarungen

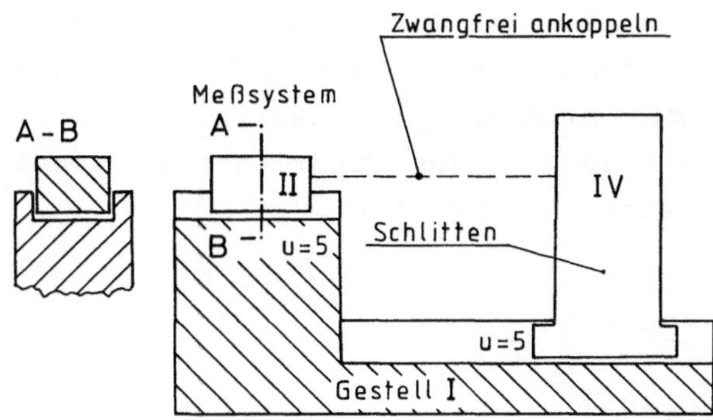

Lösung 1: Zwei Blattfedergelenke ≙ 2 Drehgelenke

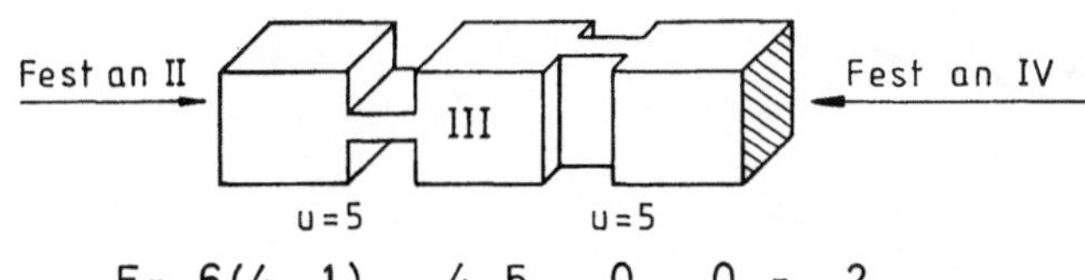

$$F = 6(4-1) - 4 \cdot 5 - 0 - 0 = -2$$

Lösung 2:

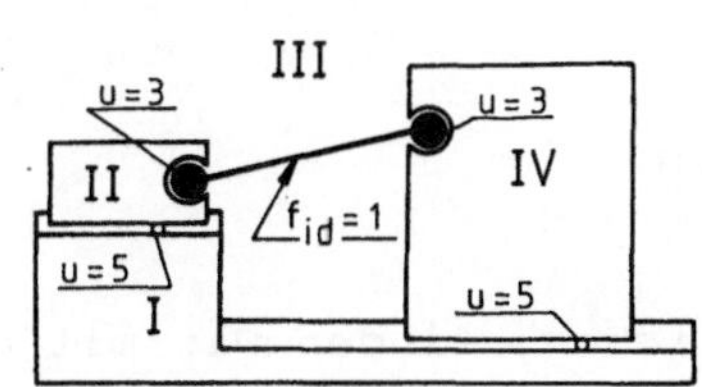

Drehung um Verbindung der Kugeln ohne Einfluß auf Stellung II/IV.

$$f_{id} = 1$$

$$F = 6(4-1) - 16 - 1 - 0 = 1$$

Bild 4.3.4/2 Zwangfreie Ankoppelung von Wagen

Grübler'sche Formel für Ebene, Beispiele Bild 4.3.4/3:

Ebene Getriebe:

$$F = 3(n-1) - 2e_I - e_{II} - 2e'_{II} - \Sigma f_{iden} + s \qquad (4.3.4/2)$$

Eine zweite wichtige Vorgehensweise bei der Behandlung von kinematischen Vorgängen ist die geometrische Darstellung einzelner Stellungen des Verbandes. Die bildhafte Anschaulichkeit ist oft eine unerlässliche Voraussetzung für das Eindringen in komplexe Bewegungsabläufe (Dynamik chaotischer Systeme).

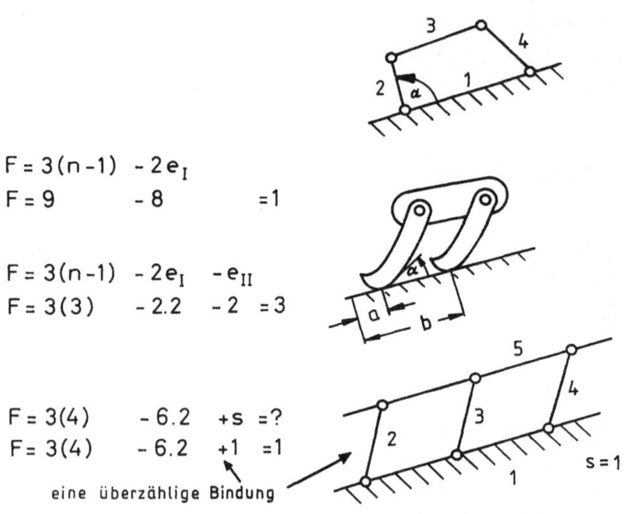

$$F = 3(n-1) - 2e_I$$
$$F = 9 \qquad - 8 \qquad = 1$$

$$F = 3(n-1) - 2e_I - e_{II}$$
$$F = 3(3) \qquad - 2.2 \qquad - 2 = 3$$

$$F = 3(4) \qquad - 6.2 \qquad + s = ?$$
$$F = 3(4) \qquad - 6.2 \qquad + 1 = 1$$

eine überzählige Bindung

Bild 4.3.4/3   Laufgrad in ebenen Getrieben

Eine Möglichkeit, Bewegung zu veranschaulichen, finden wir mit den Phasenbildern. Bei ihnen werden die Stellungen der Geometrie im zeitlichen Ablauf nacheinander betrachtet und dargestellt. Man kann es auch umgekehrt sehen: Die Zeit wird durch eine geometrische Darstellung veranschaulicht. Am Geometrie-Funktionsprinzip eines einfachen Plastikspielzeugs sei dies dargelegt. Bild 4.3.4/4 zeigt die Schwingungsphasen eines Lauftieres nach dem Rollpendelprinzip in Vorder- und Seitenansicht. Eine kleine Kugel K zieht das System infolge ihrer Schwerkraft nach rechts. Beim Pendeln in der x-y-Ebene bewegt sich die Figur abwechselnd auf den Beinen 1, 2 bzw. 3, 4 und wandert so nach rechts. Die Beine, die nicht in Kontakt mit der Tischoberfläche stehen, kippen um ihre Drehpunkte nach vorne und so erfolgt im Rhythmus der Pendelschwingung die Bewegung nach rechts. Die geometrische Veranschaulichung ist zugleich das Modell zur Beschreibung der Dynamik des Vorganges und wird der Vollständigkeit halber auf Bild 4.3.4/5 dargestellt.

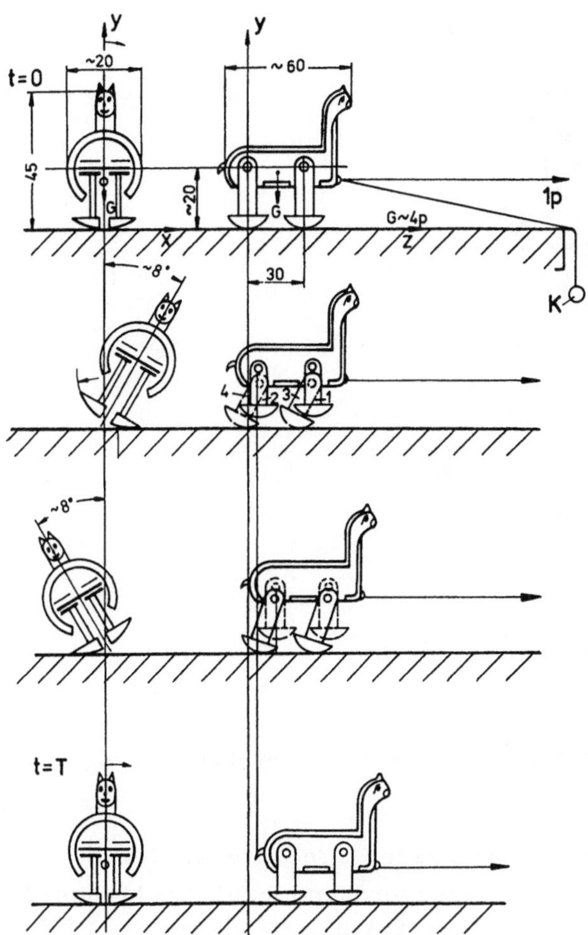

Bild 4.3.4/4   Phasenbild zu einem Laufmechanismus

Wir haben mit dem letzten Beispiel bereits eine erste Methode zur
Gestaltung bei kinematischen Funktionen dargestellt: Man entwicke-
le Phasenbilder des erwünschten Bewegungsvorganges und suche nach
Geometrien, die in Verbindung mit physikalischen Effekten die
Bewegung leisten. Die Methode der Phasenbilder ist zur Darstellung
von Nähvorgängen, von Strickvorgängen üblich und z.B. von Rauh
/4.3.4/2/ benutzt worden. Das Prinzip der Phasenbilder ist außer-
ordentlich flexibel anwendbar und wird in der Literatur auch mit
unterschiedlichen Bezeichnungen benutzt: Wolff spricht vom "Dyna-
misieren" /4.3.4/3/. Phasenbilder, von schnellen Vorgängen mittels Hochgeschwindigkeitskameras ermittelt, sind allgemein be-

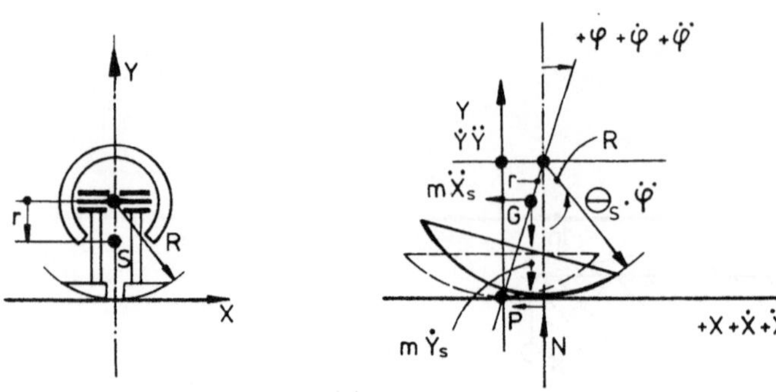

Schwerpunktbewegung (Zykloide)

$X_s = R \cdot \varphi - r \sin \varphi$

$Y_s = R \quad - r \cos \varphi$

$\dot{X}_s = R \cdot \dot{\varphi} - r \cos \varphi \cdot \dot{\varphi}$
$\qquad\qquad \ddot{X}_s = R \cdot \ddot{\varphi} - r [\cos \varphi \cdot \ddot{\varphi} - \sin \varphi \, \dot{\varphi}^2]$

$\dot{Y}_s = r \sin \varphi \, \dot{\varphi}$
$\qquad\qquad \ddot{Y}_s = r [\sin \varphi \, \ddot{\varphi} + \cos \varphi \cdot \dot{\varphi}^2]$

Gleichgewichtsbedingungen:

$m \cdot \ddot{X}_s + P = 0$
$\qquad\qquad \Theta_s \ddot{\varphi} + Nr \cdot \sin \varphi - P [R - r \cos \varphi] = 0$

$m \cdot \ddot{Y}_s + G - N = 0$

Bild 4.3.4/5   Bewegungsgleichung zu 4.3.4/4 in x-y-Ebene

kannt. Eine spezielle Form der Phasenbilder sind die in der Getriebelehre üblichen Methoden zur Lagezuordnung bzw. Stellungszu-
ordnung, Bilder 4.3.4/6 und 4.3.4/7, /4.3.4/4/.

Phasenbild und Impulsdiagramm. Man kann die Phasenbilder auch in
Verbindung mit Impulsdiagrammen entwickeln. Ein Spielzeug-Fluß-
pferd soll sein Maul öffnen und dann einen kleinen Wasserstrahl
ausstoßen. Gleichzeitig soll es schwimmen. Einfachster Aufbau mit
Federwerksantrieb soll realisiert werden. Das Impulsdiagramm für
die Getriebebewegungen ist auf Bild 4.3.4/8 dargestellt. Bild
4.3.4/9 zeigt ein mit Nocken arbeitendes Getriebeschema, das die
Maulbewegung, die Spritzbewegung (mit kleiner Kolbenpumpe) und die
Schwimmbewegung mit zwei rotierenden Schaufelfüßen koppelt. Auf
Bild 4.3.4/10 ist das Schema in eine dem Original nahekommende
Außenkontur eingebaut. Mit Phasenbildern lassen sich wandernde
Magnetfelder, Strömungsvorgänge und viele andere kinematische
Abläufe entwickeln, aber auch anschaulich verstehen. Der Füllvor-

Ein Körper soll in der Ebene zwei definierte Lagen
einnehmen:

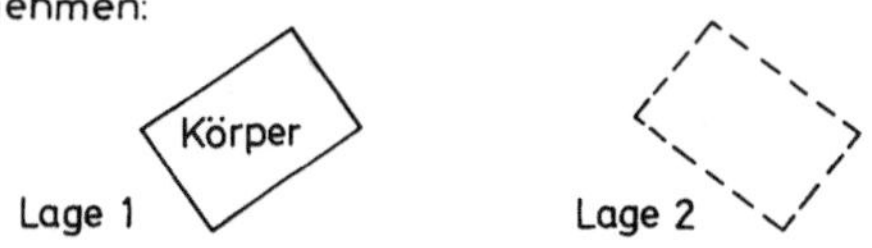

Lösung:
Man nimmt zwei beliebige Punkte auf dem Körper
an: A_1, B_1 (in Lage 2: A_2, B_2).
Verbinden der Punkte $A_1 A_2$ und $B_1 B_2$.
Mittelsenkrechte auf Verbindungslinien
→ Drehachse P_{12}

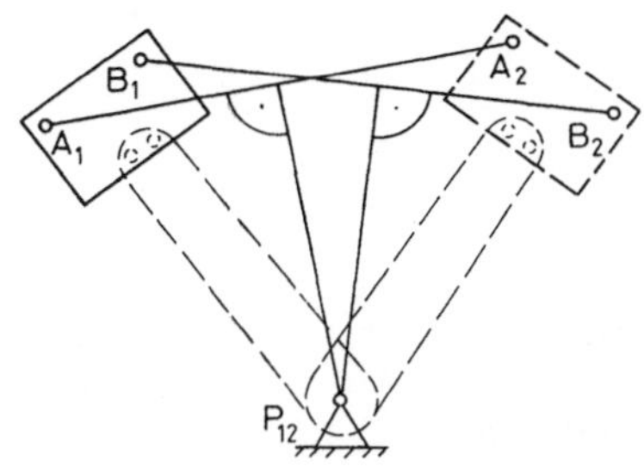

Bei zwei Lagen reicht eine Schwinge.

Bild 4.3.4/6   Lagenzuordnung − 2 Lagen

Wenn die Stelle P_{12} nicht zugänglich ist,
kann man die zwei Lagen mit zwei Schwingen
einander zuordnen:

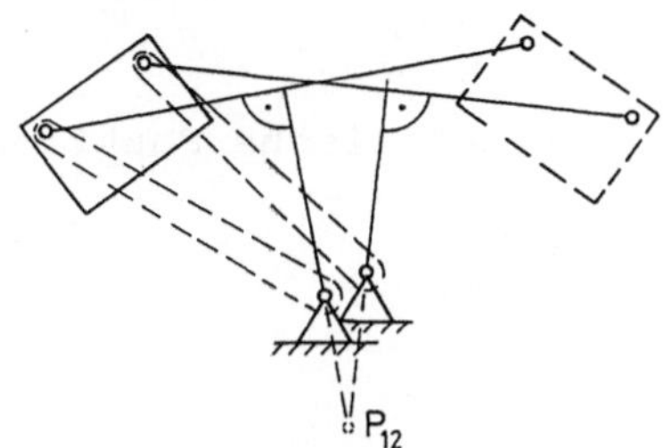

Bei drei Lagen sind immer zwei Schwingen
nötig, A_1 und B_1 noch frei wählbar.

Bei vier Lagen A_1 und B_1 nicht mehr frei wählbar.

Bei fünf Lagen: Exakte Lösung möglich.
            [4.3.4/4]

Mehr als fünf Lagen: Keine exakte Lösung
                möglich.

Bild 4.3.4/7   Lagenzuordnung − 3 Lagen und mehr

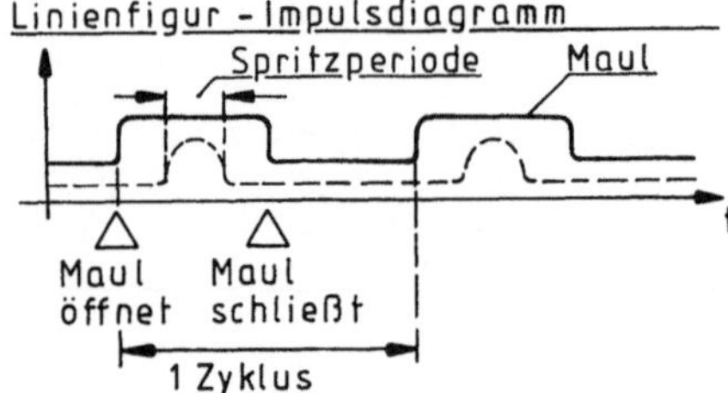

Bild 4.3.4/8   Entwicklung eines Spielzeugmechanismus "Nilpferd stößt Wasserstrahl aus" – Impulsdiagramm

Gesamtansatz: Linienfigur teils schematisch
teils echte Anordnung

Gesamtanordnung

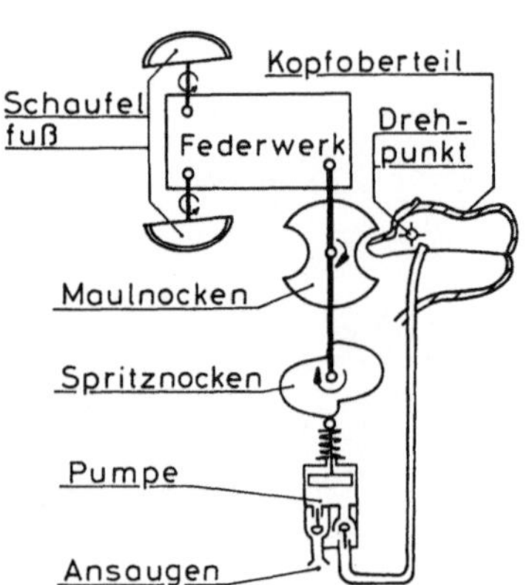

Linienfigur zum Getriebeansatz enthält:

Black - Box - Darstellung
→ Federwerk

Original - Geometrie
→ Nocken

Schematische Darstellung
→ Pumpe mit Ventilen

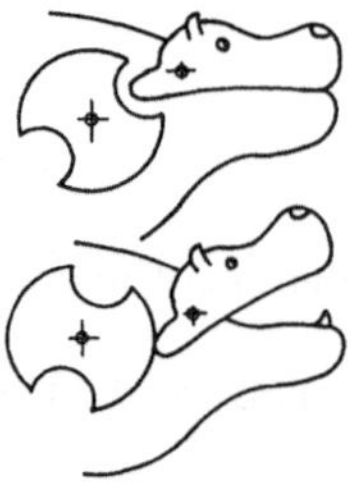

Maulbewegung

Bild 4.3.4/9   Gesamtansatz zum Getriebe – kinematische Funktion

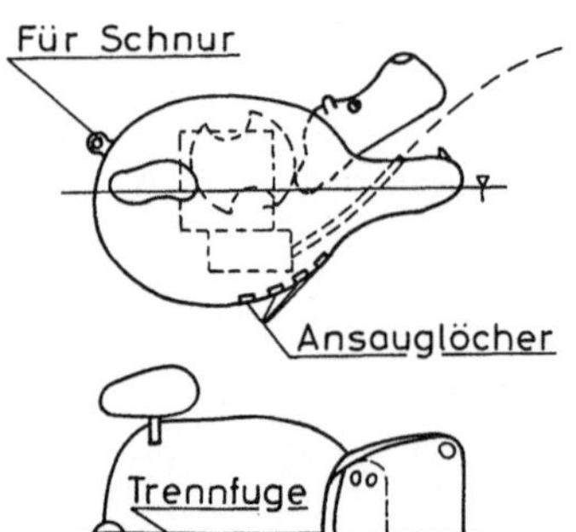

Bild 4.3.4/10   Design zum Nilpferd
Einbau der Baugruppen von 4.3.4/9 in den Figurenraum

gang in der Kavität eines Spritzwerkzeuges im Phasenbild simuliert, liefert Hinweise auf Orte an denen Bindenähte entstehen.

Eine wichtige - bereits quantitative - geometrische Methode zur Behandlung von Bewegungsfragen ist der sogenannte Kutzbach-Plan. Er dient zur Analyse und Synthese von Getrieben und sei kurz erläutert.
Auf Bild 4.3.4/11 ist ein einfaches Planetengetriebe mit positiver Standübersetzung dargestellt. Der Antrieb erfolgt mit n_A = 100 min^{-1}, das Rad 4 ist festgehalten, n_C = 0.

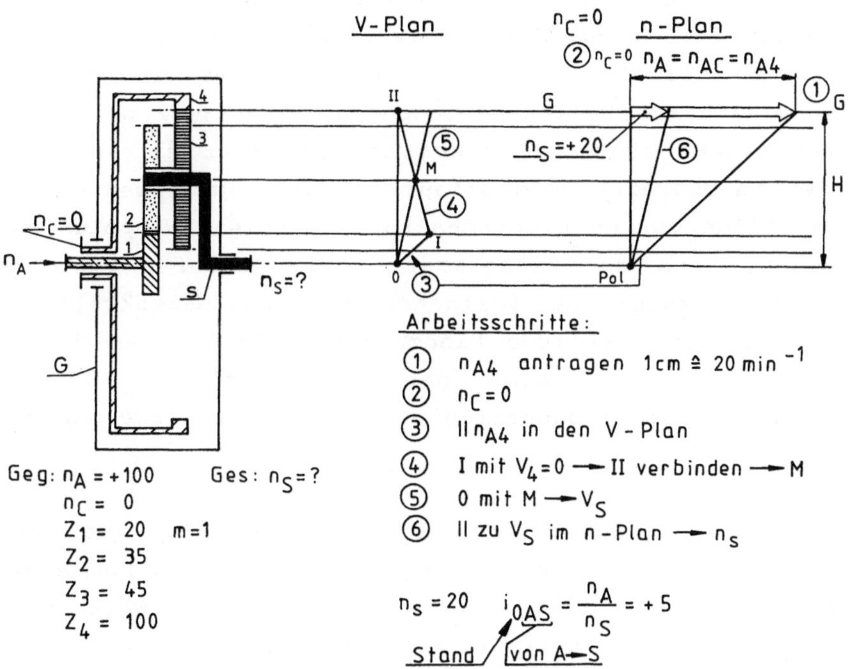

Bild 4.3.4/11   Hilfsmittel zur Kinematik Kutzbachplan

Wie groß ist die Stegdrehzahl n_S? Zur Lösung geht man in Schritten vor, wobei die Arbeitsweise zwischen n-Plan und v-Plan pendelt.
Vorgehensprinzip: In den Dreh- und Wälzpunkten der Planeten-Getriebe-Glieder eines maßstäblich dargestellten Getriebes werden die zugehörigen Umfangsgeschwindigkeiten aufgetragen: Geschwindigkeitsplan. Die Umfangsgeschwindigkeiten sind den Drehzahlen proportional, wenn sie auf den gleichen Polabstand H und den gemein-

samen Pol P bezogen werden: Drehzahlplan. Bei Wahl eines bestimmten Drehzahlmaßstabes lassen sich auf der Drehzahlgeraden G-G sämtliche Drehzahlen relativ zum festen Getriebeglied (Absolutdrehzahlen) und relativ zu beliebigen anderen Getriebegliedern (Relativdrehzahlen in Planetengetrieben) nach Größe und Richtung ablesen. Wie man im einzelnen vorgeht, hängt vom Gegebenen ab. Wegen Einzelheiten vergleiche man die VDI-Richtlinie 2157 Planetengetriebe.

Beispiel: Kinematische Funktion-Kupplung zur Winkelübertragung

Die Übertragung von Drehmomenten, Drehwinkeln, Drehzahlen zwischen zwei Wellen erfordert, je nach den relativen Wellenlagen (exakt fluchtend, parallel versetzt, parallel versetzt und windschief) starre oder ausgleichende Wellenverbindungen. Wenn zwei getrennt gelagerte Wellen exakt fluchten, kann man sie starr miteinander verbinden, ohne Zwangskräfte beim Umlauf auf die Lager auszuüben. In den anderen Fällen müssen nichtschaltbare Ausgleichskupplungen eingesetzt werden, wenn man Zwangskräfte beim Umlauf vermeiden will. Diese Ausgleichskupplungen (Mitnehmerkupplung, Gelenkwellen) sind Beispiele für die Erfüllung kinematischer Funktionen durch entsprechende Gestaltbildung, wobei der Freiheitsgrad $F = 1$ bei gleichzeitig kleinstem Übertragungsfehler für die Drehwinkel anzustreben ist.

Ein Musterbeispiel für eine solche Ausgleichskupplung ist die Mitnehmerkupplung, die zur genauen Drehwinkelübertragung für Meß- und Fertigungsaufgaben von einem Winkelnormal auf ein Werkstück dient, Bild 4.3.4/12. Die verbale Beschreibung des Geometrie-Funktionsprinzips durch Zurückführung auf die einfachste Geometrie, die eine Winkelübertragung zwischen beliebig orientierten Wellen ermöglicht, lautet für diese Kupplung: Winkeldrehungen an gelagerten Kurbeln führen zu Kreisbewegungen an den Kurbelenden. Zusammenschalten von zwei Kurbelenden führt zu einem Übertragungskontakt, wodurch die Kreisbewegung auf die zweite gelagerte Kurbel und damit Welle übertragen wird. Zur Realisierung dieses Geometrie-Funktionsprinzips muß die Beweglichkeit des Verbandes erfüllt sein. Die Ermittlung der Zwangsläufigkeit liefert $F = 1$. Bild 4.3.4/13. Die geometrisch-funktionale Analyse des Übertragungsver-

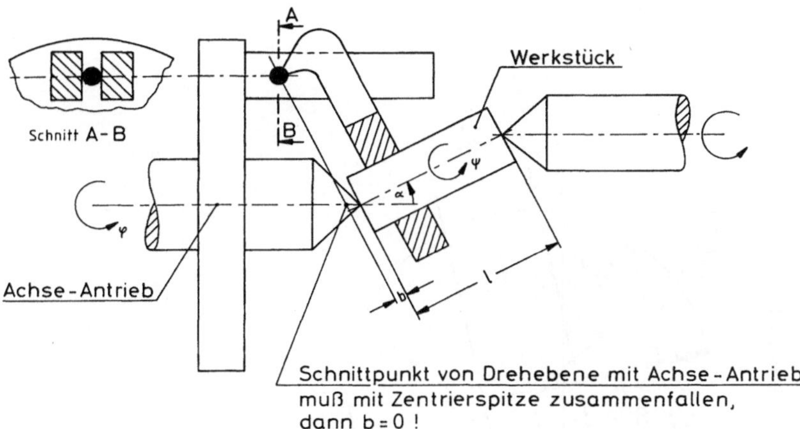

Bild 4.3.4/12   Kinematik einer Mitnehmerkupplung (1)

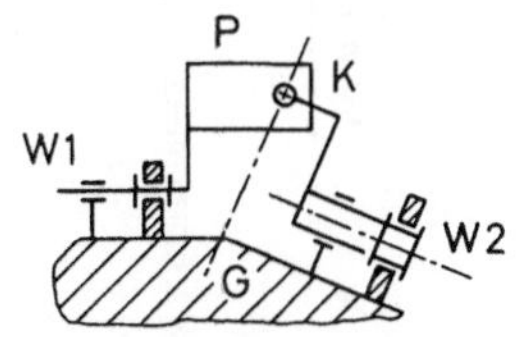

n = 3 Glieder: Welle 1, Welle 2, Gestell
Elementenpaar: W1 – G   f=1
Elementenpaar: W2 – G   f=1
Elementenpaar: Platte – Kugel f=5

$$F = 6(n-1) - \sum_g (6-f_i) - \sum_n f_{id}$$

$$F = 6 \cdot 2 \quad - \; 5\text{-}5\text{-}1 \; - \; 0 = 1$$

Bild 4.3.4/13   Kinematik einer Mitnehmerkupplung (2)

haltens – Bild 4.3.4/14 führt zur Gleichung 4.3.4/4 bzw. 4.3.4/5:

$$\psi = F(\varphi, \text{Geometrie } R, b, \alpha) \tag{4.3.4/3}$$

Wirkung   Ursachen

explizit invers aus geometrischer Betrachtung:

$$\tan\varphi = \frac{R \cdot \sin\psi}{(R + b \cdot \tan\alpha) \cdot \cos\alpha - (R - R \cdot \cos\psi) \cdot \cos\alpha} \tag{4.3.4/4}$$

für b=0

$$\tan\varphi = \cos\alpha \cdot \tan\psi \tag{4.3.4/5}$$

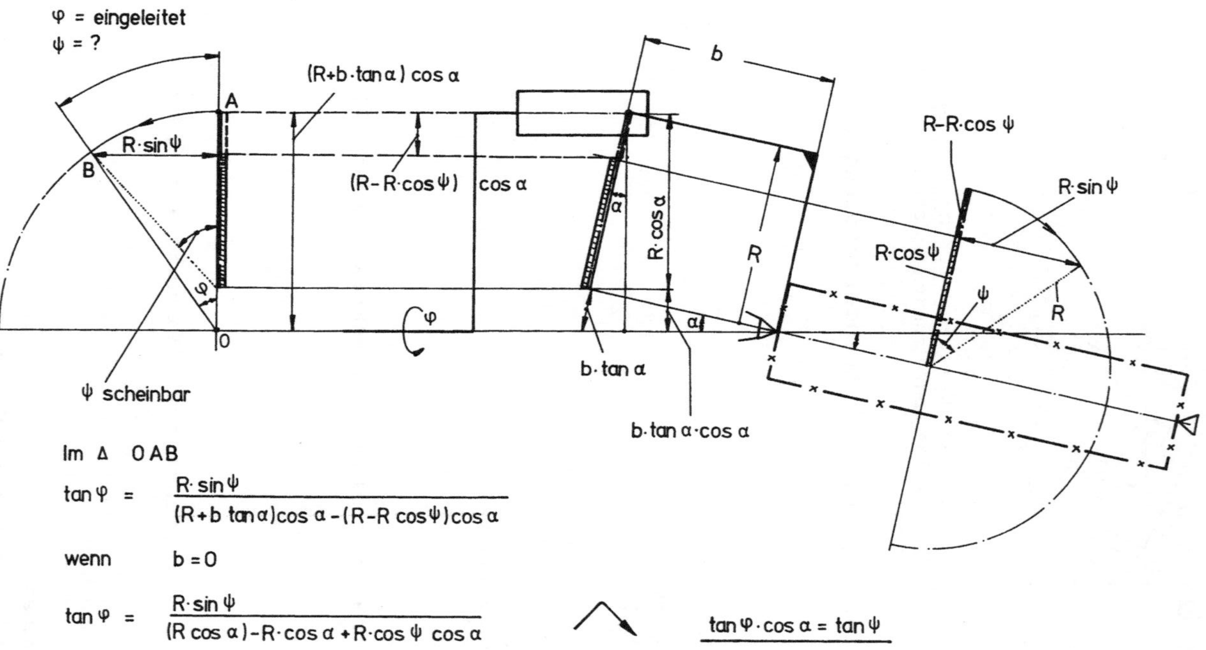

Im Δ OAB

$$\tan \varphi = \frac{R \cdot \sin \psi}{(R + b \tan \alpha)\cos \alpha - (R - R \cos \psi)\cos \alpha}$$

wenn $b = 0$

$$\tan \varphi = \frac{R \cdot \sin \psi}{(R \cos \alpha) - R \cdot \cos \alpha + R \cdot \cos \psi \cos \alpha}$$

$$\tan \varphi \cdot \cos \alpha = \tan \psi$$

Bild 4.3.4/14 Geometrische Analyse der Mitnehmerkupplung (3)

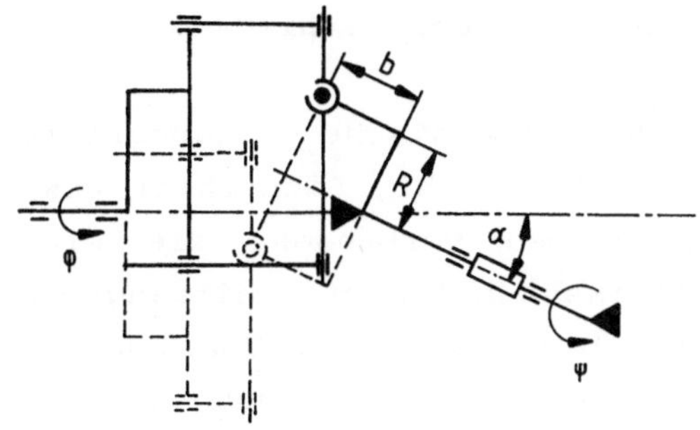

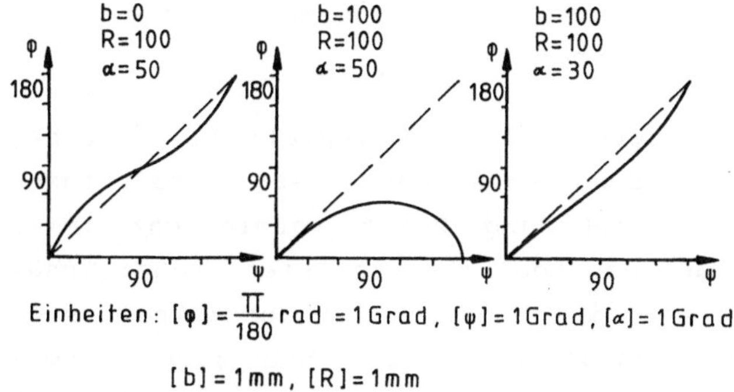

Bild 4.3.4/15 Übertragungsverhalten verschiedener Geometrien von Mitnehmerkupplungen

Der Spezialfall b = 0 liefert kleine Übertragungsabweichungen. Auf Bild 4.3.4/15 sind einige Fälle der Gleichung (4.3.4/4) dargestellt.

4.3.5 Gestaltfunktionen zur Isolation, Abschirmung, Dichtung

Abgrenzen, Isolieren, Abschirmen, Dichten sind Tätigkeiten, die in Verbindung mit Hauptwörtern eine grundlegende Kategorie von Gestaltfunktionen beschreiben, die im Kern einen sicherheitsbildenden, schützenden Charakter ausdrücken. Wände, Verkleidungen, Schutzwälle verhindern z.B. das Eindringen von Strahlung und von Körpern in Geräte. Auch wird mit entsprechend isolierten Gehäuseausführungen der Kontakt mit berührgefährlichen Spannungen verhindert.

4.3.5.1 Allgemeines zur sicherheitsgerechten Gestaltbildung

Im DIN-Entwurf 31 004 T.1 sind sicherheitstechnische Grundbegriffe verbal beschrieben. Die Begriffe Risiko, Gefahr, Sicherheit usw. sind immer mit Wahrscheinlichkeitsangaben verbunden, die eine Aussage über das Eintreten von Ereignissen mit Häufigkeitsangaben verknüpfen. So heißt "Sicherheit" grob vereinfacht: Von hundert möglichen Fehlern sind wieviel gefährlich? Zur Erreichung größerer Sicherheit werden z.B. Geräte vor unzulässigen Temperaturen, Schwingungen, Stößen, Feuchtigkeitseinwirkungen, unzulässiger Benutzung, Fehlbedingung usw. durch verschiedene Maßnahmen technischer und organisatorischer Art geschützt.

Der oberste Grundsatz der Sicherheitstechnik lautet: Im einfachen Fehlerfall darf keine Gefährdung entstehen. Dazu sind einige Erläuterungen erforderlich. Gefährdung heißt vereinfacht immer "Gefahr für Leib und Leben und das mögliche Eintreten großer Schäden". Am folgenden Beispiel sei dies hinsichtlich der Zuverlässigkeit erläutert. Das unzuverlässige Gerät, das jede Woche einmal ausfällt, kann gleichzeitig das sicherste sein, weil sein Ausfall nie einen gefährlichen Zustand verursacht. Das zuverlässigste Gerät, das nur einmal in fünf Jahren ausfällt, kann das unsicherste sein, weil bei seinem Ausfall sofort große Sach- und Personenschäden auftreten. Die Sicherheitsbemühungen müssen also primär stets darauf gerichtet sein, gefährliche, d.h. unzulässige Zustände zu vermeiden.

Damit im "einfachen Fehlerfall" (single fault condition) keine Gefährdung eintritt, müssen besonders zwei Grundsätze erfüllt werden:
-   Es müssen zur Vermeidung von unzulässigen Zuständen immer zwei voneinander unabhängige Sicherheiten vorliegen (zweifache Sicherheit). (Als unzulässig gelten: Feuer, unzulässig überhöhte Temperatur, Ausfall von Teilen, die doppelte Sicherheit schaffen, z.B. Schutzleiterbruch usw.).
-   Beim Rückfall auf einfache Sicherheit durch Eintreten eines ersten Fehlers muß das Gerät entweder selbsttätig in den sicheren Zustand gehen, z.B. Abschalten ohne Folgefehler, oder den Rückfall auf einfache Sicherheit anzeigen, oder der

Fehler muß in angemessener Zeit bei einer vom Hersteller vorgeschriebenen Wartung erkennbar sein.

Die Forderung der Fehlerzustandserkennung entfällt, wenn auch bei Auftreten eines zweiten Fehlers keine unzulässigen Zustände auftreten.

Der auftretende einfache Fehlerfall ist an die Voraussetzung geknüpft, daß nicht **gleichzeitig** zwei voneinander unabhängige Fehler auftreten (unwahrscheinlich). Im einfachen Fehlerfall zählt jeder Folgefehler des ersten Fehlers zu diesem. Beispiel: Gerät wird überlastet (erster Fehler), infolgedessen fällt Sicherung aus (Folgefehler) und durch Ausfall der Sicherung läßt ein Magnetfutter ein Werkstück los, welches eine Person verletzt (Folgefehler). Die Anlage in diesem Beispiel ist also falsch konzipiert. Mit Hilfe des Fehlererkennungs-Diagramms nach Bild 4.3.5.1/1 kann man ein Konzept abprüfen. Zur Überprüfung der Sicherheit von großen Anlagen wird im kleinsten Kreis von Fachleuten - drei bis vier Personen - in Klausur diskutiert unter dem Motto "Was passiert eigentlich wenn ...". Dabei werden oft genug überraschende Fehlermöglichkeiten zu Tage gebracht. In der Literatur sind Methoden der Fehlerdiagnose usw. dargestellt. Der Begriff Sicherheit hat viele Facetten: Bei der Bauteile-Sicherheit betrachtet man die Sicherheit gegen Bruch, unzulässige Deformation, Instabilitäten. Bei der Arbeitssicherheit wird an die Sicherheit des Menschen vor Unfallgefahren beim Arbeitsprozeß gedacht. Die Umweltsicherheit betrifft schließlich die gesamte Umgebung einer Anlage.

Ein Teilaspekt der Sicherheit ist die Verfügbarkeit. Bei der Verfügbarkeit fragt man danach, wieviel Wochen im Jahr ist das Gerät betriebsbereit? Die Ausfallzeit wird in die Fehlererkennungszeit und die Fehlerbeseitigungszeit gegliedert. Zwei Grenzfälle: kurze Fehlererkennungszeit, große Fehlerbeseitigungszeit und lange Fehlererkennungszeit und kurze Fehlerbeseitigungszeit.

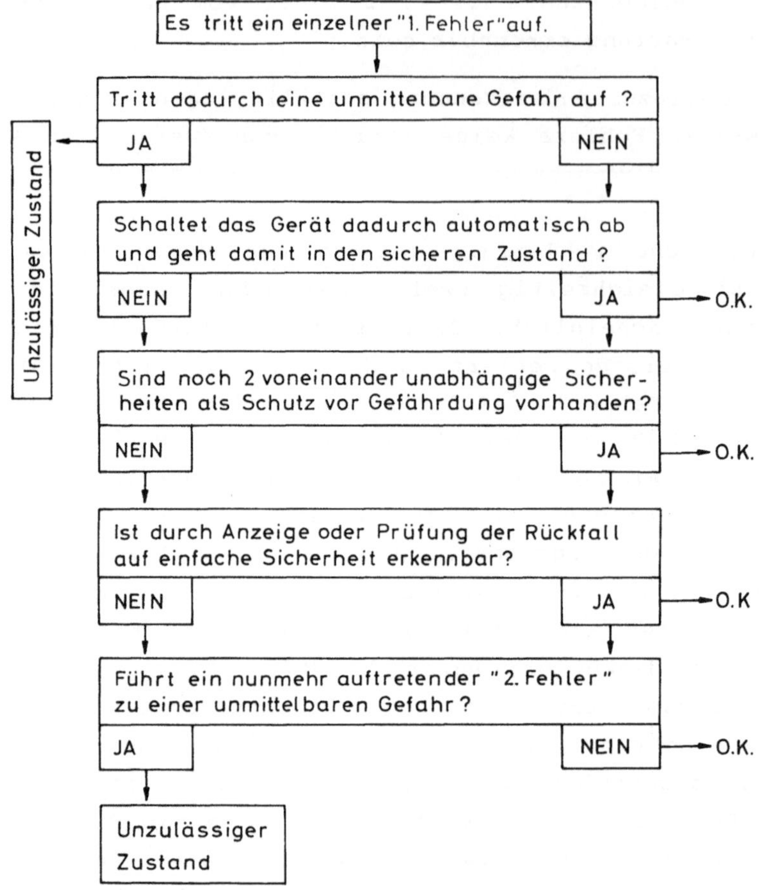

Bild 4.3.5.1/1   Zur Fehlererkennung (TÜV Rheinland)

4.3.5.2 Grundmethoden der sicherheitsgerechten Gestaltung

- Unmittelbare Sicherheitstechnik: Methode des sicheren Bestehens im Rahmen aller angenommenen Eventualitäten passiert nichts: safe-life-Verhalten. (Unmittelbar sicher ist nur eine Kreissäge ohne Zähne - diese ist aber auch wirkungslos.)
- Mittelbare Sicherheitstechnik: Es werden bereits Mittel angewandt, um zweifache Sicherheit zu gewährleisten. Man wendet die Methode des beschränkten Versagens an - faile-safe. Dazu: Anzeige des ersten Fehlers, Erkennung des Rückfalls auf einfache Sicherheit und Beseitigung innerhalb der Wartungs-

frist (mittelbar sicher ist eine Kreissäge, deren Sägeblatt abgedeckt ist). Ein weiteres Mittel zur Durchführung der mittelbaren Sicherheitstechnik ist die Einführung redundanter Systeme, die bei Ausfall die verlorengegangenen Funktionen übernehmen können. Parallelredundanz. Serienredundanz.

- Hinweisende Sicherheitstechnik: Schilder mit Gefahrenhinweisen aller Art z.B.
- Schutzkleidung tragen!
  - Isolierende Gummimatten als Standortisolierung benutzen!
  - Vor Öffnen Netzstecker ziehen!
  - Beim Zusammensetzen der Säule des Elektronenmikroskopes darf nicht vergessen werden, die Bleiabschirmung wieder einzusetzen.

Im allgemeinen trifft man in Anlagen alle Arten der Sicherheitstechnik an. Bedienungsanleitungen zählen zum gesetzlichen Bestandteil des Gerätes. Sie enthalten alle wichtigen Hinweise zum Schutz gegen Fehlbedienung. Auch mögliche Gefahren, die bei mißbräuchlicher Benutzung entstehen können, müssen unmißverständlich genannt werden. Es zählen dazu auch die Angaben zum Aufstellen und Anschließen des Gerätes, Hinweise auf Chemikalien etc.

4.3.5.3 Sicherheitsgerechte Gestaltung bei elektrischen Geräten

Alle im folgenden genannten Zahlenwerte sind durch eine laufende Verfolgung der einschlägigen VDE-Richtlinien zu aktualisieren. Hier soll nur eine vereinfachte Darstellung einiger Grundlagen zur Gestaltbildung an den Gehäusen, vorzugsweise zur Isolation zur Vermeidung von Unfällen gegeben werden. Damit soll auch zur Lektüre des VDE-Regelwerkes angeregt werden.

VDE-Richtlinien zur Konstruktion:
- VDE 0100 Errichtung von Starkstromanlagen (bis 1000 V),
- VDE 0110 Luft- und Kriechstrecken,
- VDE 0160 Steuerung von Starkstromanlagen mit elektronischen Mitteln,
- VDE 0411 Meß-, Steuer- und Regelgeräte,
- VDE 0550 Transformatoren,
- VDE 0551 Sicherheitstrafos,
- VDE 0700 Geräte für den Hausgebrauch und ähnliche Zwecke,

-    VDE 0750   Medizinische Geräte,
-    VDE 0804   Fernmeldegeräte,
-    VDE 0805   Informationsverarbeitende Geräte,
-    VDE 0806   Büromaschinen,
-    VDE 0860   Netzbetriebene elektronische Geräte für den Hausgebrauch und ähnliche Zwecke.

Bei neuartigen Geräteneukonstruktionen orientiere man sich an ähnlichen Produkten.

Bestimmungen über Medizin-Geräte sind u.a. enthalten in:

VDE 0100   Bestimmungen für das Errichten von Starkstromanlagen mit Nennspannungen bis 1000 V,

VDE 0107   Bestimmungen für elektrische Anlagen in medizinisch genutzten Räumen,

VDE 0750   Bestimmungen für elektro-medizinische Geräte,

DIN 40050 Schutzarten,

UL 544   Elektromedical Devices.

Die Sicherheit bei elektrischen Geräten wird durch zwei Grundsituationen charakterisiert: Zum einen geht es um den Schutz des Menschen vor der Berührung von Teilen, die Spannung tragen. Das Gerät hat eine entsprechende Gehäusekonstruktion und erfordert zum ordnungsgemäßen Betrieb ein entsprechendes Installationsnetz. Der Schutz des Menschen vor Gefahren aus dem Inneren des Gerätes wird durch die Schutzklasse gekennzeichnet. Zum zweiten geht es beim Geräteschutz auch um das Gerät selbst, man muß es vor Gefahren, die von außen in das Gerät gelangen können, schützen. Zur einwandfreien Funktion benötigt das Gerät Öffnungen, Schlitze usw. in die natürlich auch Flüssigkeiten und Gegenstände eindringen können. Dieser Geräteschutz wird durch die Schutzart gezeichnet.

Es entsteht zunächst die Frage, wann ist eine Spannung am gesunden, trockenen, ungeöffneten menschlichen Körper berührgefährlich? Was ist eigentlich an der Spannung gefährlich? Dazu ist zunächst festzustellen: Die eigentliche Gefahr der Elektrizität für den Menschen besteht darin, daß Spannungen kritische Ströme durch den Körper treiben, die bei genügend langer Einwirkungszeit zum Tode führen. Das folgende Bild 4.3.5.3/1 zeigt die Bereiche der Stromgefährdung. Je kürzer die Einwirkungszeit ist, umso höher darf der Strom sein.

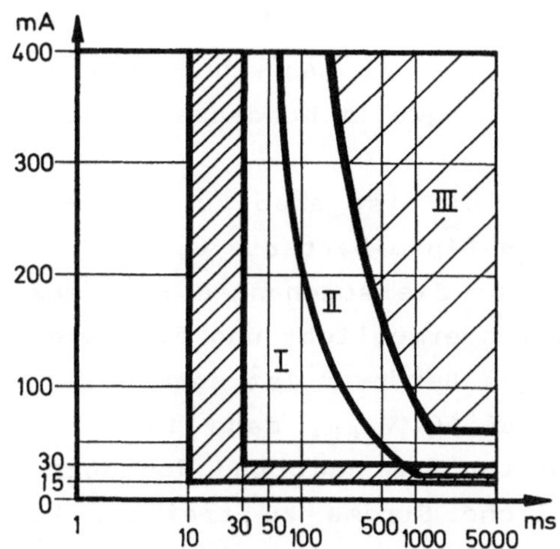

Bereich I : Kein Einfluß auf die Herzschlagfolge
              und das Reizleitungssystem

Bereich II : Noch ertragbare Stromstärke
              über 50 mA Bewußtlosigkeit

Bereich III: Bewußtlosigkeit
              Herzkammerflimmern
              d.h. Lebensgefahr !

Bild 4.3.5.3/1   Strom-Gefährdungsdiagramm

–   Eine Spannung ist **berührgefährlich**, wenn sie größer ist als
    24 V$\sim$ oder 34 V = und wenn ihre Quelle in der Lage ist, einen
    größeren Strom als 0,5 mA durch einen Widerstand von 1 kΩ
    zu treiben.

–   Eine Spannung ist **nicht berührgefährlich**, wenn sie kleiner
    ist als 24 V$\sim$ oder 34 V = und aus einer Quelle stammt, die
    sicher vom Netz getrennt ist, so daß auch im Falle eines
    ersten Fehlers keine berührgefährliche Spannung auftreten
    kann (ausgenommen Medizin-Anwendungen).

–   Eine Spannung ist auch dann **nicht berührgefährlich**, wenn sie
    größer ist als 24 V$\sim$ oder 34 V = , jedoch zwei Bedingungen
    erfüllt:

    a) Wenn der Strom durch einen Widerstand von 1 kΩ im Nor-
       malbetrieb und auch im Falle eines ersten Fehlers nie
       größer werden kann als 0,5 mA.

    b) Wenn bei einer Spannung bis zu 450 V aus einem Kondensator
       dessen Kapazität nicht größer ist als 0,1 µF oder wenn bei

einer Spannung zwischen 450 V und 15 kV die Ladung des Kondensators nicht größer ist als 45 µAs oder wenn bei einer Spannung über 15 kV die Energie im Kondensator nicht größer ist als 0,3 Ws.

Eine Spannung, die 25 V nicht übersteigt, ist also für den Menschen im allgemeinen berührungefährlich (Auto-Batterie 6, 12, 24 V, Spielzeugbahn 24 V). Hier ist nur die sogenannte Betriebsisolation erforderlich, die die Funktion ermöglicht und die zuverlässig genug ist. Schutz gegen direktes Berühren ist entbehrlich. Liegt die Spannung zwischen 24 V und 50 V_{eff}, dann ist diese Spannung bereits in der Lage, durch feuchte Haut und den Körper sehr unangenehme, jedoch nicht tödliche Ströme zu treiben. Zum Schutz gegen direktes Berühren genügt hier eine erste Sicherheit, die sogenannte Basisisolierung, bei deren Versagen (einfacher Fehlerfall) noch keine Gefährdung eintritt, wohl aber ein kräftiges Unbehagen. Die Basisisolierung kann gleichzeitig die Betriebsisolierung sein, was umgekehrt meist nicht gilt, weil oft sehr kleine Isolierstrecken für die Funktion genügen, nicht aber den Prüfungen standhalten, denen eine Basisisolierung im Sinne eines Berührungsschutzes widerstehen können muß, Bild 4.3.5.3/2.

4.3.5.4 Isolierung, Schutzklasse und Schutzarten

Ein elektrisches Gerät ohne jegliche Isolation ist nicht denkbar, es würden Kurzschlüsse an den verschiedensten Stellen entstehen. Damit eine Schaltung überhaupt funktioniert, muß sie eine Betriebsisolierung haben. Diese kann eine Luftstrecke sein oder aus Isolationsmaterial bestehen, Bild 4.3.5.4/1. Wenn die spannungsführenden Teile berührgefährliche Spannungen tragen - also direktes Berühren nicht erlaubt ist - wird ein Schutz erforderlich, der direktes Berühren verhindert. Dieser Schutz heißt Basisisolierung, Bild 4.3.5.4/2. Man kann den nach außen wirkenden Teil der Isolation ebenfalls als Betriebsisolation auffassen, aber man nennt sie Basisisolation, weil sie bereits einen Schutz gegen direktes Berühren herstellt.

Nun kann die Basisisolation durch **einen** Fehler (Leiterbruch) nach außen unwirksam werden und wieder zur Möglichkeit des Kontaktes mit berührgefährlichen Spannungen führen. Man versteht unter

<u>Checkliste zur Ermittlung lebensgefährlicher Spannungen</u>

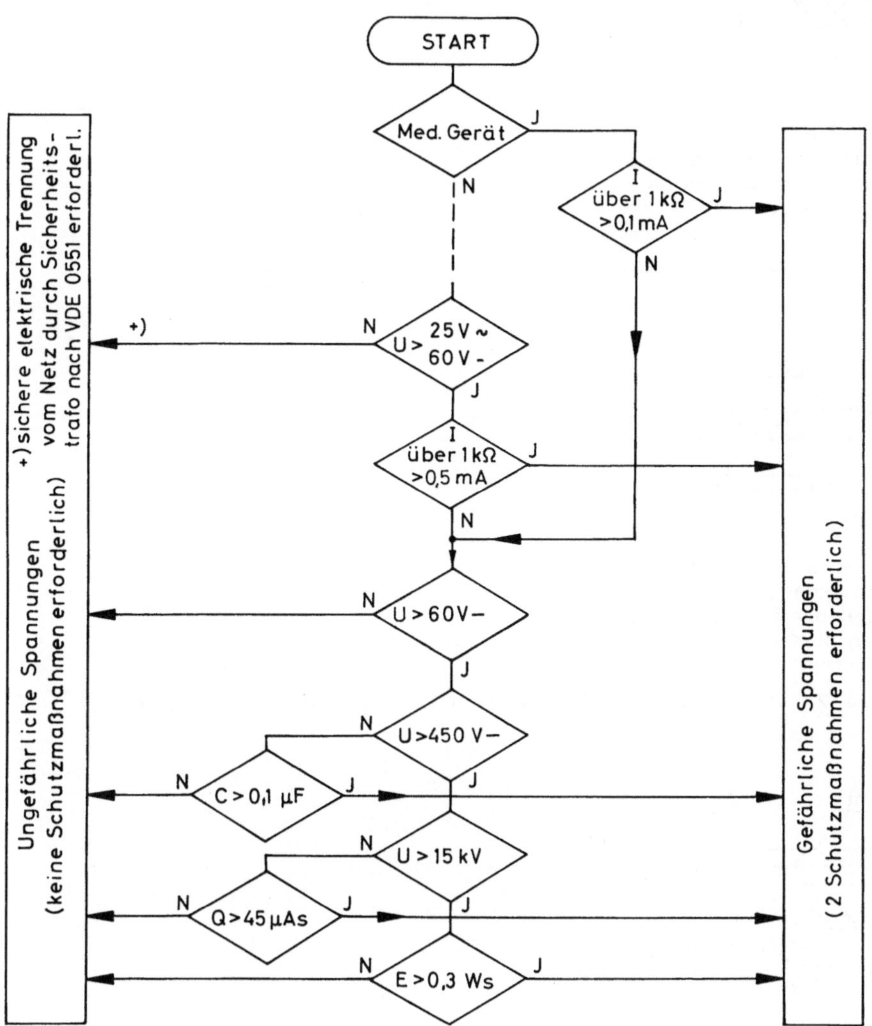

Bild 4.3.5.3/2   Checkliste "Berührungsgefährliche Spannungen"

solchen nach Fehlern auftretenden Kontakten das sogenannte indirekte Berühren. Auf Bild 4.3.5.4/3 ist dieser Fall veranschaulicht. Wir müssen - getreu dem sicherheitstechnischen Hauptmotto, wonach im einfachen Fehlerfall noch kein gefährlicher Zustand auftreten darf, und der Leiterbruch wäre im Falle Bild 4.3.5.4/3 ein einfacher Fehler, bei dem sofort der gefährliche Zustand bestünde, nämlich Kontaktmöglichkeit mit berührgefährlicher Span-

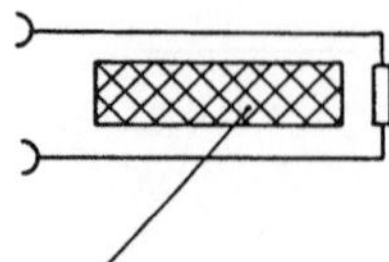

<u>Betriebsisolierung allein.</u>
Sie trägt die Leitungen und Bauteile.
Direktes Berühren der spannungs-
führenden Teile möglich.

Bild 4.3.5.4/1   Betriebsisolation - Geometrieprinzip

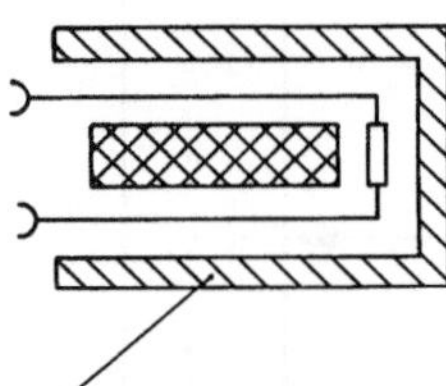

Diese Isolation wird als Betriebs- und
Basisisolierung angesehen, weil sie
bereits <u>einen Teil</u> der Schutzmaßnahmen
gegen Berühren darstellt.

Bild 4.3.5.4/2   Betriebs- und Basisisolation Geometrieprinzip

<u>Veranschaulicht:</u>

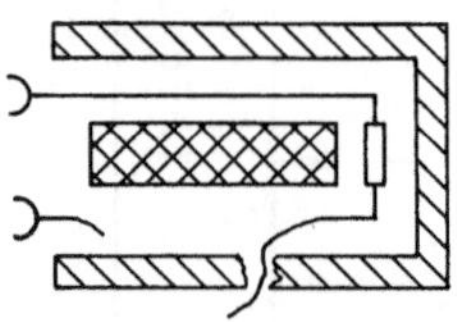

Basisisolierung alleine (eine Sicherheit)
von gebrochenem Leiter durchschlagen
(ein Fehler):
Sofort gefährliche Spannung berührbar.

Bild 4.3.5.4/3   Einfacher Fehlerfall an Bild 4.3.5.4/2

nung - also zur Basisisolierung (erste Sicherheit) eine zweite
Sicherheit hinzufügen. Dazu gibt es zwei Möglichkeiten: Entweder
wir fügen ein richtig geerdetes, leitfähiges Gehäuse zur Basisisolation hinzu (Bild 4.3.5.4/4) oder wir umschließen das Gehäuse der

Basisisolation noch mit einer weiteren sogenannten Zusatzisolation (Bild 4.3.5.4/5). Beide Möglichkeiten sind üblich, man spricht im ersten Falle von Schutzklasse I, im zweiten Falle von Schutzklasse II.

Schutzklasse I

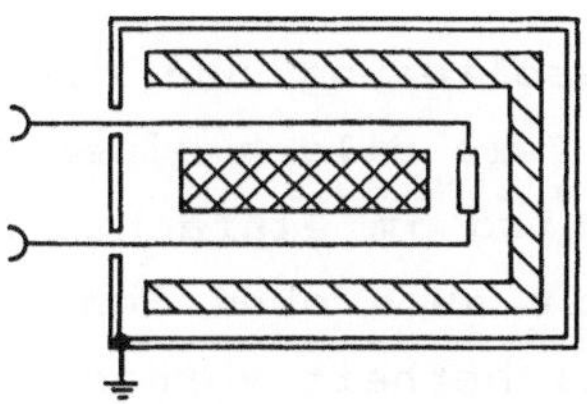

Ein geerdetes leitfähiges Gehäuse
(zusätzlich zur Basisisolierung!) stellt
die zweite Sicherheit dar.
Bricht Leiter (1.Fehler) und berührt das
Gehäuse von innen, so fließt Strom
über Gehäuse an Erde ab.
Es entsteht keine berührungsgefährliche Spannung.

Bild 4.3.5.4/4   Schutzklasse I   Geometrieprinzip

Schutzklasse II

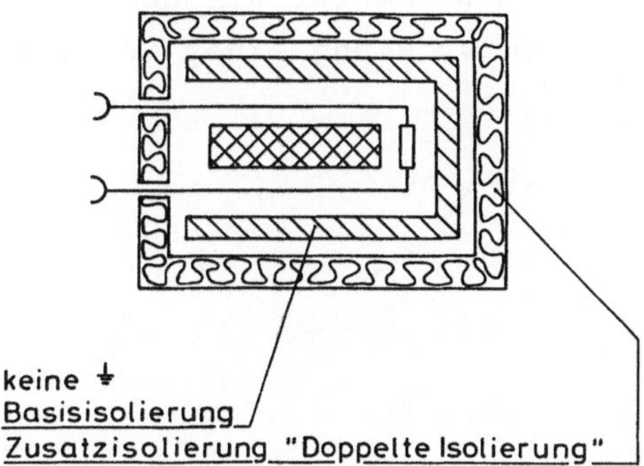

Bild 4.3.5.4/5   Schutzklasse II Geometrieprinzip

Im Falle der Schutzklasse I "bestehen" die beiden eingebauten Sicherheiten aus der Basisisolation und einem geerdeten Metallge-häuse. Wenn ein Leiterbruch mit Überbrückung der Basisisolation auftritt (einfacher Fehlerfall), dann ist mit dem geerdeten Metallgehäuse noch eine zweite Sicherheit vorhanden. Es kann sich nämlich auf dem geerdeten Metallgehäuse keine berührgefährliche Spannung aufbauen, vorausgesetzt, daß der Schutzleiter richtig dimensioniert ist, der im Gerät angeordnete Schutzleiteranschluß funktioniert und das Gerät an einem Installationsnetz mit Schutzleiter angeordnet ist.

Im Falle der Schutzklasse II bilden Basisisolierung und die Zusatzisolierung die beiden Sicherheiten, d.h. sie bilden einen doppelten Schutz gegen indirektes Berühren. (Wird im einfachen Fehlerfall die Basisisolierung zerstört, so ist auch ohne Schutzerdung durch die Zusatzisolierung noch eine Sicherheit vorhanden!). Eine besondere Version von Geräten mit Zusatzisolation sind jene, die außen berührbare leitfähige ungeerdete Teile aufweisen (Beispiel: Elektrorasierer, Bild 4.3.5.4/6. Bohrmaschinen etc.). Hier ist eine besondere Spannungsfestigkeitsprüfung erforderlich, die während der Montage zu erfolgen hat! Anstelle der doppelten Isolierung kann man auch eine einzige Isolierung, die der doppelten Isolierung sicherheitsmäßig gleichwertig ist, nehmen: Diese Isolierung heißt dann "verstärkte Isolierung", Bild 4.3.5.4/7.

Sowohl Schutzklasse I als auch Schutzklasse II stellen eine doppelte Sicherheit gegen Gefahren im einfachen Fehlerfall her. Für welche Schutzklasse man sich bei der Neuentwicklung eines Gerätes

Schutzklasse II

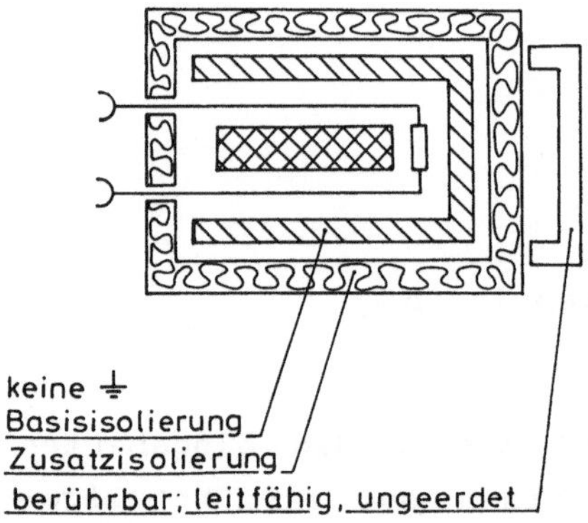

Bild 4.3.5.4/6   Schutzklasse II mit außenliegenden Metallteilen
               (Besondere Isolationsmaßnahmen)

Schutzklasse II

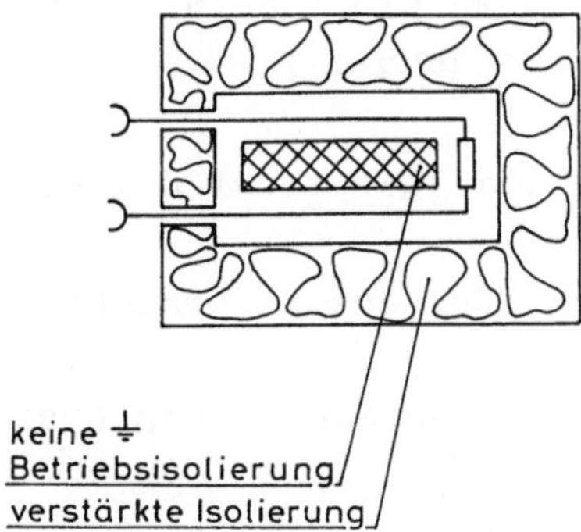

Bild 4.3.5.4/7   Schutzklasse II Variante mit verstärkter
                 Isolierung

entscheidet, hängt - sofern nicht bereits zwingende Vorschriften vorliegen - von einem Kompromiß zwischen Anwendung, Stückzahl, Herstellmöglichkeiten (Blech oder Kunststoff), Funkentstörung u.a. mehr ab.

Konstruktive Maßnahmen zur Gestaltung bei Schutzklasse I

-   Alle Teile, die eine berührgefährliche Spannung führen, müssen gegen zufälliges Berühren geschützt sein: Lack, Oxyd, Emaille-Schichten und Vergußmassen (Teer) gelten nicht als Berührungsschutz, aushärtende Gießharze nur, wenn eine bestimmte Schichtdicke gewährleistet ist (Details über mechanische Widerstandsfähigkeit von Gehäusen anschauen).

-   Die Prüfung der Zugänglichkeit an Öffnungen erfolgt mit dem VDE-Finger: ⌀ 12-80 mm, 2 Gelenke, 30 N Druck, berührgefährliche Spannungen dürfen nicht erreicht werden (Halsketten), Bild 4.3.5.4/8.

-   Abdeckungen, nach deren Entfernen man Teile mit berührgefährlicher Spannung berühren kann oder ungeerdete Teile, die nur durch Basisisolierung von berührgefährlichen spannungsführenden Teilen getrennt sind, dürfen nur mit Werkzeug abnehmbar sein (Münze gilt als Werkzeug).

-   Achsen von Griffen, Knöpfen oder Knebeln dürfen nicht unter Spannung stehen.

-   Griffe, Knöpfe, Knebel dürfen im einfachen Fehlerfalle keine gefährliche Spannung annehmen können, d.h. sie müssen entweder aus Kunststoff bestehen oder zuverlässig mit Kunststoff umkleidet oder gut geerdet (< 0,1 Ω) sein.

- Der Schutzleiter muß mit besonderer Sorgfalt verlegt werden und in seinem gesamten Verlauf grüngelb markiert sein. (eingehakt, verlötet, gesicherte Schraubverbindung).
- Der Schutzleiteranschluß muß:
  - . durch eine gesonderte Schraube erfolgen, die sonst keinen anderen Zweck erfüllt,
  - . mindestens M 4 aus MS / Ni oder Niro oder aus St bestehen (Korrosionsschutz),
  - . gegen Selbstlockern gesichert sein (Zahnscheibe A DIN 6797 oder NOMEL-Kontaktscheibe Paris),
  - . so angeordnet sein, daß er keinen Kontaktdruck auf Kunststoff überträgt (Fließen usw.),
  - . mit einem Schutzerdungszeichen nach DIN 40 011 gekennzeichnet sein.
- Geräteteile der Schutzklasse I lassen sich mit solchen der Schutzklassen II und III kombinieren. In Geräten der SK I dürfen auch Teile mit SK II bzw. SK III enthalten sein.

Schutzklasse II

Bei der Schutzisolierung wird die zweifache Sicherheit dadurch

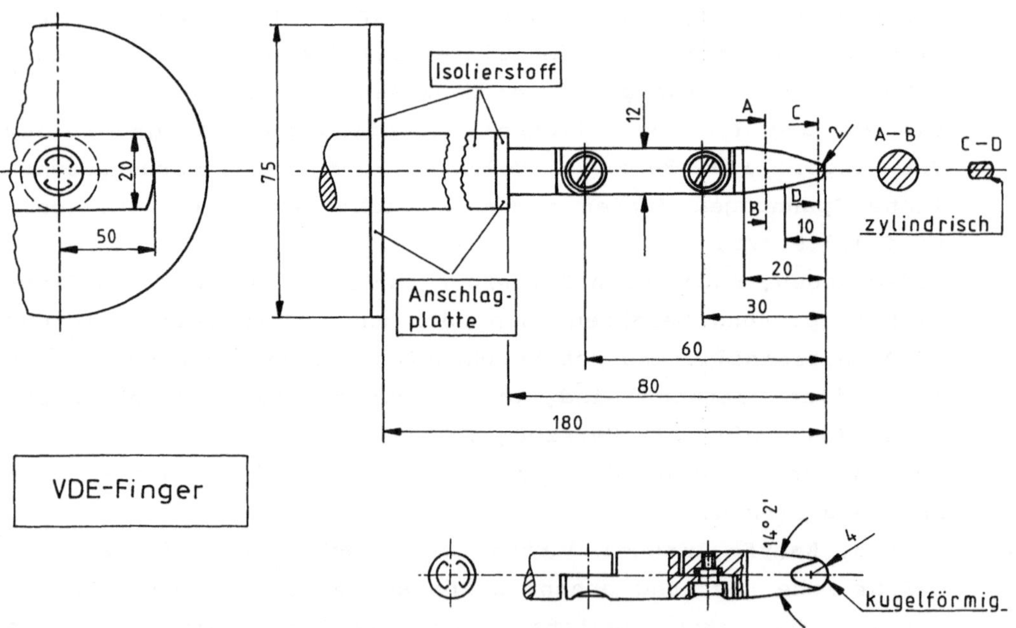

Bild 4.3.5.4/8   VDE-Finger

erreicht, daß zusätzlich zur Basisisolierung (die ja den grundlegenden Schutz gegen elektrische Stromeinwirkungen darstellt) noch eine zweite Isolierung (die Zusatzisolierung) hinzugefügt wird. Ungeerdete Metallteile, die sich zwischen Basis- und Zusatzisolierung befinden, dürfen nicht berührbar sein, weil sie ja im einfachen Fehlerfall eine gefährliche Spannung annehmen können. Metallteile, die sich auf der Zusatzisolierung befinden, die also durch zwei Isolationen von gefährlicher Spannung getrennt sind, brauchen nicht geerdet zu sein und dürfen ohne Werkzeug berührbar sein. Diese doppelte Isolierung kann auch aus einer einzigen Isolierung bestehen, wenn sie genau so sicher ist wie die doppelte Isolierung. Dann nennt man sie verstärkte Isolierung. Für diese gilt die gleiche Prüfspannung wie für doppelte Isolierung, nämlich 4 kV zwischen Netzspannung und jenen berührbaren, leitfähigen ungeerdeten Teilen.

Die Schutzisolierung stellt eine typische Geräte-Schutzmaßnahme dar und ist für Anlagen praktisch nicht anwendbar. Schutzisolierte Betriebsmittel sind mit einem Doppelquadrat nach DIN 40 014 gekennzeichnet. Zum netzseitigen Anschluß dürfen nur Stecker mit fester Anschlußleitung ohne Schutzleiter verwendet werden. Die Stecker müssen in Schutzkontakt-Steckdosen passen, dürfen aber selbst keinen Schutzleiterkontakt aufweisen. Die Gerätegehäuse dürfen nicht mit einem Schutzleiter oder anderen Erdern verbunden werden. Es ist zulässig, Geräte der Schutzklasse II mit Geräten der Schutzklasse III zu kombinieren.

Schutzklasse III
Diese Schutzmaßnahme ist für besondere Anwendungen zwingend vorgeschrieben: Z.B. Elektrowerkzeuge in explosionsgefährdeten und nassen Betriebsstätten, elektrische Spielzeuge, Körpersonden, Dentalgeräte usw. Zum Erzeugen der Kleinspannung werden besonders verstärkt isolierte Transformatoren (keine Spannungsteiler, Vorwiderstände, Spartransformatoren) verwendet. Die Sekundärspannung darf 50 V nicht überschreiten. Für elektro-medizinische Anwendungen sind maximal 24 V vorgeschrieben. Sondervorschriften nach IEC 601-1 für elektro-medizinische Geräte sind zu beachten. Die Kleinspannung kann auch direkt von Akkumulatoren oder Batterien abgeleitet werden. Die Anschlußmittel der Kleinspannungsseite dürfen

nicht mit einem Schutzleiter verbunden werden; sie dürfen nicht in Steckdosen und Kupplungen passen, die in gleichen Räumen für Spannungen über 50 V verwendet werden. Das Installationsmaterial und die Leitungen müssen jedoch für Reihenspannungen von 250 V isoliert sein. Die Gehäuse von kleinspannung-erzeugenden Geräten können aus Metall bestehen (wobei ein Schutzleiteranschluß vorgeschrieben ist) oder schutzisoliert sein.

Zur Gestaltfunktion Abschirmung - Dichtung benutzen wir nachfolgend den Schutzartbegriff. Die Schutzart eines Gerätes legt die konstruktiven Maßnahmen fest, die gegen das Eindringen von Fremdkörpern, Wasser usw. durch die gerätebedingten, erforderlichen Öffnungen notwendig sind. Weiter werden von den Umgebungsbedingungen her auch die im Gerät erforderlichen Luft- und Kriechstrecken

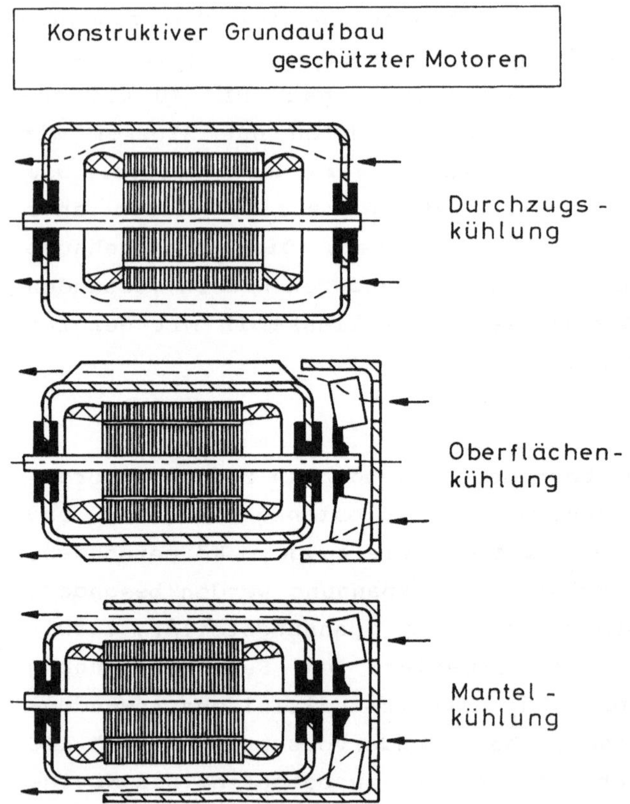

Bild 4.3.5.4/9 Funktionsbedingte, geometrische Öffnungen an E-Motoren

festgelegt. Je nach den Umgebungsbedingungen unter denen eine elektrische Anlage (Gerät) betrieben wird, ist eine IP-Schutzart vorzusehen. Damit wird primär der Schutz des Gerätes gegen Einwirkungen von außen definiert, Bild 4.3.5.4/10. Auch wird in der Norm DIN 40 050 Abschnitt 1.1 (Juli 1980) der Schutz von Personen gegen das Berühren von betriebsmäßig unter Spannung stehenden Teilen in gewisser Weise miterfaßt. Es ist aber vorgesehen, in einer neuen Norm den Berührungsschutz aus den IP-Schutzarten ganz herauszunehmen (private Mitteilung).

Kenn-buchstabe	1. Kenn-ziffer		2. Kennziffer Wasserschutz								
			1	2	3	4	5	6	7	8	9
IP	Berührugs- und Fremdkörperschutz	0									
		1									
		2									
		3				▨					
		4									
		5									
		6									▨
		7									

IP 00 ▨ 0 kein Schutz von Personen gegen zufälliges Berühren und Eindringen von Fremdkörpern.

0 kein Schutz gegen Wasser

IP 34 ▨ 3 Schutz gegen Berühren [+] unter Spannung stehender Teile mit Werkzeugen, Drähten und dgl. einer Dicke von 2,5 mm und größer.
Schutz gegen Eindringen von festen Fremdkörpern mit einem Durchmesser größer als 2,5 mm.

4 Schutz gegen Spritzwasser

IP 68 ▨ 6 Vollständiger Schutz gegen Berührung [+] unter Spannung stehender Teile.
Schutz gegen Eindringen von Staub.

8 Schutz gegen Untertauchen (Zeit und Druck definieren).

[+] Achtung: In einer neuen Norm ist vorgesehen, den Berührungsschutz aus den IP-Schutzarten völlig herauszunehmen!

Bild 4.3.5.4/10 Kennziffern der IP-Schutzarten

Eine bestimmte Schutzart schützt zwar das Gerät gegen Einflüsse von außen, verhindert aber nicht, daß eine gefährliche Spannung berührt werden kann. Für den Berührungsschutz sind die früher erörterten Schutzklassen geschaffen worden. Ein Gerät besitzt also im allgemeinen eine Schutzart und eine Schutzklasse. Durch bestimmte Betriebsanforderungen müssen elektrische Geräte (Anlagen) funktionsbedingte Öffnungen aufweisen. Andererseits grenzt die notwendige Schutzart diese Öffnungen wieder ein, damit eben keine Fremdkörper bzw. kein Wasser in das Gerät eindringen kann. Je nachdem variiert der konstruktive Aufwand. Bild 4.3.5.4/9 zeigt einige geschützte Motortypen, bei denen die Kühlluft in unterschiedlicher Weise geführt wird. Im Räumen mit explosiblen Gasen sind Motoren mit Explosionsschutz aufzustellen, im Bergbau Motoren mit Schlagwetterschutz. Die Motoren für derartige Anwendungen sind durch Sonderschutzarten gekennzeichnet (VDE 170/171 T.1), z. B.

Druckfeste Kapselung: Kurzzeichen d,

Ölkapselung: Kurzzeichen o,

Fremdbelüftung: Kurzzeichen p,

Erhöhte Sicherheit: Kurzzeichen e,

Sandkapselung: Kurzzeichen q,

Maßgebend für Motoren mit der Schutzart e ist die Maximaltemperatur, die bei einer Betriebsstörung des Motors auftreten kann. Um Explosionen zu vermeiden, muß diese Temperatur unter der Entzündungstemperatur des umgebenden Mediums liegen. Man gibt für die Gase sogenannte Zündgruppen an und kann damit die Motoren-Schutzart kennzeichnen. Beispiel: Ein Motor mit der Kennzeichnung "Ex e G 2" (PTB-Prüfung obligatorisch) ist explosionsgeschützt, besitzt erhöhte Sicherheit und gehört der Zündgruppe G 2 an.

5 Entwurf der Gesamtanordung

Es kann ohne Umschweife zugegeben werden: Eine wissenschaftliche
Methode für die Gestaltbildung der Gesamtanordnung zur Lösung
einer Aufgabe existiert bisher nicht. Nur für bestimmte, eng
abgegrenzte Aufgabenstellungen gibt es Vorgehensweisen, denen man
"Wissenschaftlichkeit" im Sinne der Mathematik zugestehen kann,
(Berechnung optischer Systeme vergleiche Beispiel in /1/1/).

Die Entwicklung der Gesamtanordnung erfolgt durch Entwicklung der
Generationenfolgen usw., Gestaltbildung erfolgt auf vielen Wegen
mittels unterschiedlichster Teilmethoden. Weiter ist zu beobachten, daß im allgemeinen am Anfang eines Gesamtentwurfes die skiz-
zenhafte Darstellung und Vernetzung verschiedener Geometrie-Funktionsprinzipien der ersten Priorität steht. Das dabei zum Einsatz
gelangende bildhafte Vorstellungsvermögen baut immer auf irgendwelchen einfachen oder komplexen geometrisch-funktionalen Vorerfahrungen auf.
Man kann folgende Vorgehensweisen beobachten:

Kategorie 1

Man beginnt auf der Grundlage von Vorgängerlösungen einen neuen
Entwurf, der bestimmte neue Merkmale aufweist. Die benutzten
Geometrie-Funktionsprinzipien werden nicht geändert, was jedoch
überraschende Lösungen nicht ausschließt (z.B. Halbierung des
Volumens u.ä.). Diese Kategorie 1 ist eigentlich der Normalfall
und spiegelt im allgemeinen auch die historische Entwicklung eines
Produktes wider. Hierbei unterscheiden wir die erste, zweite,
dritte usw. Generation. Einige schlaglichtartige Kennzeichen für
diese Generationenfolge seien angedeutet:

Erste Generation:
Es wird eine grobe, unreife Vorstellung entwickelt, wie es überhaupt gehen könnte. Geometrisch-funktionales Denken setzt ein, aber auch Erfahrungen und Gefühle bestimmen die Vorstellungen. Spötter könnten das mit "Durchwursteln" oder "Zusammenstoppeln" bezeichnen, und Kritiker könnten meinen: Zu groß, zu teuer, braucht man überhaupt nicht. Aber am Ende hat eine meist kleine optimistische Gruppe einen funktionierenden Prototyp erstellt. Geometrie-Funktionsprinzipien und Gestaltfunktionen sind sichtbar. Geeignete Werkstoffe und einige Herstelltechnologien sind bekannt.
Zweite Generation:
Die Analyse der benutzten Geometrie-Funktionsprinzipien setzt ein: Man kann einige Leitgleichungen aufstellen, die erforderlichen Gestaltfunktionen in den Geometrie-Funktionsprinzipien erkennen und besser als in der ersten Generation zusammensetzen. Alles wird logischer begründbar, Erkenntnisse des Marktes fließen ein.
Dritte Generation:
Alle wesentlichen Kenntnisse sind vorhanden, die Leitgleichungen sind bekannt. Keine grundsätzlichen Neuigkeiten (Gestaltansätze) mehr zu erwarten (Fahrrad). Die Spötter sagen: "Das Ganze ist so alt wie Brot und Käse" (Glocken und Wasserturbinen usw.).

Kategorie 2

Hier seien alle Arten von Vorrichtungen betrachtet. Deren Gesamtanordnung folgt im allgemeinen einfacher aus der Aufgabenstellung als bei Kategorie 1. Man kann leichter bestimmte Gestaltbildungsgleichungen, Gestaltungsregeln und Stategien abgeben. Gesamtträger-Funktion und Positions-Definitionsfunktion sind Keimzellen für die Gesamtanordnung. Strategische Regeln sind Fragen wie: Welches Teilespektrum soll von der Vorrichtung erfaßt werden? Welche Effekte können in einer Prüfvorrichtung benutzt werden?

Kategorie 3

Keine Vorgängerlösungen bekannt. Fragen: Wo gibt es etwas Ähnliches? Wo könnte etwas Analoges zu finden sein? Man ist gezwungen- auch bei großem Weitblick! - den Weg über die Generationen zu gehen. Analogie, Leitgleichungen, Metamorphosen, Morphologien.

Man fragt nach denkbaren Keimzellen für den Gesamtansatz: Ist es eine kleine Zahl von Bauteilen in bestimmter Konfiguration? Bildet eine bestimmte Baugruppe einen Mittelpunkt für den Gestaltansatz (Gehäuse, Antriebsgruppe, Getriebestufe)? Vorteilhaft können Kombinationen aus morphologischen Kästen sein. Diese haben aber zur Voraussetzung, daß man eine kleine Vielzahl von Elementen kennt. Die Art des Ansatzes für das Ganze wird wesentlich von der Aufgabenkategorie bestimmt. Ist es überwiegend eine mechanische, eine elektromechanische oder eine optische Aufgabe?

Wenn man ein Modell zum Gestaltbildungsprozeß formulieren will, so hat man diese Gegebenheiten zu beachten. Die Beobachtung vieler Entwicklungen zeigt also, daß es im wesentlichen zwei Grenzfälle von Aufgabenstellungen gibt:
- Man besitzt im Produktgebiet eine große Erfahrung in bezug auf die theoretischen Grundlagen, den vorhandenen Formenschatz im Gebiet und spezielles Fertigungs-Know-how.
- Man besitzt nur wenig - oder keine - Erfahrungen hinsichtlich Theorie, Formenschatz und Fertigungs-Know-how.
Der erstgenannte Fall tritt am häufigsten ein, der zweite Fall ist sehr selten. In der Regel liegt die Aufgabenstellung zwischen den beiden Grenzsituationen näher beim ersten Fall.

Von den vielen Möglichkeiten, die Gestaltbildung für eine Aufgabe in einem Ablauf darzustellen, wählen wir hier ein Modell, bei welchem die Vorerfahrungen in Theorie, in den Formenschatz und in Praxis-Know-how eingeteilt werden, Bild 5/1. Der Gestaltbildungsprozeß wird zwischen zwei Ebenen, einer sogenannten Abstraktionsebene und einer Ebene wachsender Erfahrungen, angeordnet. Wir nennen diesen Ablauf auch Drei-Ebenen-Modell, weil der Gestaltbildungsprozeß zwischen den zwei Ebenen gewissermaßen auf einer dritten Ebene, der Entwurfsebene, stattfindet. Das Bild 5/1 zeigt in allgemeiner Form den zeitlichen Ablauf bei einer Gestaltentwicklung: Die Ordnung der Vorerfahrungen in Theorie, Formenschatz und Fertigungs-Know-how ist geometrisch-funktional orientiert. Dabei sind unterschiedlichste Ordnungsprinzipien denkbar: morphologischer Kasten, Kataloge aller Art, Tabellen, Kurvenblätter, Nomogramme usw.

Geordnete Vorerfahrungen
Produktgebiet:......

Vor der Aufgabenstellung (vor t_1)

Theorie:	Formenschatz:	Praxis:
Produktspezifische Theorie: Geometrie-Funktions-Prinzipien aus den physikalischen Grundlagen ableiten. Gibt es produkttypische Ausprägungen der elementaren Gestaltfunktionen? Produkttypische Funktionen	Grundformen der bekannten Gesamt-anordnungen: Gesamt-Träger Positions-Definition Spannen-Halten Kinematik Produkttypische Baugruppen	Besondere Herstellungs-verfahren, Montageverfahren... mit besonderer Beachtung der Geometrie

Neue Aufgabenstellung: t_1

Neue Ziele ◄───► Bekannte Anforderungen
(Stand der Technik)

Gestaltbildungsprozeß

Abstraktions-ebene		Ebene wachsender Erfahrungen

Bild 5/1   Drei-Ebenen-Modell zur Gestaltbildung, allgemeine Leer-form

Weiter ist bei den Vorerfahrungen zu bedenken, daß verschiedene Firmen unterschiedliche Vorerfahrungen besitzen. Das gilt auch für verschiedene Personen in einer Firma. Der geordnete Aufbau an Vorerfahrungen ist für den Gestaltbildungsvorgang von großer Bedeutung für die Entwicklungskosten. Die neue Aufgabe - gestellt zum Zeitpunkt t_1 - hat neue Zielsetzungen neben der Erfüllung bekannter Anforderungen zum Gegenstand.

Wie sieht nun im Drei-Ebenen-Modell der eigentliche Gestaltbil-dungsprozeß aus? Man hat hier die relevanten Geometrie-Funktionsprinzipien der Vorläufer, weiter die neuen Ziele als Basis und kann z.B. fragen: Welchen Einfluß üben die neuen Ziele auf die Gesamtanordnung aus? Gibt es Gleichungen für die Gesamtanordnung? Stoffbedingte Einflüsse auf die Gesamtanordnung? Technologiebedingte Ausprägungen für die Gesamtanordnung? Gibt es Gestaltungsregeln für den Gesamtaufbau? Der Gestaltungsprozeß setzt also an Fragen nach der Strategie für die Gesamtlösung an.

Um ein Beispiel vor Augen zu haben, nehmen wir die Produktklasse der Vorrichtungen her, Bild 5/2. Daran sei die Denkweise des Drei-Ebenen-Modells zunächst veranschaulicht. Die produktspezifische Theorie bei Vorrichtungen betrifft die Positionsdefinition (Bestimmung), die Geometrie-Funktionsprinzipien zum Spannen, die Art der Auflagerung, die Stützung des Werkstücks usw. Ein besonderes Ziel bei einer neuen Aufgabenstellung im Vorrichtungsbau kann die geringstmögliche Deformation des Werkstückes beim Spannvorgang sein. Auf Bild 5/3 ist weiter ein kleiner Überblick über den Vorrichtungs-Formenschatz dargestellt. Das Bild 5/4 zeigt Gestaltungsregeln für die Gesamtanordnung einer Vorrichtung, sowie detaillierte Regeln für den Bestimm- und Spannvorgang. Diese Gestaltungsregeln werden bei neuen Produkten natürlich erst noch gesucht. Sie stellen daher einen Teil der im Gestaltbildungsprozeß zu entwickelnden Strategie dar.

Es sei zugegeben, daß sich der Vorrichtungsbau besonders gut für die Einordnung ins Drei-Ebenen-Modell eignet. Doch darf auch festgestellt werden, daß alle Arten von Aufgaben, die mit funktionsrelevanter Gestaltung verknüpft sind, im Drei-Ebenen-Modell darstellbar sind.
Das wurde an verschiedenen Beispielen erprobt: Bilder 5/5, 5/6, 5/7. Auf Bild 5/8 ist ein spezieller Ablauf zum Gestaltbildungsprozeß angegeben. Er stellt eine Aufgliederung und Verfeinerung des unteren Bildabschnittes von Bild 5/1 dar. Weiter finden sich auf Bild 5/9 Schritte und Fragen zur Analyse und Synthese beim Gestaltbildungsvorgang.

Wesentlich für die Anwendung des Drei-Ebenen-Modells ist die Tatsache, daß es damit gelingt, Gestaltbildungsprozesse im nachhinein übersichtlich zu ordnen, darzustellen und zu interpretie-

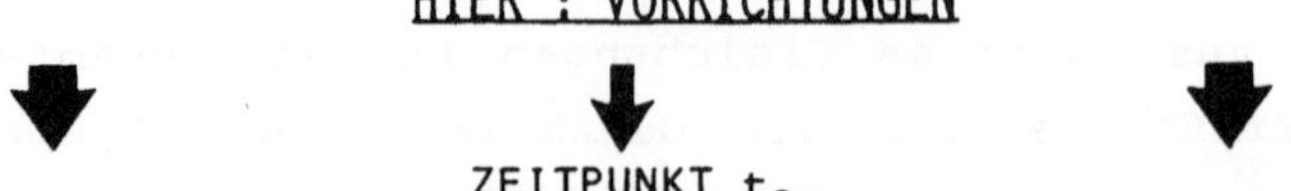

ZEITPUNKT t_0

THEORIE   Formenschatz bei Vorrichtungen   PRAXIS-KNOW HOW

BEZUGSEBENE ...   GESAMTANORDNUNGEN
BESTIMMEBENE ...   BESTIMMELEMENTE
BESTIMMFLÄCHE ...   SPANNELEMENTE
STATISCH BEST. LAGERUNG   STÜTZELEMENTE
$F = 6\,(n-1) - \Sigma u - \Sigma f_{id}$ WERKZEUGFÜHRUNG
                                                             SPÄNEABFUHR

ZEITPUNKT t_1

FORMULIEREN : NEUE ENTWURFSAUFGABE

VORRICHTUNG FÜR ...   ANFORDERUNGSLISTE
WERKSTÜCKSKIZZE

BESONDERE FEINWERKTECHNISCHE ZIELE :

- GENAUESTE BESTIMMUNG - GLEICHMÄSSIGSTE KRAFTVERTEILUNG
  BEIM SPANNEN - GERINGSTE DEFORMATION BEIM SPANNEN

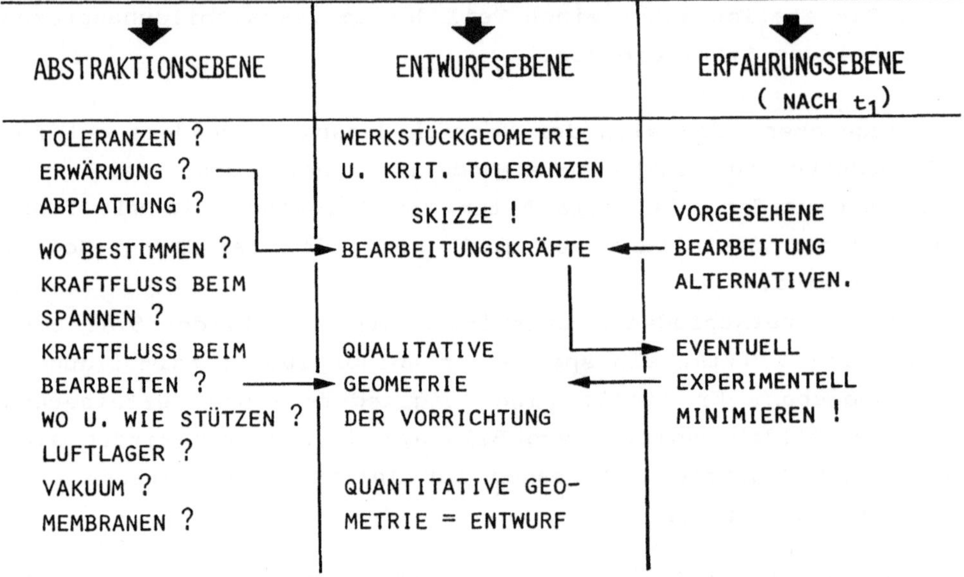

Bild 5/2   Drei-Ebenen-Modell zur Gestaltbildung, Vorrichtungen

Formenschatz bei Vorrichtungen

Allgemein-Vorrichtungen
Werkstückunspezifisch
(Schraubstock)

Sondervorrichtungen
Werkstückspezifisch

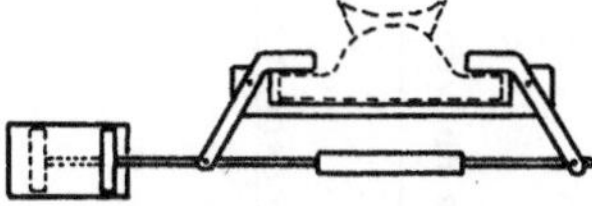

Einfach-Vorrichtungen

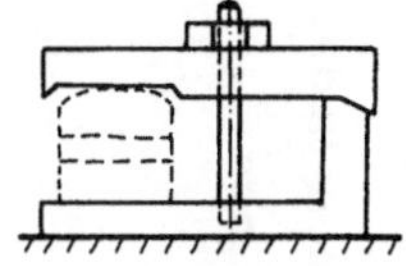
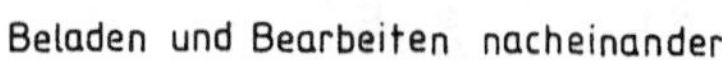

Beladen und Bearbeiten nacheinander

Mehrfach-Vorrichtungen

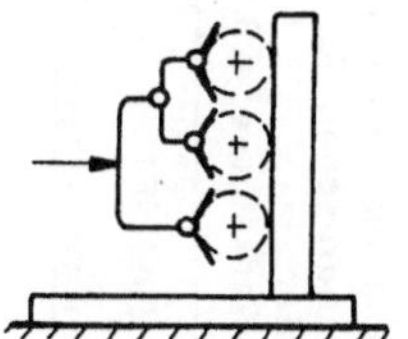

Wechselvorrichtungen   Beladen und Bearbeiten gleichzeitig

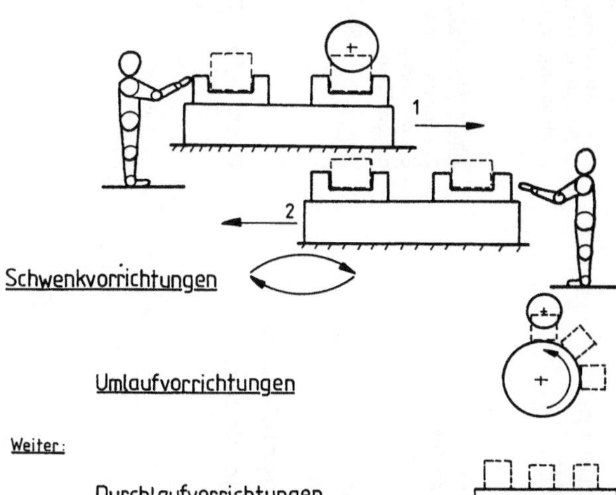

Schwenkvorrichtungen

Umlaufvorrichtungen

__Weiter:__

Durchlaufvorrichtungen

Bild 5/3   Zum Formenschatz bei Vorrichtungen

<u>Gestaltungsregeln für Vorrichtungen.</u>
Gesamtanordnung:

▷ Vorrichtungskonzeption nach der Wirtschaftlich –
   keit festlegen:
      Einfachvorrichtung
      Mehrfachvorrichtung
      Pendelvorrichtung
      Rundtischvorrichtung
       . . . .

▷ Werkzeugmaschine gemeinsam mit der Vorrichtung
   sehen. Toleranzforderungen am Werkstück.

▷ Bestimmen , Spannen , Bearbeiten
   Deformationen bei Konzeption gemeinsam sehen.

▷ Vorrichtung so konzipieren , daß alle Bearbeitungs-
   vorgänge ohne Umspannen bzw. mit möglichst
   wenig Umspannungen erreicht werden.

▷ Wenn keine Universalvorrichtung möglich ist,
   wenigstens Typenvorrichtungen (Vorrichtung für
   eine Werkstücktype verschiedener Größe) anstreben.

▷ Vorrichtungsbaukasten - Elemente anwenden.

Bild 5/4 Einige Regeln zur Vorrichtungs-
           gestaltung, Gesamtanordnung,
           Bestimmen, Spannen

<u>PRODUKTKLASSE MESSMASCHINEN</u>

Vorerfahrungen - Vergangenheit

Theorie	Formen	Technologisches Know-how
Gründe für	Grundtypen	Bearbeiten und Montieren
Meßunsicherheit.	Bild	genauer Teile.(Granit)
Schwingungs-	Gesamtaufbau	Justierkonzept.
isolierte	Baugruppen	Herstellung von
Aufstellung.	Maßstabsysteme	Luftlagern...
Theorie der		
Sensoren,der		
Längenmeßsysteme		
...	...	...

<u>Entwurfsaufgabe</u> – Gegenwart

Neue Ziele :
   Meßsysteme in die Produktionsmaschinen bringen -
   Werkstücke zum Messen nicht mehr abspannen.
   Verkleinerung der mechanischen Tastsysteme.
   Berührungslose Taster.
   Messung spezieller Werkstücke: z.B. räumliche Kurven...

ZUKUNFT

<u>Abstraktionsebene</u>	<u>Entwurfsebene</u>	<u>Ebene wachsender Erfahrung</u>
Zustandsverbale		
Beschreibugen der		...
neuen Ziele		

     Minimalansätze -
         kleinster Aufbau
         einfachste Teile...

Bild 5/5 Drei-Ebenen-Modell zur Gestaltbildung,
           Meßmaschinen

PRODUKTKLASSE: FEINVERSTELLUNGEN - MESSGETRIEBE

Vorerfahrungen – Vergangenheit, Literatur /

Theorie	Formen	Technologisches Know-how
Feinfühligkeit von Getrieben, Hysterese, Linearität, Reibverhalten, Deformations- verhalten, Fehler bestimmter Anordnungen ...	Lageranordnungen bei bekannten Gesamtanordnungen. Führungen Hebelgetriebe für große Übersetzungen Formensystematik der Baugruppen	Herstellung der Genauigkeit Justierkonzepte. Herstellung von Führungen, Lagerstellen, steifen Gehäusen. ...

Entwurfsaufgabe – Gegenwart

Neue Ziele:
  Manuelle Betätigung – Motorische Verstellung.
  Visuelle Ansprache der Bewegungen
  Optoelektronische Ansprache der Verstellung.
  Kleinster Einbauraum – Minimalkosten.

ZUKUNFT

Abstraktionsebene	Entwurfsebene	Ebene wachsender Erfahrung
Zustandsverbale Beschreibung der neuen Ziele.		
Blockschaltbilder	(Baugruppenan- ordnungen)	schlecht
Gestaltbildungs- gleichungen ?		besser

Bild 5/6   Drei-Ebenen-Modell zur Gestaltbildung,
           Meßgetriebe- Feinverstellungen

PRODUKTKLASSE: STATIVE FÜR INSTRUMENTE, GERÄTE

Vorerfahrungen – Vergangenheit, Literatur

Theorie	Formen	Technologisches Know-how
Schwingungs- verhalten, Dämpfungsver- halten, Hysteresefreiheit, Langzeitkonstanz der eingestellten Verbindungselemente, ...	Dreibeine mit diversen Stativköpfen, Zusammenleg- barkeit ...	Holz - Metall - Verbindungen Robustheit ...

Entwurfsaufgabe – Gegenwart
Neue Ziele:
  Kostengünstigste Lösungen bei voller Funktionserfüllung...

  Schwerpunktlage bei Kippungen auf gleicher Höhe...
  (Beleuchtungsstative, Instrumentenstative...)

ZUKUNFT

Abstraktionsebene	Entwurfsebene	Ebene der wachsenden Formerfahrungen

Bild 5/7   Drei-Ebenen-Modell - Stative

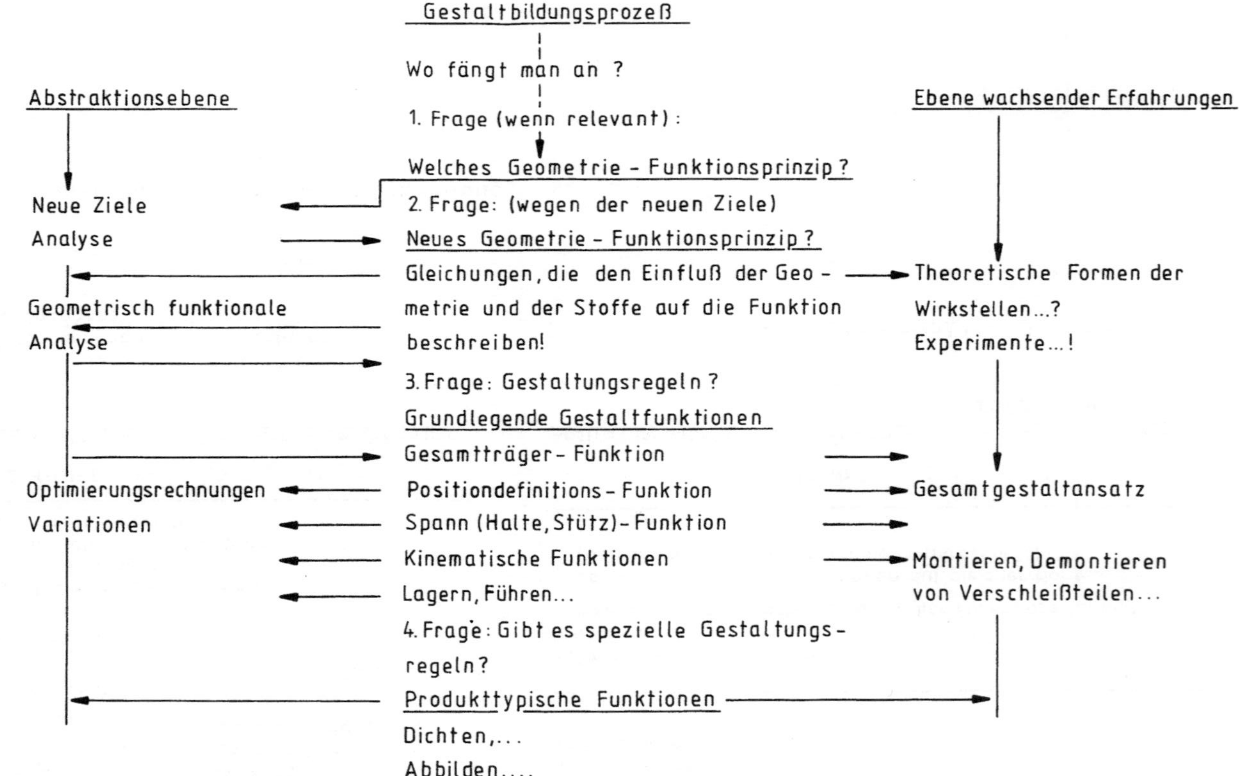

Bild 5/8   Beispiel einer Leerform zum Gestaltbildungsprozeß

ren. Es wird daher empfohlen, selbsterlebte Beispiele in dieser Weise aufzubereiten bzw. Entwicklungsprozesse zu protokollieren. Viele solche Beispiele sind eine gute Basis für neue Gestaltungsprozesse.

Im Beispiel "Luftbildkamera" wird ein Gestaltbildungsablauf im Drei-Ebenen-Modell dargestellt. Eine Sammlung vieler solcher Beispiele stellt einen wertvollen Schatz von Firmen-Know-how dar und kann auch als Hilfsmittel für die firmeninterne Schulung herangezogen werden.

Gestaltbildung - Wege - Stufen - Schritte

Konkret ← Abstrakt . . . . weglassen, was?

    Aus gegebener Konstruktion :   Geometrisch - funktional

1   Produkttypische Geometrie- Funktions -Prinzipien erkennen. Anordnungsregeln!

2   Produkttypische Baugruppen erkennen.

3   Produkttypische Funktionen formulieren.

4   Gestaltfunktionen.....

Abstrakt ← Konkret . . . . hinzufügen, wie?

    gegebene Aufgabe :   Funktional-geometrisch

1   Zielorientierter Ansatz für Gesamtanordnung

2   Geometrie- Funktions-Prinzipien

    Gestaltfunktionen

3   Neue Geometrie- Funktions -Prinzipien.....

Konkret ← Konkret . . . . Gestalt ← Gestalt

    Geometrische Operationen:
    Aufbauen, Abtragen, Abwickeln, Ausbohren,...
    Durchdringen, Durchstoßen,... Entecken, Krümmen,
    Rollen, Wölben, Schieben, Spiegeln, Trennen,
    Teilen, Verbinden,
    Gestalten beweglich machen,
    Extreme bilden...

Bild 5/9 Stufen bei der Gestaltbildung: Analyse und Synthese

5.1 Beispiel: Luftbildkamera

Vorerfahrungen: An theoretischen Grundlagen für diese Gerätekategorie sind Kenntnisse der Photogrammetrie /5.1/1/ der Getriebelehre, Geräteoptik, Elektromechanik usw. wertvoll. Wir betrachten dazu beispielhaft einige Optik-Grundlagen. Der Ausgangspunkt von Maß- und Lagebestimmungen im optischen Gerätebau ist die geometrische Optik. Ausgehend vom Brechungsgesetz,

$$n \cdot \sin\alpha = n' \cdot \sin\alpha' \tag{5.1/1}$$

worin n, n' die technischen Brechzahlen und α bzw. α' die Winkel gemäß Bild 5.1/1 darstellen, folgt die Schnittweitengleichung im Gauß'schen Raum, Bild 5.1/2.

$$\text{Fläche 1} \qquad s_1' = \frac{n_1'}{\frac{n_1}{s_1} + \frac{n_1' - n_1}{r_1}} \tag{5.1/2}$$

Wenn ein Objektpunkt 0_1 bekannt (s_1) ist, kann damit s'_1 (seine Bildpunktschnittweite) berechnet werden, weil n_1, n'_1, r_1 bekannt sind. Wendet man die Schnittweitengleichung konsequent auf mehrere Flächen an, so kann man zu jedem beliebigen optischen System die Lage der Bildpunkte im Gauß'schen Raum (α klein!) berechnen. Mit s'_1 und der Linsendicke d'_1 folgt s_2:

$$\text{Übergangsbedingung} \qquad s_2 = s_1' - d_1' \tag{5.1/3}$$

$$\begin{array}{l} \text{Fläche 2} \\ (0_1' = 0_2) \end{array} \qquad s_2' = \frac{n_2'}{\frac{n_2}{s_2} + \frac{n_2' - n_2}{r_2}} \tag{5.1/4}$$

Zur Brennpunktsbestimmung F' geht man von $s_1 = \infty$ aus, bestimmt dazu $s'_1{}_{(F')}$, dann $s_2{}_{(F')}$ mit:

$$s_{2(F')} = s_{1(F')}' - d_1' \tag{5.1/5}$$

Entsprechend weiter folgt $s'_2{}_{(F')}$ mit (5.1/4). Mit den Schnittweiten folgt die Brennweite:

$$f' = |\overline{f}| = f = \frac{s_{1(F')}' \cdot s_{2(F')}'}{s_{2(F')}} \tag{5.1/6}$$

Entsprechend folgt der Brennpunkt $\overline{F}$. Damit sind die vier Kardinalpunkte einer Linse F, H, H', F' bestimmt, Bild 5.1/4. Die Abbildungsgleichungen für eine Linse in Luft bezogen auf die Haupt-
punkte lauten:

$$a = \overline{f}\left(1 - \frac{1}{\beta'}\right) \tag{5.1/7}$$

$$a' = f'(1 - \beta') \tag{5.1/8}$$

Der Abbildungsmaßstab, Bild 5.1/5:

$$\beta' = \frac{y'}{y} \tag{5.1/9}$$

Die Abbildungsgleichungen bezogen auf die Brennpunkte:

$$z \cdot z' = -f'^2 \tag{5.1/10}$$

Mit diesen und vielen weiteren Optikgrundlagen kann eine Geräteoptik geometrisch festgelegt werden. Bei Luftbildkamerasystemen
liegen im Unternehmen Vorerfahrungen in der Theorie, dem Formenschatz und im Fertigungs-Know-how vor.

Das Beispiel wird nun so behandelt, wie es ein neuer Mitarbeiter,
der sich mit seinem Grundlagenwissen, der photogrammetrischen
Standardliteratur /5.1/1/ und Firmenunterlagen in eine entsprechende Aufgabenstellung eingearbeitet hat und deren Lösung durch-
führt, erleben kann. Der Neuling kommt dabei aus mancherlei Gründen nicht an alle Vorerfahrungen, die im Betrieb vorhanden sind,
heran - ja, er muß unter Umständen sogar mit der Zurückhaltung von
Informationen rechnen. Es werden also Erfahrungen, die bereits an
anderen Stellen vorliegen, im Verlaufe des Gestaltbildungsvorgan-
ges noch einmal nachvollzogen. Das kann für die Bildung neuer Ge-
staltstrukturen vielleicht sogar vorteilhaft sein.

Weiter ist die Beschreibung der neuen Entwurfsaufgabe zu Beginn
noch recht "weich" und unvollständig. Sie besteht zunächst darin,
daß die Leistungsdaten bestehender Kamerasysteme um ein Mehrfaches
überschritten werden sollen und zwar bei gleichzeitig erheblicher
Gewichtsreduktion und großen Raumeinschränkungen. Eine Variante

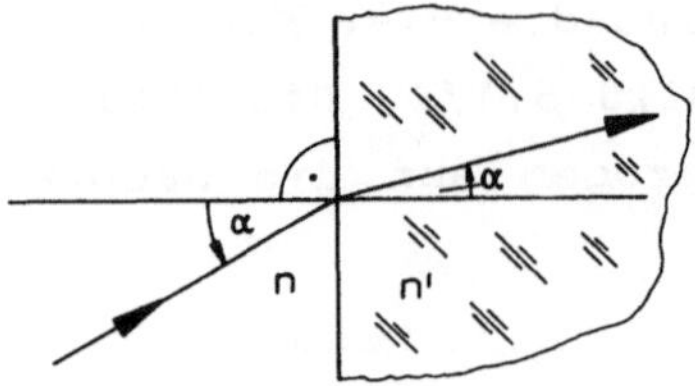

Bild 5.1/1   Zum Brechungsgesetz

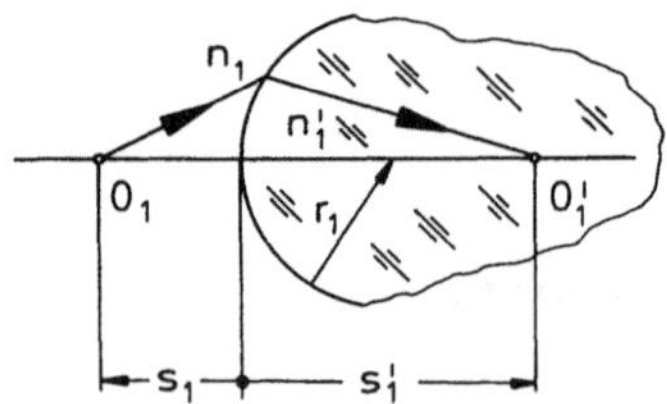

Bild 5.1/2   Zur Schnittweitengleichung 1

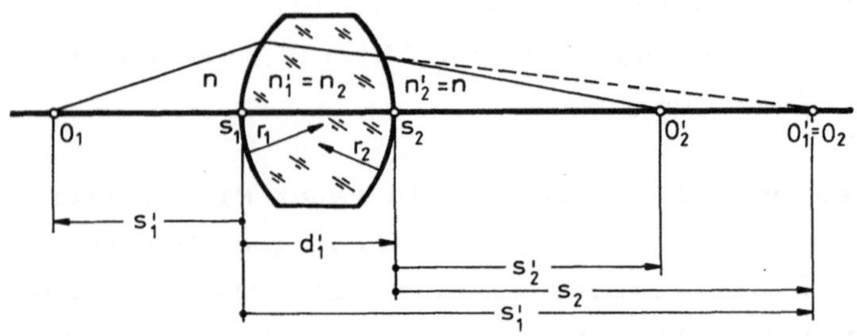

Bild 5.1/3   Zur Schnittweitengleichung 2

4 Kardinalpunkte einer Linse:

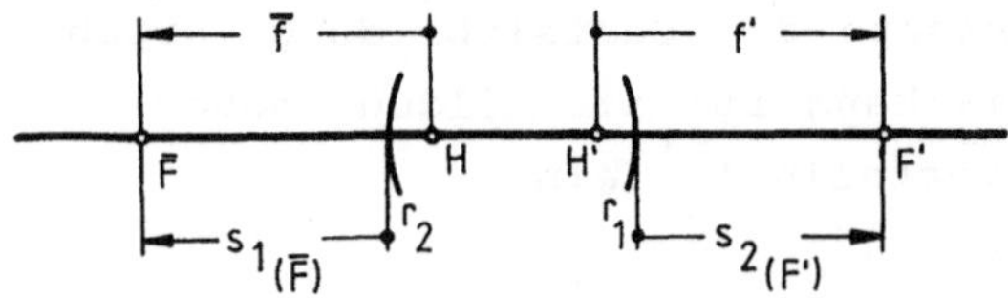

Bild 5.1/4   Kardinalpunkte einer Linse in Luft

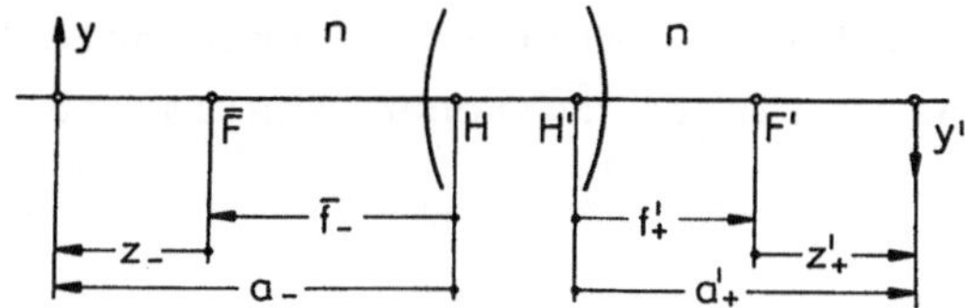

Bild 5.1/5   Abbildung im Gauß'schen Raum

bestehender Lösungen kommt also nicht in Betracht. Vielmehr muß an neuartige Geometrie-Funktionsprinzipien und an die Neukonstruktion von Baugruppen gedacht werden. Wir bringen uns noch einmal das Drei-Ebenen-Modell in Erinnerung und nehmen den folgenden Entwicklungsablauf ohne nähere Erklärungen auf Bild 5.1/6 in diesem Modell dargestellt vorweg, um einenÜberblick zum Entwicklungsablauf zu erhalten. Es zeigt sich, daß die Gestaltbildung

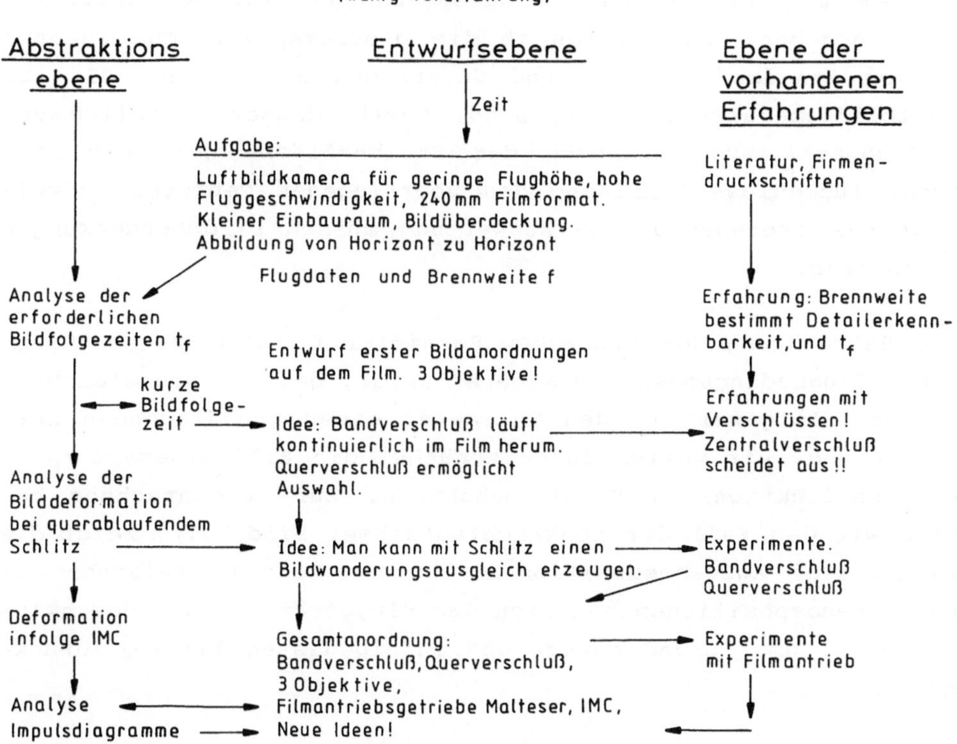

Bild 5.1/6   Gestaltbildung – Beispiel Luftbildkamerasystem

einer Lösung auf einer Vielzahl einzelner geometrisch-funktionaler Überlegungen beruht, auch wird das Springen zwischen Abstraktion und Konkretisierung deutlich.

Erste Formulierung der Entwurfsaufgabe bei Entwicklungsbeginn t_o: Verlangt ist ein Kamerasystem, das es gestattet, aus niederen Flughöhen (100 bis 300 Meter) bei Fluggeschwindigkeiten von ca. 800 km/h Bilder der Erdoberfläche auf Film DIN 21 von 240 mm Breite zu erzeugen. Dabei sollen bestimmte Bildüberdeckungen gewährleistet sein und quer zur Flugrichtung möglichst große Gebiete der Erdoberfläche (ideal wäre: bis zum Horizont) aufgenommen werden. Der Einbauraum für das Kamerasystem soll einen Kreisdurchmesser von ca. 320 mm nicht überschreiten. Die Kameramasse soll 12 kg nicht überschreiten. Für den Betrieb steht ca. 30 V Gleichspannung (max. 6 A) zur Verfügung.

Abstraktionsebene

Welche geometrisch-funktionalen Zusammenhänge sind bei Luftbildaufnahmen gegeben? Einarbeiten in die problemspezifische Theorie anhand von Standardliteratur und Unterlagen der Firmen, die auf dem Luftbildkamerasektor tätig sind. Luftbildkameras stellen von einem Fluggerät aus Aufnahmen der Erdoberfläche her, die eine möglichst lückenlose Abbildung des überflogenen Gebietes aufweisen. Für die stereoskopische Auswertung müssen Bildüberdeckungen vorhanden sein.

Wie die Betrachtung der typischen Parameter für das System "Fluggerät mit Flugbedingungen und Kamera" zeigt, besitzt die Gleichung für die Bildfolgezeit t_F den Charakter einer grundlegenden Entwurfsgleichung. Wir wollen daher zunächst die Bildfolgezeit t_F im geometrisch-funktionalen Sinne behandeln. Zur Vereinfachung betrachten wir den Fall der Senkrechtaufnahme. Bild 5.1/7 zeigt die Kamera in zwei Aufnahmepositionen. In der Zeit t_F zwischen den beiden Aufnahmepositionen hat sich das Fluggerät mit der Geschwindigkeit v_{Flug} über Grund bewegt und infolgedessen den Weg zurückgelegt:

$$b = v_{Flug} \cdot t_F \qquad (5.1/11)$$

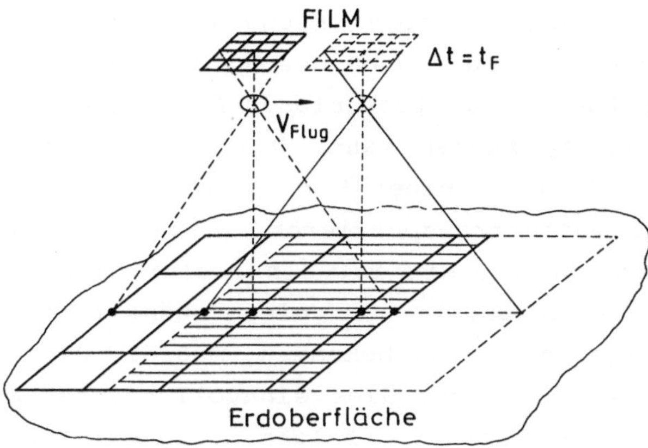

Bild 5.1/7   Senkrechtaufnahme

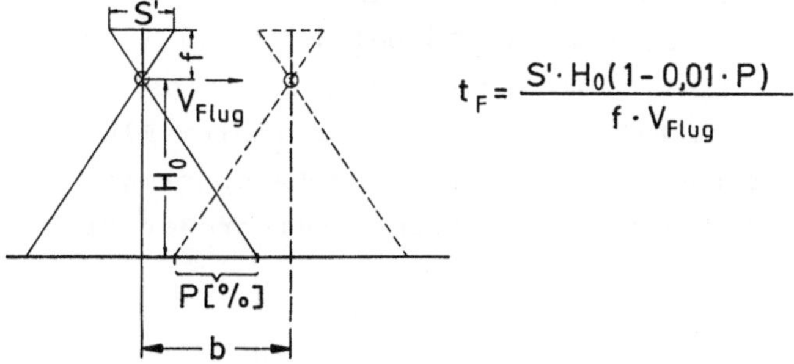

$$t_F = \frac{S' \cdot H_0 (1 - 0{,}01 \cdot P)}{f \cdot V_{Flug}}$$

Bild 5.1/8   Seitenansicht zu 5.1/7

Mit der Flughöhe H_0, der Brennweite f, dem Bildformat s' folgt die Breite S des Geländestreifens, der aufgenommen wird. Wenn eine bestimmte Überdeckung p (d.h. p Prozent des Bildinhaltes sollen in zwei aufeinanderfolgenden Aufnahmen gleich sein) erzielt werden muß, ist eine bestimmte Bildfolgezeit t_F notwendig, Bild 5.1/8. Diese ist damit durch geometrische Größen bzw. geometrisch einfach interpretierbare Größen beschrieben:

$$t_F = \frac{s' \cdot H_0}{f} \cdot \frac{1}{V_{Flug}} \left(1 - \frac{p}{100}\right)$$

(5.1/12)
bzw.
(4.2/13)

Gleichung (5.1/12) definiert die Zeit zwischen zwei Aufnahmepositionen (Positionierfunktion) und läßt zum Beispiel erkennen, daß

152

niedrige Flughöhe H_0 in Verbindung mit hoher Fluggeschwindigkeit V_{Flug} bei einer festen Brennweite f (die auch das Bildformat s in etwa festlegt!) zum Beispiel für p = 0 (lückenloser Bildanschluß) zu sehr kurzen Bildfolgezeiten t_F führen kann. Das bedeutet für die Konstruktion: Man muß den Film in einer kurzen Zeit (kleiner als t_F!) um das Bildformat s weitertransportieren, damit nach t_F wieder eine Aufnahme erfolgen kann. Damit ist ein erster Hinweis auf das Filmtransportgetriebe gefunden. Um eine quantitative Vorstellung von den Bildfolgezeiten t_F zu bekommen, muß die Gleichung numerisch ausgewertet werden. Damit dies sinnvoll geschehen kann, muß eine Festlegung der Brennweite f erfolgen. Dazu existieren Vorerfahrungen. Die Brennweite ist zum Beispiel wesentlich für die Erkennung von Details im Bild.

Erfahrung 1: Mit guten Luftbildobjektiven lassen sich mit Tageslichtfilm (bei DIN 21) realistische Auflösungen im Brennweitenbereich von f = 60 ... 120 mm von etwa 30 Doppellinien/mm im Bildraum erreichen. Die Doppellinie ist eine helle und eine dunkle Linie, Periodenbreite 0,03 mm, Bild 5.1/9. Bei konstanter Flughöhe H_0 wird also mit kleiner Brennweite f nur eine große Objektgitterbreite aufgelöst (geringe Detailerkennbarkeit), bei großer Brenn-

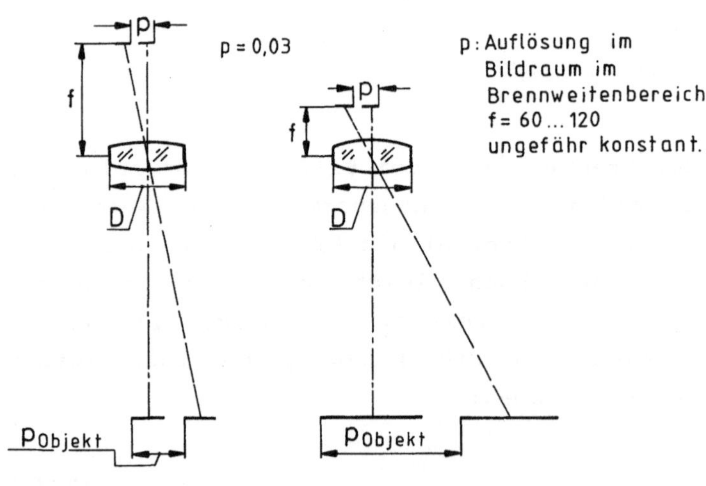

Bild 5.1/9 Brennweite und Detailerkennbarkeit

weite f wird hingegen eine kleinere Objektgitterbreite aufgelöst (große Detailerkennbarkeit).

$$P_{Objekt} = p \cdot \frac{H_0}{f}$$

(5.1/13)

Erfahrung 2: Aus Objektivkorrekturrechnungen weiß man, daß ein Luftbildobjektiv für Brennweiten $f \sim 80$ mm noch für Formatgrößen von 70 x 70 mm korrigiert werden kann, wenn der Zerstreuungskreis unter ca. 20 μm Durchmesser bleiben soll (Bildkreis eines Objektpunktes). Das gilt bei einer Blendenzahl von $K \sim 2,0$, Bild 5.1/10. Erfahrung 3: Wenn bei gleicher Objektöffnung die Brennweite f wächst (die Blendenzahl steigt), wird die mit dem Bildpunkt wirksame Lichtenergie kleiner, wenn die Belichtungszeit konstant bleibt, Bild 5.1/11. Um bei gleicher Filmempfindlichkeit nun wieder dieselbe Lichtenergie auf den Film zu bringen, müßte die Belichtungszeit vergrößert werden. Größere Belichtungszeiten bedeuten andererseits wieder größere Bildpunktwanderungen (Bildpunktverschmierungen) bei sonst gleichen Bedingungen.

Wir erkennen: In der Gleichung t_F stecken Konsequenzen für das gesamte Kamerasystem. Vor einer numerischen Behandlung fassen wir diese geometrisch-funktionalen Einsichten qualitativ auf Bild 5.1/12 zusammen. Mit den Flugbedingungen und einer im wesentlichen

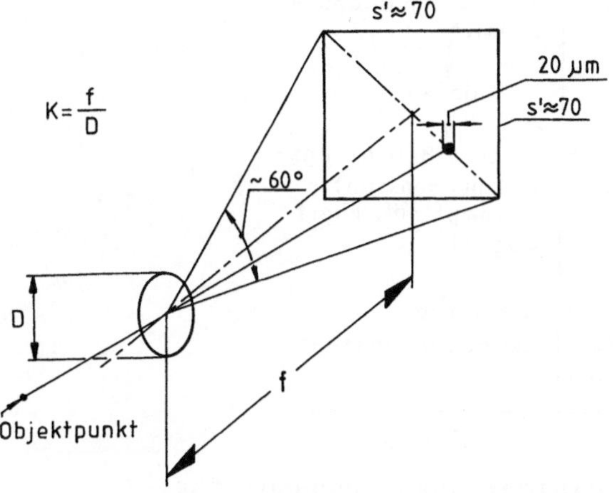

Bild 5.1/10   Format und Brennweite - korrigierbarer Bereich

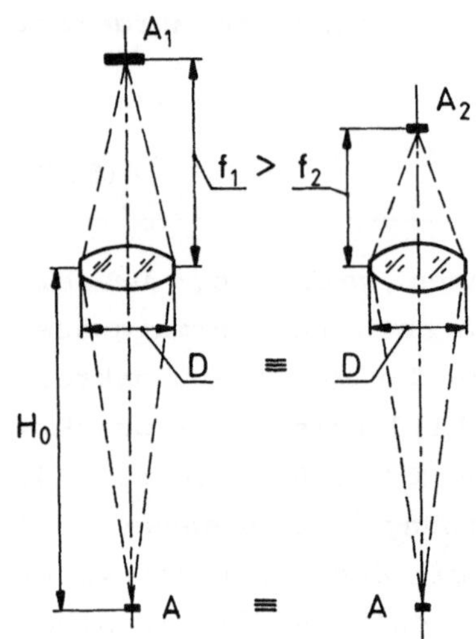

Bild 5.1/11 Öffnung, Brennweite und Beleuchtungsstärke

	Brennweite f groß	Brennweite f klein
Bei gleicher Flughöhe H_o	gute Detailerkennbarkeit	geringere Detail-erkennbarkeit
Bei gleicher wirksamer Öffnung D und gleicher Flughöhe H_o, gleiche Filmempfindlichkeit.	Die Lichtmenge eines Objektpunktes wird auf großen Bildpunkt verteilt ↓ Dunkler ↓ Längere Belichtungszeit bei konstanter Filmempfindlichkeit erforderlich ↓ Damit größere Bewegungsunschärfe infolge Flugbewegung	Die Lichtmenge eines Objektpunktes wird auf kleinen Bildpunkt verteilt ↓ Heller ↓ kürzere Belichtungszeit bei konstanter Filmempfindlichkeit möglich ↓ Geringere Bewegungsunschärfe

Bild 5.1/12 Zusammenstellung einiger Zusammenhänge für verschiedene Brennweiten bei gleicher Öffnung, Flughöhe und Filmempfindlichkeit

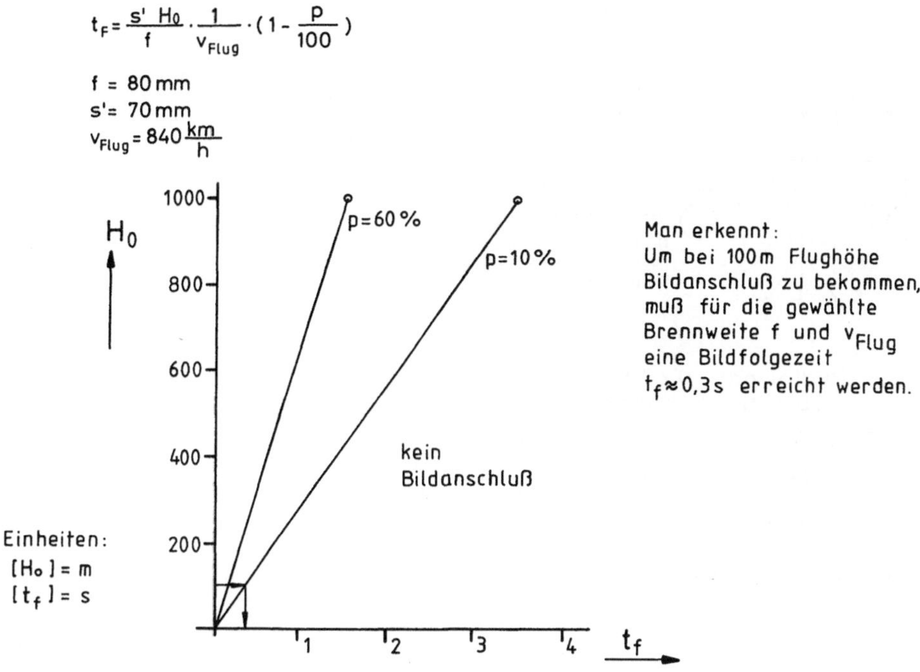

$$t_F = \frac{s' \, H_0}{f} \cdot \frac{1}{v_{Flug}} \cdot \left(1 - \frac{p}{100}\right)$$

$$f = 80\,mm$$
$$s' = 70\,mm$$
$$v_{Flug} = 840\,\frac{km}{h}$$

Bild 5.1/13   Leitgleichung für t_F

aus der gewünschten Detailerkennbarkeit herrührenden Brennweite
kann nun ein Diagramm für die Bildfolgezeiten bestimmt werden:
Bild 5.1/13. Damit wird zum Beispiel erkennbar, daß für kleinere
Flughöhen H_0 sehr kurze Bildfolgezeiten t_F erforderlich sind, um
Bildanschluß zu erreichen.
Wir haben aus den Flugdaten, der Brennweite f und dem Bildformat
s' Positionsdefinitionen für die Gesamtanordnung in Form der
Bildfolgezeit t_F gewonnen. Damit können nun weitere Überlegungen
zur Bildanordnung auf dem 240 mm breiten Film und zur Kinematik
des Filmtransportes, Belichtungszeit, Bildpunktwanderung während
der Belichtung folgen.
Entwurfsebene: Ansatz zur Bildanordnung auf den Filmstreifen
(Mehrfilmsysteme scheiden gemäß Anforderungsliste aus).
Zielvorstellung: Die Bildanordnung soll dergestalt sein, daß sich
die überflogene Landschaft einem Beobachter darbietet. Bild 5.1/14
zeigt einige Alternativen. Für die weitere Betrachtung gehen wir
von einer Lösung mit drei Objektiven aus. Dazu existiert eine

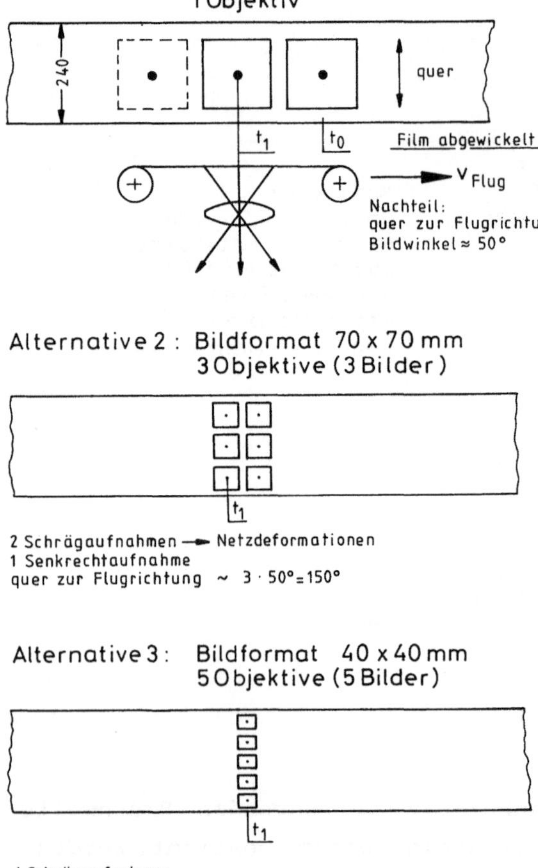

Bild 5.1/14   Anordnungsmöglichkeiten für Bildteppiche

Prismenanordnung (nach von Gruber), die seitenrichtige Bilder liefert (Bild 5.1/15). Die Netzabbildung der Schrägbilder ist unten angedeutet (vgl. Literatur). Eine Analyse der Panoramakamera-Systeme zeigt, daß diese Anordnungen ausnahmslos größer bauen als die Anordnung nach 5.1/15.

Was steht nun fest? Ein Film, 240 mm breit und ca. 15 m lang. Brennweite f = 80 mm. Drei Objektive. Bildformat: 70 x 70 mm. Netzdeformationen in den Schrägbildern unkritisch.

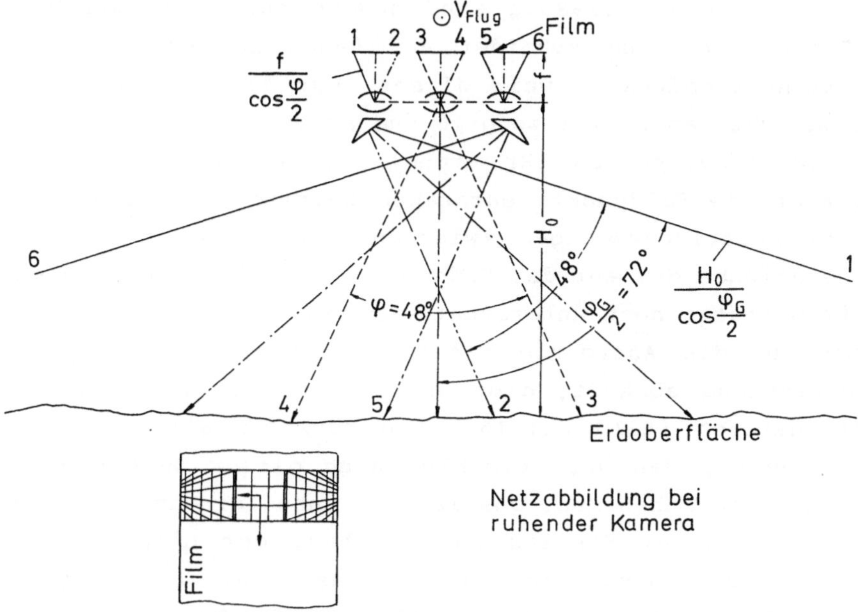

Bild 5.1/15   Optikprinzip für 3 Bilder (nach von Gruber)

Bei f = 80 mm, H_0 = 170 m, $V_{Flug} \sim$ 840 km/h, p $\sim$ 60% ist $t_F \sim$ 0,2s. Das heißt: In 0,25 s muß eine Bildreihe von 3 Bildern aufgenommen und der Film um ca. 75 mm weitertransportiert sein. Wir kommen damit zum Verschlußproblem:

Erfahrung 1: Zentralverschluß (vom Verschlußhersteller). Vorteile: Alle Objektpunkte werden gleichzeitig und mit der vollen wirksamen Öffnung D abgebildet. Somit: Keine Netzdeformationen im Senkrechtbild. Nachteile: Zentralverschlüsse mit den erforderlichen D = 40 mm bringen nur 1/100 s als kürzeste Belichtungszeit.

Abstraktionsebene: Abschätzung der Bildpunktwanderung x im Mittelbild mit f = 80 mm, H_0 = 400 m, V_{Flug} = 840 km/h, t_B = 0,01 s Belichtungszeit. Bildpunktgeschwindigkeit im Mittelbild:

$$V_{Bild\,M} = \frac{f}{H_0} \cdot V_{Flug} \tag{5.1/14}$$

Bildpunktwanderung in t_B:

$$X = V_{Bild\,M} \cdot t_B \tag{5.1/15}$$

x = 0,466 mm in 0,01 s. Zulässig sind jedoch nur 0,020 mm. Das heißt: Der Zentralverschluß scheidet aus (auch in der Form des Rotationslamellenverschlusses, weil dieser zwar 1/1000 s Belichtungszeit ermöglicht, aber viel zu groß und schwer baut).

Erfahrung 2: Schlitzverschluß. Er ermöglicht sehr kurze Belichtungszeiten, aber die Bildpunkte entstehen zeitlich nacheinander. Dies führt bei Relativbewegungen zwischen Kamera und Objekt zu Bild-Netzdeformationen des auf der Erdoberfläche liegend gedachten Idealnetzes (muß später noch untersucht werden).

Entwurfsebene: Für die Anordnung eines Schlitzverschlusses, der quer zur Flugrichtung abläuft, gibt es verschiedene geometrische Anordnungsalternativen (Bild 5.1/16). Die kürzeste Bildfolgezeit von 0,25 s bedeutet, daß der Verschluß nach dieser Zeit wieder eine Belichtung ermöglichen muß. Das legt es nahe, ein um den Film laufendes Band mit einem Schlitz zu versehen, der nach 0,25 s wieder an seiner Ausgangsposition steht (neue Idee). Für längere Bildfolgezeiten muß ein zweiter Verschluß - ein Querverschluß- aus dem Schlitzangebot des umlaufenden Bandes bestimmte Belichtungsmöglichkeiten verhindern.

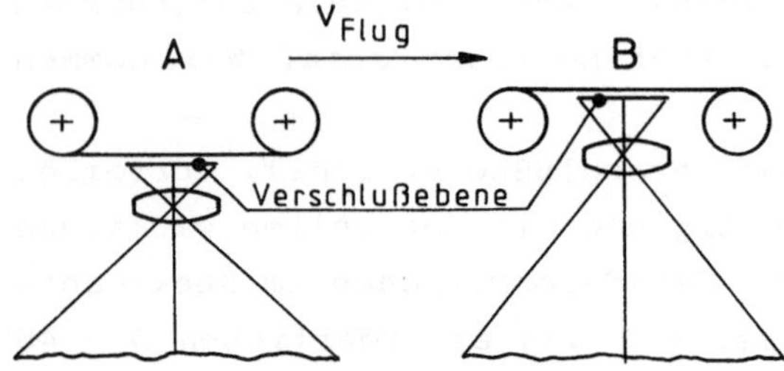

Bild 5.1/16   Anordnungsmöglichkeiten für Schlitzverschluß

Aus dem Zusammenspiel von Bandverschluß und Querverschluß entstehen bestimmte diskrete Bildfolgezeiten. Während der umlaufende Schlitz in 0,125 s den halben Bandweg passiert und dabei die Filmschicht belichtet, erfolgt auf dem Rückweg in 0,125 s der Filmtransport von 75 mm. Auf Bild 5.1/17 ist die Gesamtanordnung

in Form einer Explosionszeichnung dargestellt. Auf Bild 5.1/18 ist
eine maßstäbliche Darstellung der denkbaren Anordnung ohne Details
angegeben. Es kommt nun auf die Realisierbarkeit vieler Details

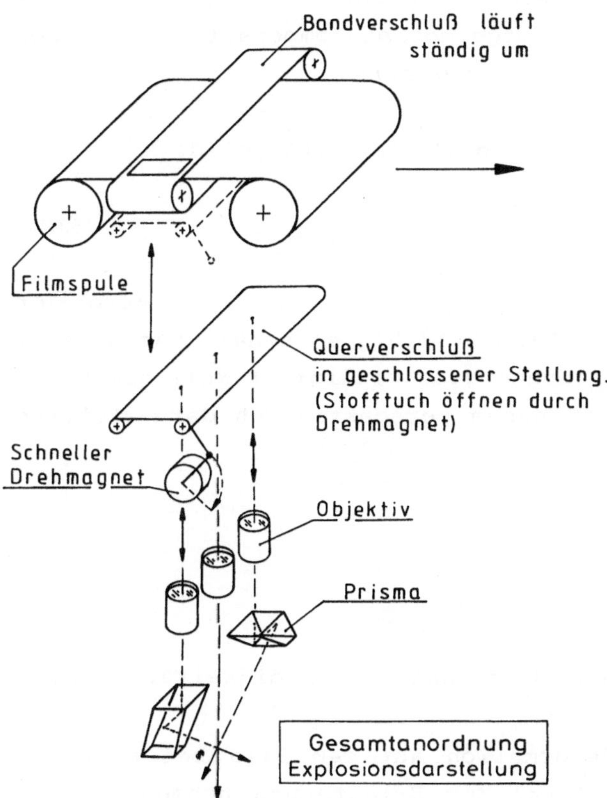

Bild 5.1/17   Gesamtanordnung - Schema

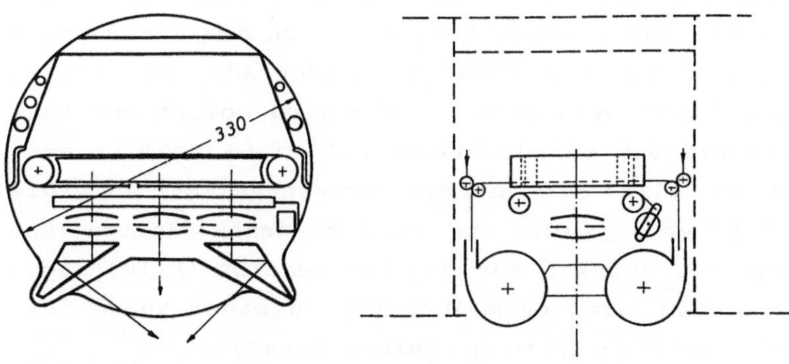

Bild 5.1/18   Gesamtanordnung - räumlich

an, ob diese Gesamtanordnung durchsetzbar ist (Bandverschluß, Querverschluß, Filmtransportgetriebe). Bevor die weiteren Entwurfsüberlegungen fortgesetzt werden, soll in der Abstraktionsebene die Bilddeformation und die Bildpunktwanderung während der Belichtung bestimmt werden. (Dabei entsteht die Möglichkeit des Bildbewegungsausgleiches IMC - Image-Motion-Compensation, was bei Entwicklungsbeginn noch nicht bekannt war.)

Abstraktionsebene:

Für die Bildpunktgeschwindigkeit gilt im Mittelbild:

$$V_{Bild\,M} = \frac{f}{H_0} \cdot V_{Flug} \tag{5.1/14}$$

Wenn der Winkel $\varphi_{G/2} = 90°$ beträgt (Bild 5.1/15), so erhält man am Rand der Schrägbilder außen die Bildpunktgeschwindigkeit Null gemäß Ableitung durch Betrachtung an einem perspektivisch dargestellten Schrägbild:

$$V_{Bild\,R} = \frac{f \cdot \cos \frac{\varphi_G}{2}}{H_0 \cdot \cos \frac{\varphi}{2}} \cdot V_{Flug} \tag{5.1/16}$$

Wenn $\varphi_G/2 < 90°$ so folgt die Bildpunktgeschwindigkeitsverteilung gemäß Bild 5.1/19.

Wie entsteht nun die Netzdeformation auf dem Bild bei quer zur Flugrichtung ablaufendem Schlitz? Zur Erläuterung nehmen wir den Fall der Abtastung von Horizont zu Horizont an, $\varphi_G = 180°$. Bild 5.1/20 zeigt schematisch eine Kamera in der Position zur Zeit t_0, wobei eine Geländegerade auf einer kamerafesten Mattscheibe als Gerade abgebildet wird. Zum Zeitpunkt t_1 hat sich die Kamera samt Mattscheibe bewegt, und die ursprüngliche Bildgerade hat sich zu einer trapezförmigen Linie verändert. Damit wird sofort anschaulich, was beim Abtasten des Geradenbildes mit einem Schlitz entsteht und was auf Bild 5.1/21 noch einmal veranschaulicht ist. Die Bilder der Geländegeraden werden zu verschiedenen Zeiten vom Schlitz erreicht und als "Punkt" auf der Mattscheibe (Film) abgebildet. Die Geländegerade wird beim Abtasten zu einer Kurve verzerrt. Geländegeraden in Flugrichtung bleiben Geraden.

$$V_{Bild_M} = \frac{f}{H_0} \cdot V_{Flug}$$

$$V_{Bild_R} = \frac{\dfrac{f}{\cos\dfrac{\varphi}{2}}}{\dfrac{H_0}{\cos\dfrac{\varphi_G}{2}}} \cdot V_{Flug}$$

Bild 5.1/19 Bildgeschwindigkeitsverteilung quer zur Flugrichtung

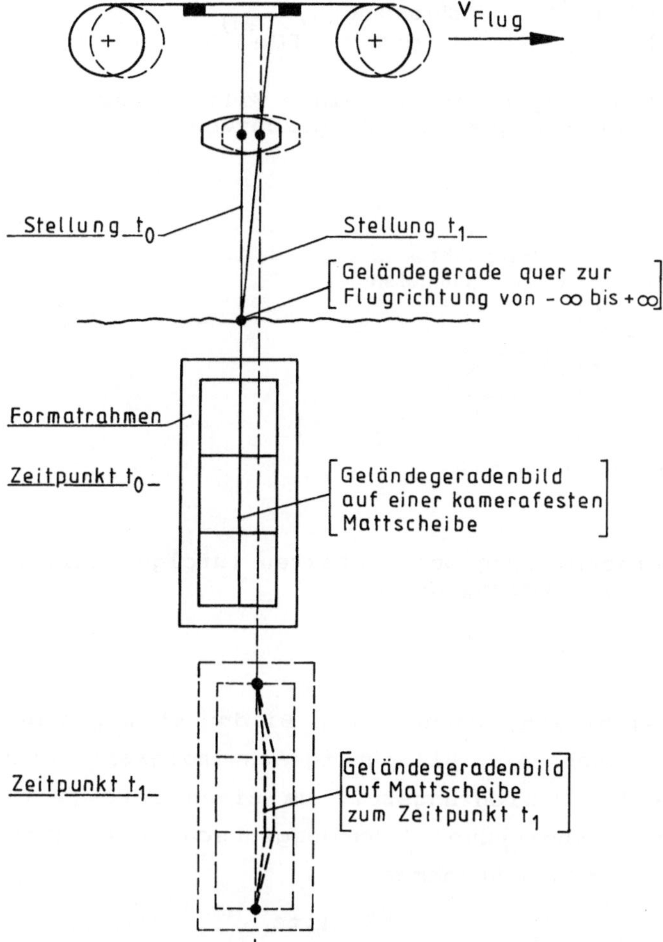

Bild 5.1/20 Geländegerade und deren Abbildung auf einer kamerafesten Mattscheibe

Die Filmbewegung relativ zur Kamera beim Abtasten sei Null.

$$v_{Film} = 0$$

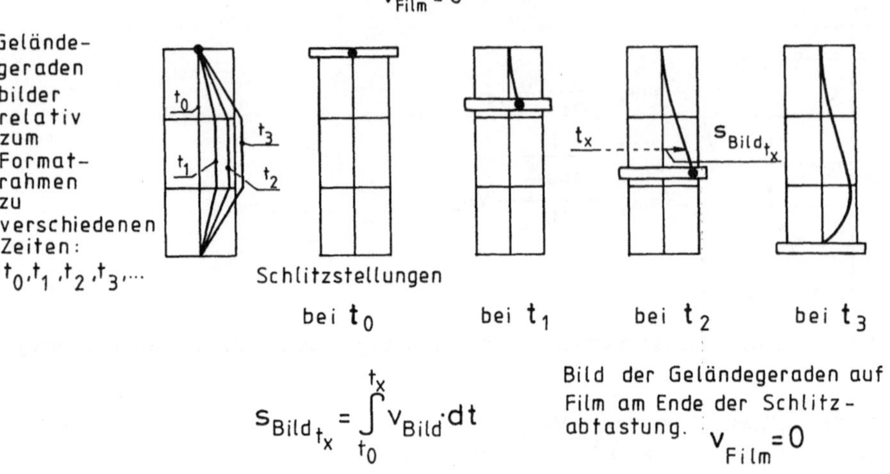

$$s_{Bild_{t_x}} = \int_{t_0}^{t_x} v_{Bild} \cdot dt$$

Bild der Geländegeraden auf Film am Ende der Schlitz-abtastung. $v_{Film} = 0$

Bild 5.1/21   Bild einer Geländegeraden auf einem Film bei Ab-tastung mit Schlitz quer zur Flugrichtung

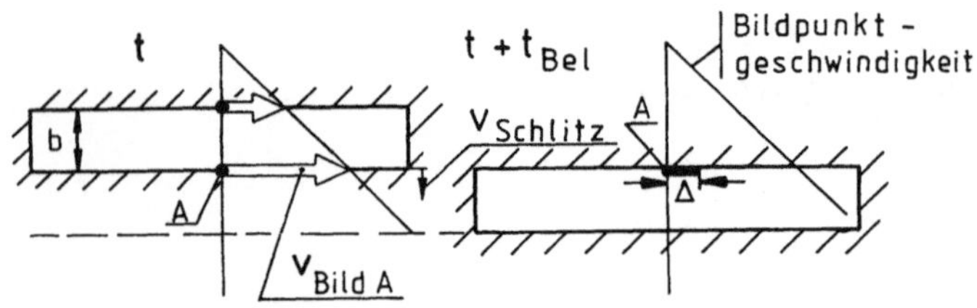

Der Punkt A erleidet während der Abtastung eine Verschmierung Δ.

Bild 5.1/22   Bildpunktverschmierung beim Abtasten infolge Schlitz-breite bei Filmbewegung Null

Wie auf Bild 5.1/22 ersichtlich, wandert ein Bildpunkt wegen der endlichen Schlitzbreite und der Bildpunktgeschwindigkeit beim Abtastvorgang innerhalb der Belichtungszeit um einen Betrag Δ , was zu einer "Bildpunktverschmierung" (Bewegungsunschärfe) führt. Quantitative Abschätzung mit den Annahmen:

Schlitzgeschwindigkeit: $v_{Schlitz}$ = 1 m/s

Schlitzbreite: b   = 10 mm

Es ergibt sich eine Belichtungszeit: t_{Bel} = 0,01 s

mit V_{Bild} = 50 mm/s

folgt: Δ = 0,5 mm = 500 µm

Dieser Wert ist viel zu groß. Er darf höchstens 20 µm betragen. Aus der Querabtastung des Objektes eröffnet sich nun eine sehr elegante Möglichkeit, die Bildpunktverschmierung während der Belichtung dadurch zu kompensieren, daß dem Film während des Schlitzablaufs die jeweilige Bildpunktgeschwindigkeit, die an der betreffenden Schlitzstelle herrscht, aufgeprägt wird. Wie muß dies geschehen?

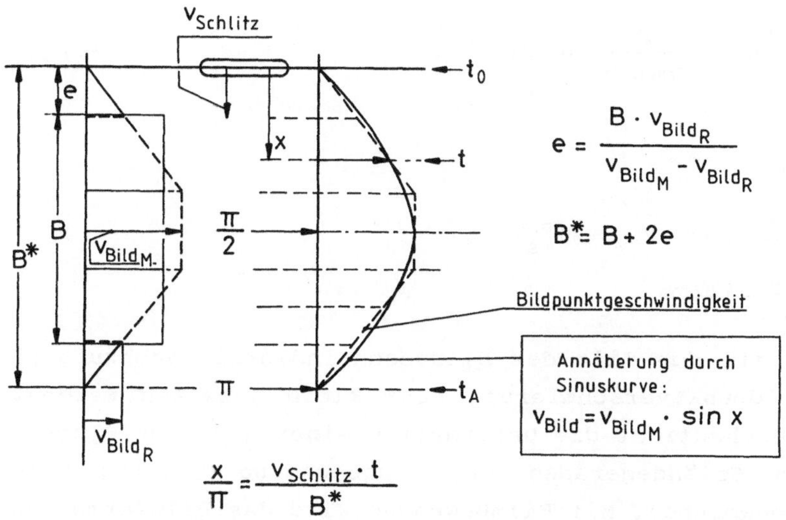

Bild 5.1/23 Annäherung der Bildpunktgeschwindigkeit durch eine Sinuskurve

Abschätzung anhand des Bildes 5.1/23. Wir nehmen eine Abtastung über dem Winkelbereich φ_G = 144° an. An jeder Stelle soll gelten: $v_{Film} \sim v_{Bild}$. Wir stellen uns einen Nocken vor, der die trapezförmige Geschwindigkeitsverteilung im Bild durch eine sinusförmige annähert und wir fragen nach dem Filmweg, der während der Abtastung aufgeprägt werden muß. Annäherung der trapezförmigen Bildpunktgeschwindigkeitsverteilung durch Sinuskurve:

$$v_{Bild} = v_{Bild_M} \cdot \sin x \qquad (5.1/17)$$

$$\frac{X}{\pi} = \frac{V_{Schlitz} \cdot t}{B^*}$$ (5.1/18)

$$X = \frac{V_{Schlitz} \cdot t}{B^*} \cdot \pi$$ (5.1/19)

$$V_{Film} = V_{Bild} = V_{BildM} \cdot \sin x$$ (5.1/20)

$$V_{Film} = V_{BildM} \cdot \sin \frac{V_{Schlitz} \cdot t \cdot \pi}{B^*}$$ (5.1/21)

$$S_{Film} = \int_{t_0}^{t_A} V_{Film} \cdot dt = \int_{0}^{\pi} V_{BildM} \cdot \frac{B^*}{V_{Schlitz} \cdot \pi} \cdot \sin x \cdot dx$$ (5.1/22)

Annahmen:

$0 \leq t \leq 0,2\,s$

$0 \leq x \leq \pi$

$V_{Schlitz} = 1\frac{m}{s} \qquad B^* = 200\,mm \qquad V_{BildM} = 30\frac{mm}{s}$

$$S_{Film} = 2 \cdot \frac{B^* \cdot V_{BildM}}{\pi \cdot V_{Schlitz}} = 3,82\,mm$$

Mit der Möglichkeit, den Film der Bildgeschwindigkeit nachzuführen, kann die Bildpunktverschmierung sehr klein gehalten werden. Bild 5.1/24 veranschaulicht die Deformation einer quer zur Flugrichtung liegenden Geländegeraden mit Flugbewegung (analog Bild 5.1/21 ohne Filmbewegung). Mit Filmbewegung wird das Bildformat an den Rändern deformiert.

Damit sind in der Abstraktionsebene die Möglichkeiten einer noch fiktiven Gesamtanordnung erörtert und mit wenigstens in der Grössenordnung geltenden zahlenmäßigen Abschätzungen behandelt. Diese dienen hauptsächlich dazu, für den Entwurf der Verschlußanordnung gefühlsmäßige Vorstellungen zu entwickeln.

Wir kehren nun in die Entwurfsebene zurück. Nach den Überlegungen zu einer Gesamtanordnung ist es nun notwendig, die kritischen Bauteile und Gruppen dieser Gesamtanordnung zu betrachten. Das Gestaltkonzept steht und fällt mit dem neuartigen, noch nicht vorhandenen Verschlußsystem, bestehend aus dem kontinuierlich umlaufenden Bandverschluß und dem getaktet arbeitenden Querver-

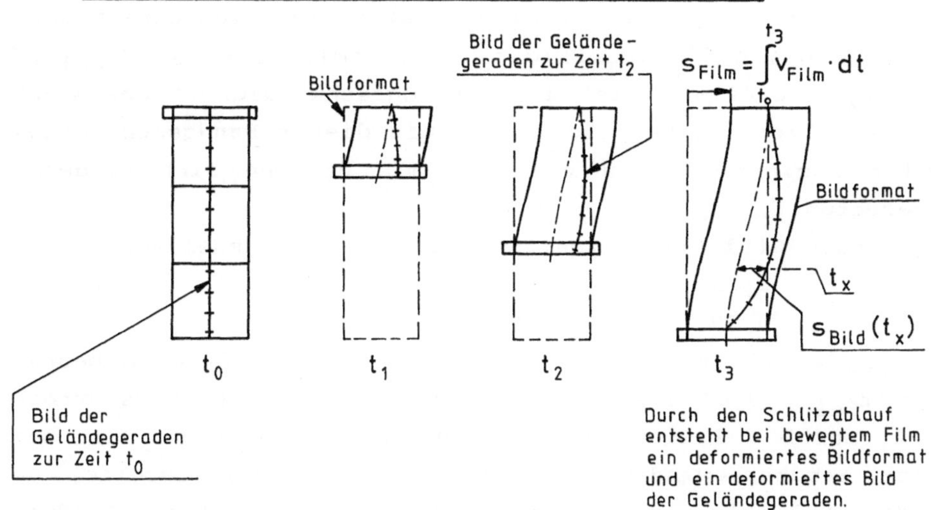

Bild 5.1/24 Bildwanderungsausgleich (IMC) durch Filmbewegung während des Abtastvorganges mittels Schlitz

schluß. Um also überhaupt eine Chance für die Realisierbarkeit der Gesamtanordnung zu haben, sind Experimente mit Bändern bei realistischen Geschwindigkeiten erforderlich. Weiter muß der Schlitzablauf zwangsläufig mit dem Filmablauf während der Belichtungszeit und während des Filmtransportes gekoppelt sein. Und schließlich muß der aus der Schlitzfolge auswählende Querverschluß ebenfalls exakt dem Bewegungsablauf zugeordnet sein.

Es sind also drei Gestaltbildungsprobleme zu lösen, die miteinander verbunden sind:
- das Problem des umlaufenden Bandverschlusses,
- das Problem eines schnell öffnenden und schließenden Querverschlusses ,
- die Zuordnung der Bewegungsabläufe von Schlitz, Film und Querverschluß für verschiedene Bildfolgezeiten t_F (Flugbewegungen) mit einem Getriebe.

Bandschlitzverschluß

Aus den weiter oben durchgeführten Berechnungen wurde $t_F = 0{,}25$ s als kürzeste Bildfolgezeit für die gewählten Flugbedingungen und

Aufnahmeparameter (f, s') bestimmt. Aus dem gegebenen geometrischen Raum und dem angestrebten Filmformat ergibt sich eine mögliche Bandlänge L von 610 mm, Bild 5.1/25. Damit: $L = t_F \cdot v_{Schlitz}$ mm, $v_{Schlitz} = 2,44$ m/s. Ist diese Bandgeschwindigkeit überhaupt realisierbar? Experimente sind nötig. Mit dieser Bandgeschwindigkeit und mit einer zweiten von 1,56 m/s ergeben sich folgende Bildfolgezeiten t_F:

$v_{Schlitz}$	jedes Bild	jedes zweite	jedes vierte	jedes achte
2,44	0,25	0,5	1,0	2,0
1,56	0,39	0,78	1,56	3,12

Bei $v_{Schlitz} = 2,44$ m/s muß die Schlitzbreite b = 24,4 mm betragen, wenn $t_{Bel} = 0,01$ s sein soll. Wenn man $t_{Bel} = 0,001$ s erreichen will, muß b = 2,44 mm gewählt werden. Wir benötigen also bei konstanter Bandgeschwindigkeit eine variable Schlitzbreite, um verschiedene Belichtungszeiten zu erreichen. Die konstante Bandgeschwindigkeit bietet sich an, weil damit die Zuordnung von Bildfolgezeiten zu bestimmten Flughöhen und Überdeckungen sehr einfach möglich ist. Auch die Nachführung der Bildpunktwanderung während des Schlitzablaufes durch das Getriebe mit Hilfe eines Nockens mit Hebel wird einfach.

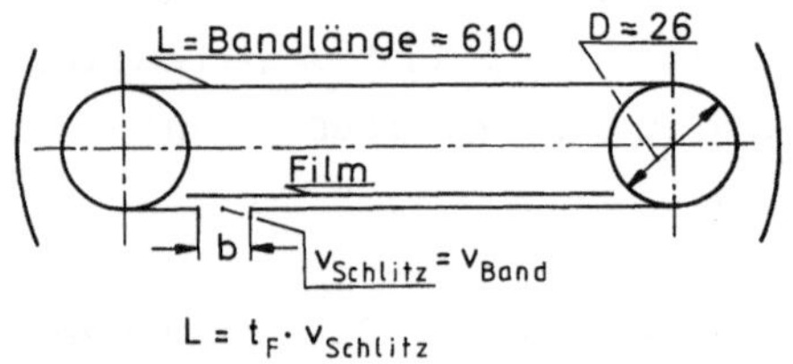

Bild 5.1/25   Bandverschluß-Geometrie

Bild 5.1/26   Biegespannung in umlaufenden Bändern

Nr.	Einbandsysteme	Merkmale
1		**1.1 Bildfolgezeit ändert sich bei constantem An-triebs n wenn Spaltbreite geändert wird.** **1.2 Elastisches Element** **1.3 Baut groß**
2		**2.1 Bildfolgezeit t_f bei constantem n constant wenn Spaltbreite geändert wird.** **2.2 Viele Teile**

Bild 5.1/27   Geometrische Grundanordnungen für Bandverschluß-
              Systeme 1

Welche geometrischen Anordnungen von Bändern sind denkbar, um
einen Bandverschluß mit variabler Schlitzbreite zu realisieren?
Ein Band endlicher Dicke erfährt beim Umlenkvorgang außen Zug und
innen Druck. Die mittlere Faser ist spannungsfrei, Bild 5.1/26.
Einbandsysteme zeigt Bild 5.1/27. Ein Band enthält ein elastisches
Element und ist gemäß Bild 5.1/27 (oben) über zwei feststehende
und eine verschiebbare Walze geführt. Die Lageänderung der verschiebbaren Walze ändert die Breite des Schlitzes. Probleme: Konstruktive Lösung elastisches Element? Bei konstantem Antrieb n
legt Schlitz größere Wege zurück, wenn Spaltbreite b vergrößert
wird, d.h. die Bildfolgezeit wird länger.

Eine Variante dieses Prinzips benutzt ein Gummifaltentuch, d.h.
das Band ist gleichzeitig das elastische Glied. Zwei Stangen

Nr.	Zweibandsysteme	Merkmale
3	z.B. Skelettlösungen: _Band 1_ 2 Zahnriemen aus Vulkollan verbunden über Stahlband-träger mit Gummituch. _Band 2_ 1 Zahnriemen aus ge-schwärztem Vulkollan mit ausgeschnittenem Fenster Weitere Lösungen: Vulkanisieren von Gummituch an Gummizahnriemen. Annieten von Tuch an Zahnriemen. Anheften von Tuch an Zahnriemen.	3.1 Bildfolgezeit t_f bei constantem n bleibt constant wenn Spalt-breite sich ändert. 3.2 Wenig Teile 3.3 Kleine Abmessungen. _Probleme:_ 3.1 Bänder müssen sehr dicht beieinander laufen 3.2 Lebensdauerversuche. 3.3 Leistungsbedarf der Zahnriemen bei tiefen Temperaturen.

Bild 5.1/28 Geometrische Grundanordnungen für Bandverschluß-Systeme 2

greifen die Enden des Faltentuches. Diese sind auf zwei Wagen angeordnet, die in Führungsbahnen laufen. Jeder Wagen wird von einer Kette, die über je zwei Kettenräder läuft, angetrieben. Relativbewegungen zwischen den Ketten verändern die Spaltbreite. Probleme: Erheblicher Aufwand an Teilen, baut groß.
Zweibandsysteme zeigt Bild 5.1/28. Wesentlich ist die Idee, an Zahnriemen Bänder zu befestigen. Die Zahnriemen gewährleisten eine exakte Zuordnung von Schlitzstellung zum Getriebe (und damit zur Filmbewegung!). Das Ineinanderschachteln zweier Bänder erfordert, daß das außenlaufende Band durch bestimmte Maßnahmen vom innenlaufende Band einen kleinen Abstand erhält, sonst zu große Reibung an den Umlenkstellen, Detail 5.1/29. Das Experiment muß entscheiden, mit welcher Lösung die geringste Antriebsleistung und die größte Lebensdauer erreicht wird.

<u>Gestaltdetail: Bandverschluß</u>

Im Umlenkbereich legt sich
das Gummituch außen an
den Zahnriemen an.

Damit:
- Kein Reißen des Gummi-
  tuchs.
- Ineinanderschachteln
  ohne Reibung.

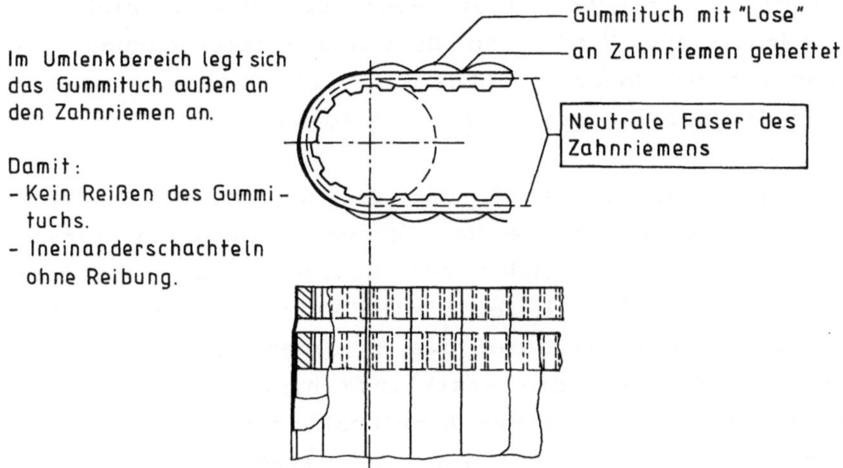

Bi.d 5.1/29   Veranschaulichung des Umlenkvorganges eines außerhalb
               der neutralen Faser des Zahnriemens angeordneten
               Gummituches

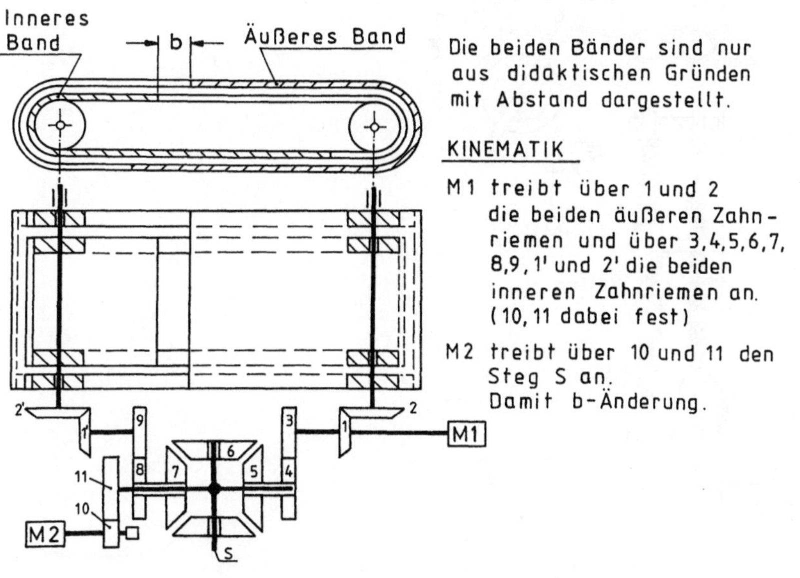

Die beiden Bänder sind nur
aus didaktischen Gründen
mit Abstand dargestellt.

KINEMATIK

M1 treibt über 1 und 2
   die beiden äußeren Zahnriemen und über 3,4,5,6,7,
   8,9,1' und 2' die beiden
   inneren Zahnriemen an.
   (10,11 dabei fest)

M2 treibt über 10 und 11 den
   Steg S an.
   Damit b-Änderung.

Bild 5.1/30   Getriebe zur Schlitzbreitenverstellung des Bandver-
               schlusses

Bild 5.1/30 gibt eine Prinziplösung für die Schlitzbreiteneinstellung mit Hilfe eines Differentialgetriebes. Der Hauptantrieb M 1 treibt beide Bänder an. Wird eine Belichtungszeitänderung gewünscht, so kann mit dem Motor M 2 über das Differential eine Verschiebung der Bänder relativ zueinander erfolgen.

Querverschluß:

Aus den kürzesten Bildfolgezeiten, die der umlaufende Bandverschluß anbietet, können mit Hilfe des Querverschlusses bestimmte Vielfache ausgewählt werden, indem der Querverschluß definiert geschlossen bleibt. Bild 5.1/31 zeigt eine Prinzipanordnung: Ein Drehmagnet betätigt eine Rastklinke, die an einem Ende eine Rolle trägt. Am anderen Ende kann die Rastklinke hinter einem Riegel einrasten. Die Rolle zieht an einem Antriebsband und wickelt ein unter Federspannung stehendes Tuch auf eine Walze auf. Der Querverschluß ist geöffnet. Der Drehmagnet ist wieder abgefallen. Löst nun ein Magnet M die Verriegelung aus, so schließt das Feder-

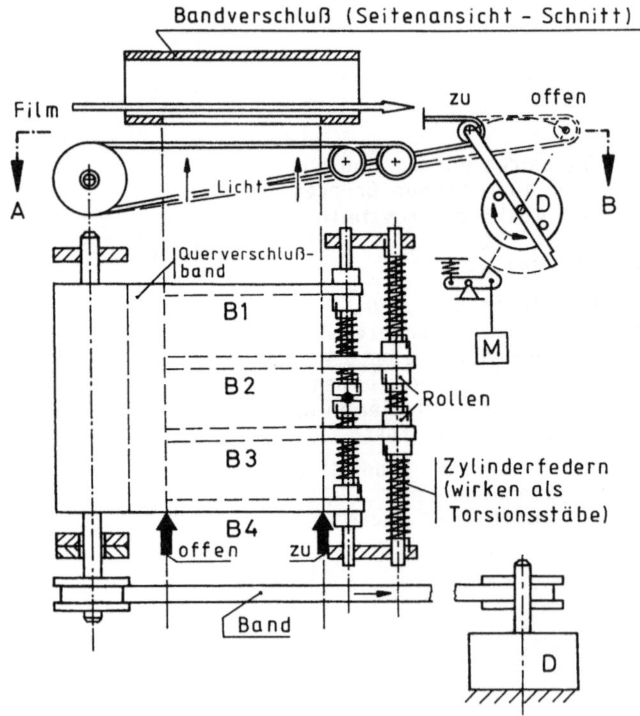

Bild 5.1/31   Querverschluß-Anordnung

system schnell die Öffnung infolge der als Torsionsfedern wirkenden Zylinderfedern mit den Bändern B 1 bis B 4. Der dann vor-
beilaufende Schlitz des Bandverschlusses kann keine Belichtung
mehr bewirken.

Durch Experimente sei gesichert, daß die beiden neuen Verschlußsysteme bei allen Bedingungen zuverlässig arbeiten: Wir haben in
der Ebene der Erfahrung neue Erkenntnisse mit dem Verschlußsystem
einzuordnen.

Abstraktionsebene: Kinematische Zuordnungen des Zeitablaufes mit
einem mechanischen Getriebe. Didaktisches Modell: Wir beginnen mit
einem einfachen ersten Getriebeschema, bei dem der Schlitzablauf
mit dem Filmtransport gekoppelt ist. Bild 5.1/32. Wenn der Schlitz
von A nach B läuft, bewegt sich der Zapfen Z1 des Maltesers um 90°
von 0 bis 90°, d.h. der Malteserabtrieb ruht, der Film ruht, es
erfolgt eine Belichtung ohne Bildwanderungs-Ausgleichsbewegung des
Films (IMC = 0). Wenn Z1 bei 90° in das Malteserkreuz eintaucht,
erfolgt der Filmtransport. (Z4 hat eine Viertelumdrehung gemacht,
Schlitz ist bei B). Nach weiteren 90° verläßt Z1 das Malteserkreuz
(Filmschritt ist erfolgt). Schlitz bei A. Neue Belichtung kann
erfolgen. Der Querverschluß ist dabei ständig geöffnet. Wir erken-

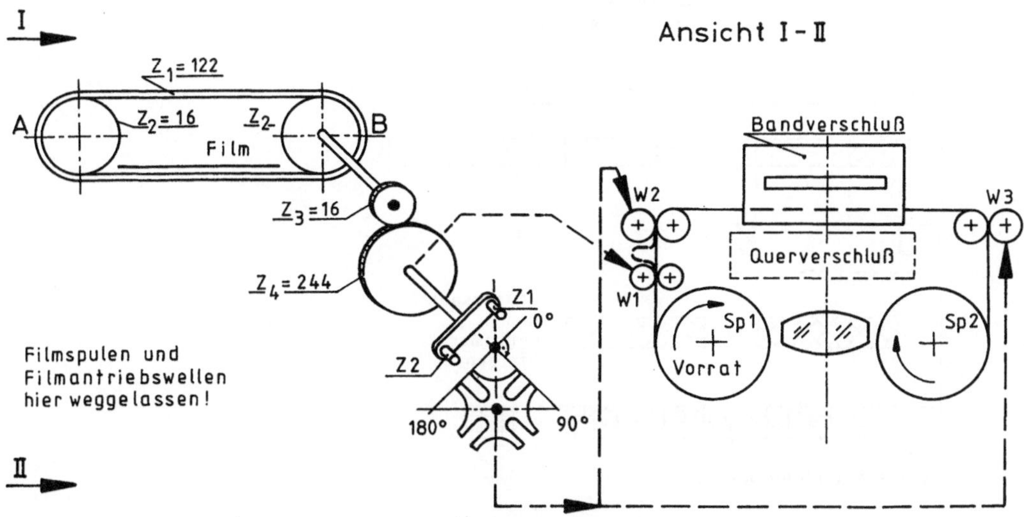

Bild 5.1/32 Getriebe-Schema

nen: Der Filmtransport muß an den Walzenpaaren W2 und W3 erfolgen. Zwischen W1 und W2 muß eine Schlaufe gebildet werden, damit der Filmschritt nicht aus der Vorratsspule gezogen werden muß. Walzenpaar W1 muß dazu kontinuierlich Film aus der Vorratsspule ziehen. Die hinter W3 entstehende Filmschlaufe beim Malteserschritt wird von der über eine Rutschkupplung angetriebenen Spule 2 aufgenommen. Spule 2 wird also ständig beschleunigt und verzögert.

Mit dem anschaulichen Hilfsmittel des Impulsdiagramms, Bild 5.1/33, kann der Ablauf auch für größere Bildfolgezeiten veranschaulicht werden.

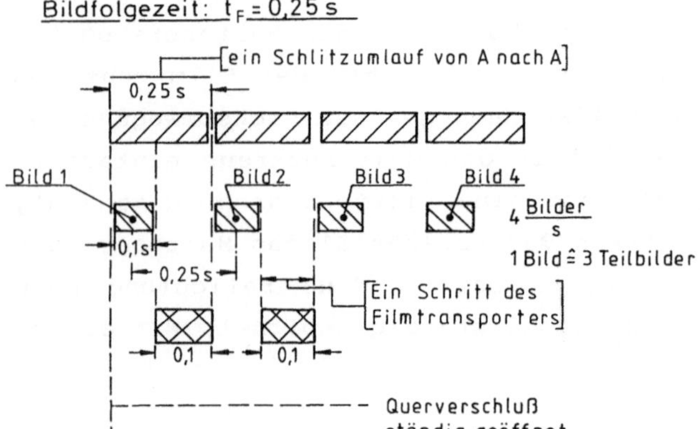

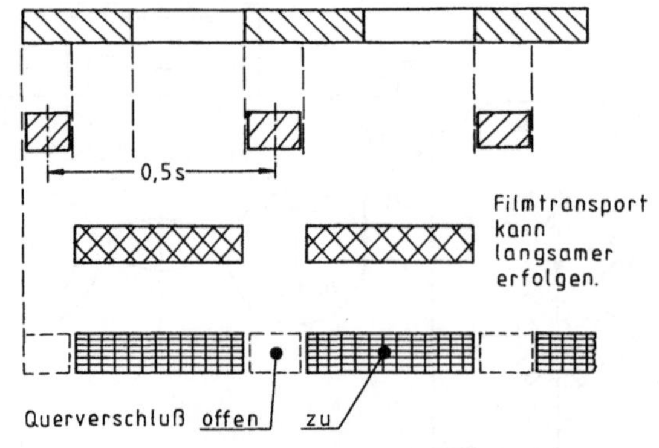

Bild 5.1/33   Impulsdiagramme zum Zusammenspiel von Schlitz, Querverschluß und Filmbewegung

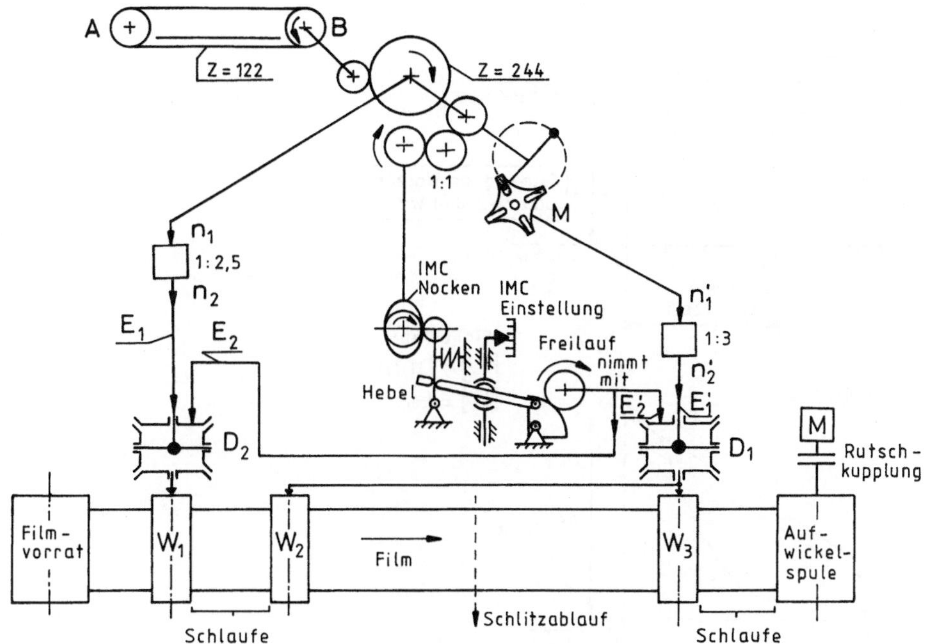

Bild 5.1/34 Didaktisches Modell zum Getriebe

Im nächsten Schritt wird in das Getriebemodell (Bild 5.1/34) ein IMC-Getriebe für die Bildbewegung während der Belichtung (Synchronisierung von Filmbewegung und Schlitzablauf) eingebaut. Das IMC-Getriebe besteht im wesentlichen aus einem Nocken mit verstellbarem Hebel, einem Freilauf und einem Differential, welches die IMC-Bewegung des Filmes an den Walzenpaaren W2 und W3 während des Schlitzablaufes einführt. Das wiederum zu didaktischen Zwecken gebildete Schema von Bild 5.1/34 läßt das Gestaltprinzip des Filmantriebs mit IMC-Bewegung erkennen: Vom IMC-Nocken wird mit einem Hebelgetriebe je nach Einstellung ein mehr oder weniger großer Filmvorschub während des Schlitzablaufs bei E2' und E2 über die Walzenpaare W3 und W2 eingeleitet. W1 wird kontinuierlich angetrieben und bildet zwischen W1 und W2 eine Schlaufe, aus der der IMC-Vorschub und der Malteserschritt erfolgt.

Analyse und Kritik des Getriebeansatzes nach Bild 5.1/34 t_F = 0,25 s, IMC-Bewegung = 0.

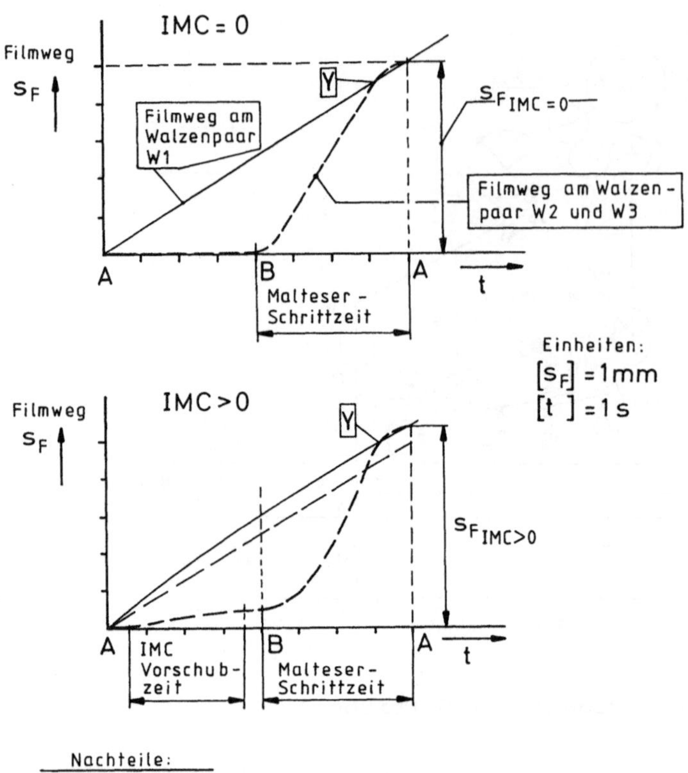

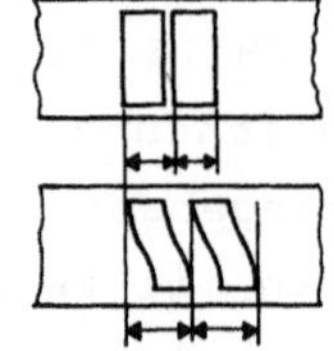

Bild 5.1/35   Veranschaulichung der Filmbewegungen des Getriebe-schemas nach 5.1/34 für Filmbewegung Null und größer Null beim Belichten

Stellt man den Filmvorschub an den verschiedenen Stellen dar, so folgt Bild 5.1/35 oben. Das Walzenpaar W1 wird kontinuierlich angetrieben, wenn der Schlitz einen vollen Umlauf von A nach A macht, die Walzenpaare W2 und W3 nur im Zeitabschnitt, wenn Schlitz von B nach A läuft. Wenn IMC-Bewegung = 0, wird beim Schlitzablauf von A nach B die IMC-Bewegung angebracht und von B nach A der Filmtransportschritt vom Malteser. Besser wäre ein

Getriebe, das, unabhängig vom IMC-Vorschub, konstanten Bildabstand sichert und keinen Durchgriff in den Filmvorrat erfordert. Auch der Zug, den die Aufwickelspule über die Rutschkupplung in den Film zwischen W2 und W3 ausübt, ist nachteilig.

Wir wollen hier das Beispiel nicht weiter vertiefen. Wesentlich war, den Ablauf der Gestaltbildung zwischen der Abstraktionsebene und der Ebene wachsender Erfahrung im Sinne des Drei-Ebenen-Modells zu behandeln und zu dokumentieren. In dieser Weise aufbereitete Abläufe von konstruktiven Entwicklungen stellen für künftige Fälle eine wertvolle Hilfe dar. Hier sind besonders die Erfahrungen mit der Kinematik von schnellen Antrieben für breitformatige Filme zu nennen. Weiter die Erfahrungen mit Bandverschlußsystemen. Es zeigte sich, daß die Netzdeformation, die ein querabtastender Schlitz erzeugt, die Möglichkeit des Bildwanderungsausgleiches liefert. Weitere Entwicklungsideen könnten nun aus der Analyse und Kritik des zuletzt dargestellten Systems hergeleitet werden: keine mechanische Kupplung, elektronisch gesteuertes System, intermittierender Antrieb für beliebige Bildfolgezeiten, noch kürzere Bildfolgezeiten usw. Auf Bild 5.1/36 ist der Vorgang noch einmal im Drei-Ebenen-Modell zusammengestellt.

Im Sinne unserer elementaren Gestalt-Funktionen wurde hier die kinematische Funktion am Beispiel schnellaufender Filmantriebe für breite Formate erörtert. Die Positions-Definitionen der Verschlußsysteme zueinander und zum Film wurden aus didaktischen Gründen an einem vereinfachten mechanischen Getriebe erläutert, wobei die Steuernocken zur Betätigung der Verschlußbewegungen weggelassen sind. Die Problematik der Belichtungsregelung wurde hier ausgeklammert. Es wird stets mit der kürzesten Belichtungszeit gearbeitet: Erst wenn die Irisblenden in den Objektiven ganz geöffnet sind, wird auf eine längere Belichtungszeit übergegangen. Die Geometrie-Funktionsprinzipien des umlaufenden Schlitzbandes, des Querverschlusses, des Bildwanderungsausgleichs und des Filmtransportes sind die neuartigen Antworten auf die extremen Anforderungen der Aufgabenstellung.

Man übe die geometrische funktionale Denkweise an vielen Beispielen. Die Herausarbeitung des Geometrie-Funktionsprinzips und die

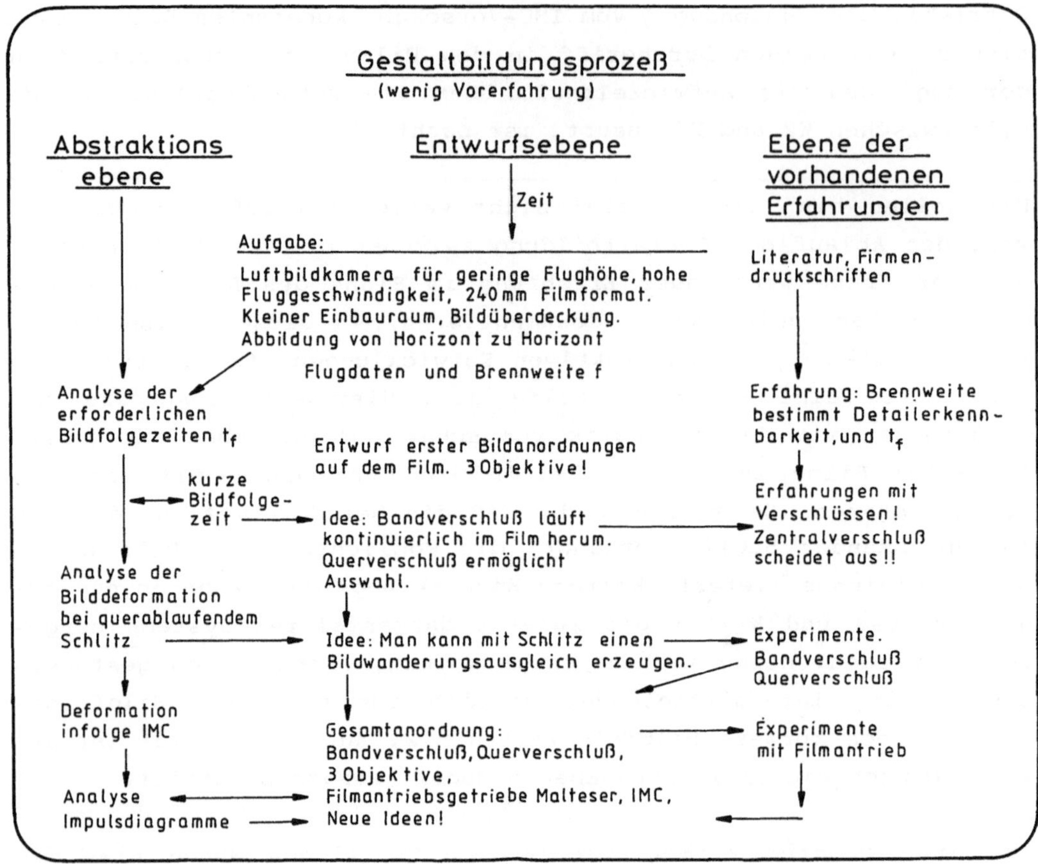

Bild 5.1/36   Zur Wiederholung: Ablauf im Drei-Ebenen-Modell
(5.1/6)

Darstellung der benötigten Gestaltfunktionen ergänzen die üblichen Vorgehensweisen und eröffnen Einsichten in den Vorgang der Gestaltbildung. Experimente und technologische Überlegungen lassen sich auch auf der Stufe der funktionalen Gestaltung nicht ganz vermeiden.

5.2 Beispiel: Berührungslos arbeitender Taster

Im Folgenden wird das Geometrie-Funktionsprinzip einer Anordnung, bestehend aus Optik und Mechanikkomponenten, dargestellt.   Bevor

darauf eingegangen wird, seien einige Antastsysteme zur Werkstück-
ansprache, wie sie z.B. in Meßmaschinen Anwendung finden, erörtert, Bild 5.2/1. Wir bezeichnen eine solche Zusammenfassung von
Prinzipien in einem Gebiet bekanntlich als den Formenschatz.

Die Zusammenstellung ist hier längst nicht vollständig, vermittelt
aber einen ersten Überblick. Man unterscheidet zwischen berührend
antastenden und berührungslos antastenden Systemen. Hier soll nur
auf das berührungslose Antasten mit optischen Mitteln eingegangen
werden. Die Vorschläge in der Patentliteratur hierzu sind zahl-
reich. Besonders die neuen elektronischen Bauelemente (ultrahelle
Leuchtdioden, Diodenarrays, Fotodioden usw.) haben zu Gestaltideen
angeregt.

Formenschatz von Antastsystemen zur Ansprache von Werkstückpunkten

-Berührend arbeitende Systeme (Antastkräfte!)			-Berührungslos arbeitende Systeme (Antastkräfte ≈ 0)		
Meist mechanische Prinzipien			pneumatische Prinzipien magnetische " induktive " optische " . . . Hier speziell opt. Prinzipien		
Antastung in			**Antastung in**		
einer	zwei	drei	einer	zwei	drei
Koordinatenrichtungen			Koordinatenrichtungen		
Oberflachen-taster	1-Tastkugel-systeme	Eine oder mehrere Tastkugeln	Strichkanten-kontrast	Reflexpunkt-einfangen	?
Meßuhr	Zentrier-taster	Renishaw Leitz Zeiss	Triangulation Optisches Potentio-meter	Optisches Potentio-meter 4-Quadr.	

Weiterverarbeitung:
-Schaltende Taster:
Messwert wird beim Schalten übernommen.
-Messende Taster: (Punkt-Punkt)
   Statisch Messende- Im Zusammenwirken mit Mess-
maschine erfolgt Messwertübernahme,wenn Aus-
lenkung auf Null geregelt.

   Dynamisch Messende: (Scanning)
Kontinuierliche Übernahme der Messwerte, z.B. bei
Messkraftdefinition.

Bild 5.2/1   Antasten von Werkstücken
             Übersicht

178

Ein Prinzip ist auf Bild 5.2/2 dargestellt. Nur wenn $\Delta z \to 0$ (d.h. Verschiebung des Tasters nach oben), wird $x \to 0$ gehen. Dann schaltet der Taster und die Tastverschiebung ist ein Maß für Δz. Dieses Triangulationsprinzip ist vielfältig modifiziert worden. Zum Beispiel wurde der Vorschlag gemacht, durch Ausmessen des Unschärfedurchmessers D auf die Gegenstandsweite zu schließen, Bild 5.2/3. Es ist klar, daß die Grenzen dieser Methoden durch das Reflexverhalten der Werkstückoberfläche und durch Abschattungssituationen abgesteckt werden.

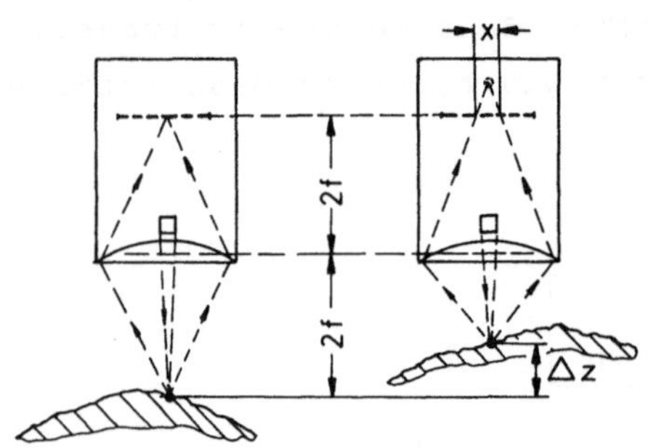

Auf dem Array beleuchtet:	Auf dem Array beleuchtet:
1 Punkt	Mehrere Punkte $\Delta z = f(x,f)$

Bild 5.2/2 Optische Ansprache
Objekt in 2f

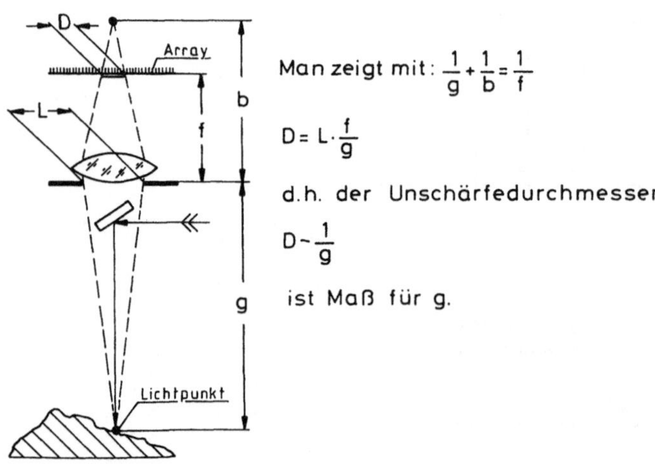

Man zeigt mit: $\dfrac{1}{g} + \dfrac{1}{b} = \dfrac{1}{f}$

$D = L \cdot \dfrac{f}{g}$

d.h. der Unschärfedurchmesser

$D \sim \dfrac{1}{g}$

ist Maß für g.

Bild 5.2/3 Unschärfedurchmesser als Maß für g

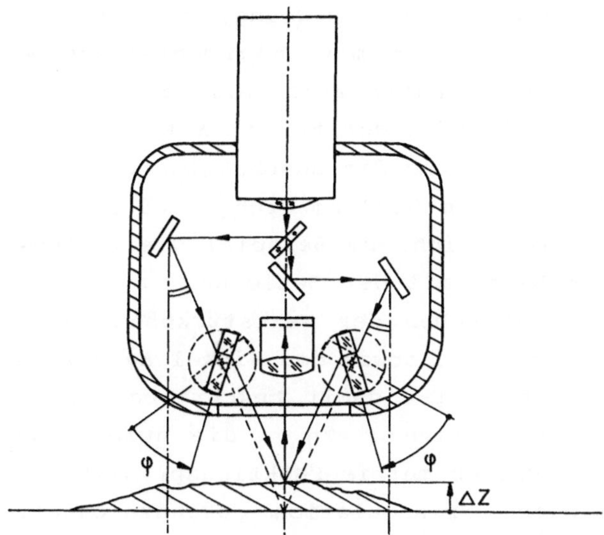

Bild 5.2/4   Rotierende Planplatten

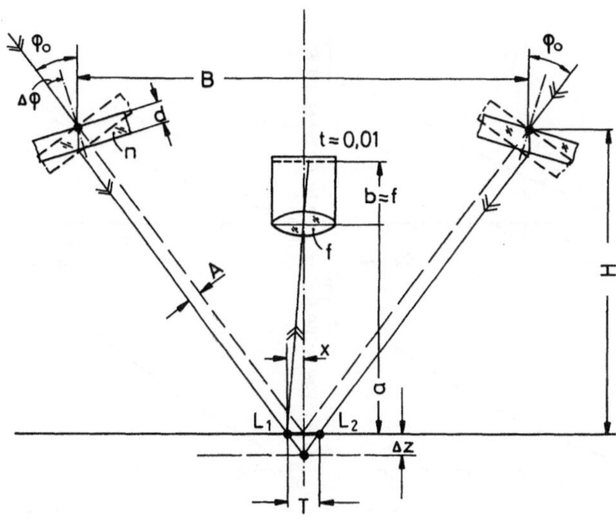

$$\Delta z = \frac{d}{\sin \varphi_0} \cdot \frac{\sin\left[\Delta\varphi - \arcsin\left(\frac{\sin\Delta\varphi}{n}\right)\right]}{\cos\left[\arcsin\left(\frac{\sin\Delta\varphi}{n}\right)\right]}$$

Array-Teilung $= 0{,}01\,\text{mm}$:
wenn $a \approx 2f$ $T \approx 0{,}01$

Tiefenauflösung $\longrightarrow \Delta z_{min} = \dfrac{T}{2\tan\varphi} < \dfrac{0{,}01}{2}$

Winkelauflösung am Drehgeber: $0{,}2°$ (2000)

Bild 5.2/5   Geometrisch-funktionaler Zusammenhang für System nach Bild 5.2/4

Nun zum Geometrie-Funktionsprinzip einer Anordnung, bei der ein Laserstrahl, zwei rotierende Planplatten mit Inkrementalscheibe und ein Lineararray mit Objektiven benutzt wird, Bild 5.2/4. Die geometrisch-funktionale Analyse führt zu der Formel Δz auf Bild 5.2/5., die die Konstanten φ_0, d, n und die unabhängige Variable enthält. Mit einer Winkelauflösung von 0,2° am Drehgeber, der die Planplatteneinstellung angibt, läßt sich zum Beispiel die Tiefenauflösung z_{min} abschätzen. Wir haben mit der Beziehung Δz wiederum den Funktionszusammenhang zwischen der Werkstückhöhe Δz und den Geometrie- und Stoffparametern, sowie den Winkel $\Delta\varphi$ ermittelt. Das Geometrie-Funktionsprinzip ist damit beschrieben. Bild 5.2/6 zeigt für verschiedene Geometrien (φ_0) die numerische Auswertung der Beziehung für z. Das Geometrie-Funktionsprinzip ist bei dieser Anordnung durch ebene Triangulation gekennzeichnet.

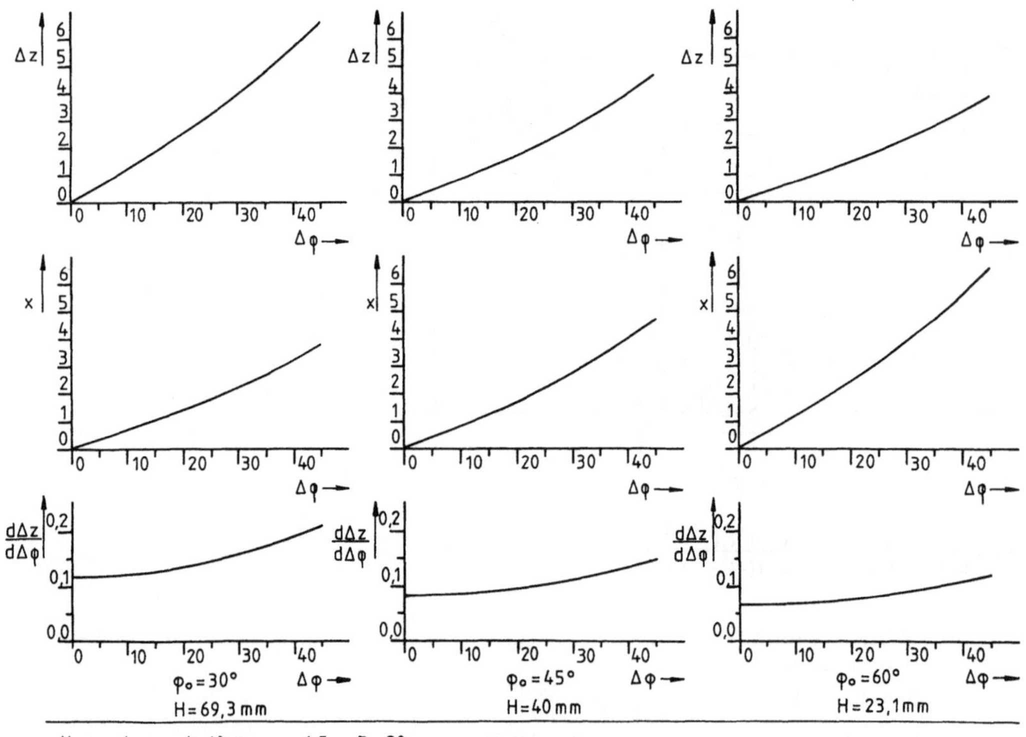

Bild 5.2/6   Auswertung der Beziehung nach Δz

Einer Verbesserung dieser ebenen Triangulation kann durch Triangulation mit koaxialen, radialsymmetrischen Beleuchtungs- und Empfängerstrahlengängen und geometrischer Strahlenteilung vor den Empfängern erfolgen. Es wird empfohlen, eigene Beispiele zum Drei-Ebenen-Modell aufzubereiten.

6 Anhang: Terminologie

Bei allen methodischen Überlegungen entsteht immer die Notwendigkeit terminologischer Abgrenzungen. Die Autoren konstruktionsmethodischer Publikationen fügen im allgemeinen ihren Veröffentlichungen einen Katalog mit Begriffen und Erklärungen bei. Im folgenden sollen einige für das Entwerfen wesentliche Begriffe in ihrem hier benutzten Sinne betrachtet werden.

Aufgabe

Qualitative und quantitative Beschreibung von Zielsetzungen, Eigenschaften, Tätigkeiten für/von Produkten unter Beachtung einschränkender Bedingungen.

Anforderungsliste

Enthält die Zielsetzung in Form von Festforderungen, Mindestforderungen und Wünschen. Für den Entwurfsprozeß sind die besonderen Zielgesichtspunkte von Bedeutung, weil sie im allgemeinen die Entwurfsstrategie initiieren. Aufstellen einer Anforderungsliste: neuestes Prospektmaterial von mindestens drei konkurrierenden Produkten benutzen.

Besondere Zielgesichtspunkte

Neuartige weitreichende Zielsetzungen, die zu den üblichen Festforderungen und Mindestforderungen der Anforderungsliste hinzutreten, sind Prioritätspunkte der Anforderungsliste, stellen das eigentliche Kernziel des neuen Produktes dar und sollen den Vorsprung vor der Konkurrenz einspielen. Ihre Gewichtung im Rahmen der Forderungen ist problematisch, weil sie ja gerade das Neue ausmachen sollen. Die Frage, ob ein Zielgesichtspunkt wirklich die erhoffte Relevanz besaß, gibt vielfach erst der Markt. Neue Ziele sind oft an kreativ gefundene Einsichten geknüpft.

Physikalischer Effekt

"Physikalische Effekte sind Antworten der Natur auf spezielle Fragen des Experimentators". Sie zeigen das Ursache-Wirkung-Prinzip zwischen physikalischen Größen, wobei aus der Sicht des Entwerfens naturgemäß die Abhängigkeit der Phänomene von den geometrischen Parametern am stärksten interessiert.

Entwurfsaufgabe

Auf der Basis eines Physikkonzepts soll eine geometrisch-stoffliche Lösung für eine Aufgabe angegeben werden. Die Gesamtstruktur des Lösungsgedankens spiegelt sich in einem oder mehreren Geometriekonzepten. Der Entwurf entsteht wesentlich durch das Vorausbedenken der Wirkungen der Geometrie. Besondere Zielgesichtspunkte (s.d.) besitzen oft gestaltbildende Kraft und implizieren eine bestimmte Konstruktionsstrategie.

Funktion

Im konstruktiven Bereich besteht für den Funktionsbegriff keine genormte Darstellung, daher verschiedene Interpretationen: Tätigkeiten, Vorgänge, Eigenschaften, die die Lösung einer Aufgabe ermöglichen (Wertanalyse). Allgemeiner Zusammenhang zwischen dem Eingang, Zustand 1, und Ausgang, Zustand 2, einer Black-box (System). Die Zustandsänderung, die das System zwischen $Z1$ und $Z2$ herstellt, ist seine Funktion. Definition nach Duden:
-   Arbeitsweise eines Organes; Art und Weise wie der (technische) Zweck (im Inneren) erfüllt wird.

–   Gewollter Dienst bzw. Zweck eines Produktes; Stellung in
     einem größeren Ganzen.

Entwurfsrelevante Darstellung des Funktionsbegriffes: sucht die
geometrisch-funktionalen Zusammenhänge (Wirkung der geometrischen
Parameter) darzustellen. Es ist ein "Träger" der Funktion, d.h.
eine Funktionsgestalt gesucht.

Geometrie-Funktionsprinzip

Das Geometrie-Funktionsprinzip beschreibt den grundlegenden Gestaltansatz und dessen Funktionswirkungen zur Erfüllung einer
Aufgabe innerhalb eines Ursache-Wirkung-Zusammenhanges. Es enthält
also einen geometrisch-stofflichen Anteil und einen funktional
(formelmäßig oder verbal) beschriebenen Anteil auf der Grundlage
der Geometrie des physikalischen Prinzips. Zu seiner verbalen oder
formalen Beschreibung ist die Angabe eines Ursache-Wirkung-Zusammenhanges erforderlich, bei dem festgelegt wird, was Ursachen und
Wirkungen sein sollen. Dies ist erforderlich, weil eine geometrische Anordnung unterschiedliche Ursache-Wirkung-Zusammenhänge leisten kann. Auch kann ein bestimmter Ursache-Wirkung-Zusammenhang
von unterschiedlichen Geometrien hervorgebracht werden. Oft ist es
nicht einfach, die Geometrie-Funktionsprinzipien einer Anordnung
zu erkennen, besonders dann, wenn mehrere Geometrie-Funktionsprinzipien vernetzt sind. Bei der formalen Darstellung des Geometrie-
Funktionsprinzips wird immer unterstellt, daß die Abhängigkeiten
der Ursachenparameter, die untereinander bestehen, "eingearbeitet"
sind. Weiter wird angenommen, daß die Stoffe die von den Geometrie-Funktionsprinzipien geforderten Eigenschaften aufweisen
(Bruchfestigkeit, Hitzebeständigkeit).

Wir schreiben den Ursache-Wirkung-Zusammenhang einer Anordnung
formal:

$$W = F(G_i, S_j, U_k) \tag{3/1}$$

Sind nun n solche Ursache-Wirkungs-Zusammenhänge in einer Anordnung als Teil-Ursachen-Wirkung-Zusammenhänge realisiert, so sind
für den Gesamt-Ursache-Wirkungszusammenhang verschiedene Fälle
möglich:

- Man kann die Teil-Ursachen-Wirkung-Zusammenhänge ineinander einsetzen und so eine Gleichung - die Leitgleichung - der Gestaltbildung ermitteln, die den gesamten Einfluß der Geometrie- und Stoffparameter auf die Gesamtwirkung erkennen läßt (Beispiel: Trinkente).
- Die Teil-Ursachen-Wirkung-Zusammenhänge bestehen gleichzeitig während der Funktion. Man kann ihren Einfluß auf den Gesamt-Ursachen-Wirkung-Zusammenhang vielleicht gewichten oder grob abschätzen. (Beispiel: Kelchglocke, Injektionsnadelspitze). Eine Gesamtgleichung für die Gestaltbildung läßt sich aber nicht angeben.
- Die Teil-Ursachen-Wirkung-Zusammenhänge sind für verschiedene Funktionszustände, die zeitlich nacheinander zu realisieren sind, erforderlich (Beispiel: Vorwärtsgang, Rückwärtsgang).

Zusammenstellung einiger Gründe für die Einführung des Begriffes Geometrie-Funktionsprinzip:

. Das Denken in Geometrie-Funktionsprinzipien charakterisiert große Teile des Entwurfsvorganges.

. Das Geometrie-Funktionsprinzip stellt eine funktions-orientierte Übergangsstufe von der Physik zur konstruktiven Ausführung dar und ist nicht zu abstrakt.

o Die verschiedenen Einflüsse von Geometrie, Stoff und weiteren Parametern werden zu trennen versucht und nicht mit diffusen Begriffen wie Wirkprinzip oder Lösungsprinzip verwaschen.

. Die Teilwirkungen der geometrischen Parameter auf den gesamten Ursache-Wirkung-Zusammenhang werden deutlich erkannt und formuliert, und es werden auch Gesamtwirkungen der Geometrie auf den Ursache-Wirkung-Zusammenhang feststellbar.

o Der in einem physikalischen Ansatz enthaltene geometrische Grundgedanke mit den elementaren Notwendigkeiten des Zusammenspielens, Zusammenpassens, der Verträglichkeit wird abstrakter gesehen.

. Geometrische Modelle und Funktionsverhalten werden einander zugeordnet.

o Die Abstraktion bleibt in der Nähe des Realisierbaren.

Gestalt

Wir definieren hier Gestalt als ein mit Stoff(en) erfülltes Volumen. Ein Volumen wird durch Form, Maß, Lage und Anordnung von Flächenelementen gebildet. Der Konstrukteur leistet nach dieser Definition bei der Konstruktion von Teilen, Baugruppen, Produkten und Systemen Gestaltbildung im Ganzen und im Detail. Gestaltbildung ist also immer zugleich Geometriegestaltung und Stoffanwendung. Geometrie- und Stoffparameter können in dieser Auffassung als Gestaltparameter angesehen werden. Im weiteren Sinne ist Gestalt: Die anschauliche, in sich abgeschlossene Einheit der Erscheinung. Sie kann sich aus der bloßen einsichtigen Gesetzlichkeit des Aufbaues ergeben (wie im Kristall), wie auch die vollkommene Erscheinungsform eines Wesens (z.B. eines Organismus) oder Sinngestalt sein.

Der Begriff Gestalt wird für alle Daseinsgebiete verwendet. Darüber hinaus ist er vor allem in der Kunstgeschichte, der biologischen Morphologie, der Mythologie und Religionsforschung von grundlegender, theoretisch aber nicht völlig geklärter Bedeutung. Im weiteren Sinne ist Gestalt auch eine zusammenhängende, in der Zeit ablaufende Abfolge von rhythmischen oder musikalischen Elementen, Bewegungsabläufen, sinnvollen Handlungen, Sprachelementen. Gestaltqualität nennt man die Eigenschaft, die eine Gestalt im Unterschied zur Summe ihrer Einzelbestandteile aufweist.

Form

Gleichbedeutend mit Gestalt, Figur, manchmal im Gegensatz zu Stoff oder Materie, jedoch stets an diese gebunden. Spricht man von Kunst-, Bau- oder Naturformen, so begreift man darunter gewordene Formen aus einem Gestaltungsvorgang, der eine bestimmte individuelle Gestaltidee verfolgt. Nach Aristoteles ist im erweiterten Sinne nach die Form der innere Wesensgrund des Seins und Wirkens eines Naturwesens im Gegensatz zu der allen Körpern gemeinsamen Materie. Kant verstand unter Form ein im Geist des Subjektes bereitliegendes Prinzip, durch das der Stoff der Sinneseindrücke in allgemeine Erkenntnisse umgewandelt wird.

Gestaltfunktionen

Zur Beschreibung von Geometrie-Funktionsprinzipien kann man Funktionsbegriffe bilden, die bestimmte Funktionsauswirkungen von den geometrischen Gestalten differenziert ablösen. Man erfüllt damit einen wichtigen methodischen Aspekt, indem man von einer bestimmten Gestaltausführung abstrahiert. Andererseits entfernt man sich - wegen der Nähe zu den geometrischen Bedingungen - nicht zu weit von der Realität. Wir nennen diese noch näher zu erörternden Funktionsbegriffe Gestaltfunktionen.
Die Gestaltfunktionen greifen im allgemeinen in ihrer Wirkung über Einzelteile einer Konstruktion hinaus, auch treten in einem Gestaltbezirk (Teil bzw. Baugruppe) oft mehrere Gestaltfunktionen gemeinsam auf.

Betrachtet man Geometrie-Funktionsprinzipien in den verschiedensten Gebieten, so erkennt man neben speziellen Funktionen - operational ausgedrückt durch Hauptwort und Tätigkeitswort - immer wieder einige grundlegende Gestaltfunktionen. Man kann sie, weil sie offensichtlich in allen Produkten auftreten, als allgemeine Gestaltfunktionen auffassen. So muß z.B. in jedem Geometrie-Funktionsprinzip der Zusammenhalt, das Zusammenwirken, das Zusammenspielen erfolgen. Wir benötigen Gesamtträger-Funktionen. Weiter müssen im Rahmen eines Geometrie-Funktionsprinzips (und auch zwischen mehreren!) Positionen, Orientierungen, Abstände usw. zwischen Linien, Flächen und Räumen relativ zueinander festgelegt werden, um eine einwandfreie Gesamtfunktion zu erreichen.

Wir benötigen Positions-Definitions-Funktionen. Die miteinander in Wechselwirkung stehenden Teile müssen gespannt, gehalten, gestützt, getragen werden:
Es werden Spann-Funktionen, Halte-Funktionen, Stütz-Funktionen benötigt. Zwischen bestimmten Teilen finden Relativbewegungen statt: Man kann hierzu die große Gruppe der kinematischen Funktionen als den übergeordneten Gestaltfunktionsbegriff definieren. Hier sind z.B. Lagerfunktionen, Führungsfunktionen, Getriebefunktionen zu nennen. An geometrischen Aspekten treten dabei auf Lagerungsgenauigkeit: Rundlauf, Axialschlag, Steifigkeitsverhalten, Führungsgenauigkeit. Gestaltfunktionen gestatten es, Einflüsse der Gestalt

auf ein System herausgelöst zu betrachten. Die damit mögliche abstraktere Betrachtung des Verhaltens eines größeren Gestaltbezirkes kommt der beim Entwerfen üblichen Denkweise, d.h. simultan das Ganze und die Details zu sehen, entgegen.

Es ist aus der Sicht der Gestaltung fast unverständlich, daß man den Begriff der Gestaltfunktion bei der Begründung der Konstruktionsmethodik nicht den stoff-, energie- und signalumsatz-orientierten Funktionsbegriffen an die Seite gestellt hat. So wichtige und elementare Dinge wie ein Tisch, ein Fensterrahmen, ein Fahrradrahmen, ein Brillengestell, ein Distanzstück lassen sich funktional nicht sinnvoll mit Stoff-, Energie- und Signalbilanzen darstellen. Hierzu bedarf es der Gestaltfunktionen.

Dem Konstrukteur soll mit dem Begriff der Gestaltfunktion auch ein Freiraum für eigene Begriffsbildungen zur Funktion in seinem Arbeitsgebiet geschaffen werden: Z.B. kann man von "dynamischen Funktionen" sprechen, wo es um Kräfteübertragungen bei dynamischen Vorgängen geht oder von "Dichtfunktionen" oder von "Schutzfunktionen". (Eine schützende Gestaltfunktion besitzt z.B. die entsprechend gestaltete und geerdete Metallverkleidung, weil sie ggf. eine berührgefährliche Spannung aus dem Griffbereich fernhält.) Verbale Darstellungen der Funktionen einer Branche in operationaler Form mit geometrischer Textausprägung: Lichtstrahl ablenken, Werkstück berührungslos antasten, Spielfreiheit herstellen, leichte Wartung ermöglichen (für Verschleißteile), Kondenswasser ableiten, magnetischen Fluß leiten, sind geometrische, entwurfsnahe Funktionsdarstellungen.

Man suche Beispiele im eigenen Produktgebiet und ordne die Verallgemeinerungen durch Gestaltfunktionen zu. Beispiel: Lichtstrahl ablenken, Gesamtträgerfunktion für das reflektierende Element, Positionsdefinition durch Justierelemente, Spannfunktion (keine Deformation des Spiegels), Haltefunktion, Stützfunktion. Mit dem Übergang von abstrakten Vorstellungen - in Form von Black-Box-Darstellungen - in konkrete geometrische Formen betreten wir das Gebiet der Gestaltbildung. Die hier eingeführten Begriffe der Gestaltfunktion und des Geometrie-Funktionsprinzips sind dabei als Übergangshilfen gedacht. Die Reihenfolge der Auswahlentscheidungen beim Entwerfen kann nicht mit mathematischer Strenge angegeben werden. Wir stellen hier die funktionsbedingte Geometrie an den Anfang und betrachten die stoff- und technologiebedingten Anteile der Geometrie als sekundär bedingt. Natürlich muß - besonders im Gebiet der Feinwerktechnik - häufig ein technologisches Verfahren zur Herstellung gefunden oder entwickelt werden.

Entwerfen

Festlegung einer Linien- bzw. Konturenfigur zur Gesamtlösung einer Aufgabe, für die zuvor die wesentliche physikalische Wirkungsweise gewählt wurde. Formuliert man es etwas anders, so kann man das Entwerfen als jenen Prozeßabschnitt ansehen, bei dem die grundlegende geometrische Struktur des Ganzen und die Zusammenhänge zwischen den Wirkungen der Gestalten und den geometrischen Formen der Gestalten erkannt und festgelegt werden. In dieser Auffassung ist also das Entwerfen nicht - wie an anderer Stelle festgelegt- nur ein Erstellen maßstäblicher Zeichnungen, auch nicht nur ein Zusammensetzen von Funktionsblöcken zu Funktionsstrukturen; vielmehr ist es ein simultanes Zusammendenken von erkannten Effekten, von Formen und deren Wirkungen zur Lösung einer Aufgabe. Entwerfen in unserem Sinne beginnt also bereits in dem als Konzeptionsphase bezeichneten Schritt nach VDI 2222. Das Zusammenfügen von Formen- d.h. geometrischen Gebilden - zur Erzielung bestimmter Wirkungen auf der Basis eines physikalischen Prinzips macht den Kern des Entwurfsprozesses aus.
Die hier auftretende Frage, was wohl zuerst da ist, eine geometrisch-bildhafte Vorstellung zur Gesamtlösung einer Aufgabe oder eine funktional-abstrakte Vorstellung, die dann anschließend geometrisch-stofflich ausgestaltet wird, erinnert an das alte Scheinproblem: "Was war zuerst da, Ei oder Henne"? Beim Entwerfen wirken immer abstrakte und konkrete Vorstellungen zusammen, und es zeigt sich beim Entwerfen besonders deutlich, daß funktionales Denken ohne Geometrievorstellungen überhaupt nicht möglich ist. Die Synthese der Grundgestalt erfolgt von den Hauptprioritäten der Anforderungsliste her, die man als die besonderen Zielgesichtspunkte ansehen kann. Bei der Synthese der Grundgestalt werden

alle Arten von Vorerfahrungen benützt: Erfahrungen mit physikalischen Effekten, mit Baugruppen, mit theoretischen Ansätzen bzw.
Auslegungsgleichungen, mit ähnlichen Produkten, mit Vorläufern.

Im Verlaufe der Zeit haben sich bestimmte Grundgestalten für
spezielle Aufgaben als starke Lösungen herausgestellt. Man denke
z. B. an Grundgestalten für Turbinen, Pumpen, Lenkgetriebe, optische Instrumente, Fahrräder. Man denke an die typischen Grundgestalten im eigenen Erfahrungsbereich. Oft sind diese Grundgestalten - man kann sie auch als Grundgeometrien oder Bauformen oder
Grundstrukturen bezeichnen - mit dem Namen des Konstrukteurs
verknüpft, der sie zum ersten Male angegeben hat: Peltonturbine,
Kaplanturbine, Francisturbine, Porroprisma, Schmidtprisma, Köhler-
'sche Beleuchtung im Mikroskop, Eppenstein-Prinzip. Gelegentlich
charakterisieren auch bestimmte Namen die Grundgeometrie des
Herstellverfahrens z. B. im Brückenbau: Taktschiebeverfahren,
Freivorbau. Die Zuordnung einer Grundgeometrie zu einer Aufgabe
spiegelt sich gelegentlich auch in den Namen bestimmter Formen:

Langsieb-Papiermaschine, Rundsieb-Papiermaschine, Turmdrehkran,
Wippdrehkran, Spaltgeometrie (Dichtungen), Nahtgeometrie (Schweiß-
nähte). Die Reihe ließe sich beliebig fortsetzen.

Entwerfen bedeutete ursprünglich "ein Bild gestalten". Es war ein
Fachwort der Bildweberei, bei der das Weberschiffchen in der auf-
gezogenen Gewebekette hin und her geworfen wurde. Bereits im Mit-
telhochdeutschen hatte Entwerfen auch die Bedeutung des geistigen
Gestaltens, (skizzieren, hinwerfen). Den Sinn des Vorläufigen er-
hielt der Begriff des Entwerfens erst durch den Einfluß von "pro-
jeter", d.h. "planen". "Entwurf" nennt man seit dem 17. Jahrhun-
dert auch "vorläufige Skizze". Betrachtet man die Silben "ent" und
"werfen", so lassen sich folgende Assoziationsketten aufstellen:
Ent   - Entflechten, Entwirren, Entfalten, Entdecken, d.h.
             Auseinanderdividieren einer Sache.
Werfen   - Wurf, nicht jeder Wurf trifft. Man kann noch nicht
             sagen, wo der Wurf landet. Unter Umständen sind mehrere
             Würfe nötig, um einen Treffer zu erzielen.
Beim Entwerfen geht es primär immer um die Zuordnung einer Gestalt, die in ihrer Ganzheit eine Aufgabe löst.

Ganzheit

Eine kaum definierbar anschauliche Vollständigkeit, Unversehrtheit
und Eigengesetzlichkeit von Gegenständen jeder Art. In allen
Schichten der Wirklichkeit gibt es Gebilde höherer Stufe, die aus
Elementen (Teilen) niederer Stufe bestehen, z. B. Moleküle aus
Atomen, Organismen aus Zellen, menschliche Verbände aus Individu-
en. Aus den isoliert untersuchten und bekannten Gesetzlichkeiten
der Teile kann man die Eigenschaften und Wirkungsweisen der höheren Gebilde nicht vollständig erklären. Mit anderen Worten: Die
Teile zeigen, wenn sie isolierbar sind, einzeln andere Eigenschaften als im Verbunde des Ganzen (Beispiel: Widerstand, Spule, Kondensator bilden zusammengeschaltet den Schwingkreis).

Das Gestaltkonzept für die Lösung einer Entwurfsaufgabe wird mit
verschiedenen Bezeichnungen belegt: Man spricht von Gestaltstufe,
Entwurfskonzept, Gestaltkonzept, Grundgestalt, konstruktiver
Grundanordnung usw. Wir benutzen dafür die Bezeichnung "Grundgeometrie". In ihr findet sich die Gesamtheit aller
- geometrisch-funktionellen,
- geometrisch-fertigungstechnischen und
- geometrisch-stofflichen Entwurfsüberlegungen.
Die Grundgeometrie läßt das "Funktionieren der Gestalten" erkennen. Man denke an:
- die Geometrie des Lenkgetriebes, die eine bestimmte Kinematik
  der Radstellung erzwingt,
- die Schaufelradgeometrie der Freistrahlturbine, die so ausgelegt ist, daß die kinetische Energie des Wasserstrahles im
  Punkt des besten Wirkungsgrades voll genutzt wird,
- die Last, die bei einem Wippkran auf dem geraden Teil der
  Lemniskate geführt wird,
- die Spülschlitze am Zweitaktzylinder, die bestimmte Zeitquer-
  schnitte für eine wirkungsvolle Spülung ergeben usw.

Baugruppe

Aus Einzelteilen und Normteilen aufgebaute Montageeinheit, die oft
auch als abgrenzbare Funktionseinheit zur Erfüllung einer Aufgabe

angesehen werden kann, (Beispiel: Getriebe, Motoren, Potentiometer). In diesen Fällen kann man auch von Funktionsbaugruppen sprechen. Bei Betonung des Montageaspektes spricht man sinngemäß von Montagebaugruppen. Diese können über räumliche Abstände hinweg mit anderen Montagebaugruppen in einem Gerät zur Erzielung einer Funktion zusammenwirken (Beispiel: optische Systemkomponenten).

Baugruppenstruktur

Löst man eine bestimmte Produktgeometrie in geometrisch-stofflich zusammenhängende Teilbereiche auf, so gelangt man zu einer Baugruppenstruktur, die Wirkzusammenhänge, aber auch Montageabläufe spiegelt. Häufig stellen die Montagebaugruppen gleichzeitig auch Funktionseinheiten für bestimmte Teilaufgaben dar. Dies muß aber nicht immer zusammentreffen. Es können auch erst aus mehreren Montagebaugruppen Funktionseinheiten entstehen.Die symbolischen Verbindungslinien zwischen den Baugruppen einer derartig abstrahierten Produktgeometrie sind die geometrisch-stofflichen Bindungen und die physikalischen Bindungen. Die Baugruppenstruktur ist eine wichtige Abstraktionsstufe für den Entwurfsvorgang. Oft werden Baugruppenstrukturen fälschlich als Funktionsstrukturen bezeichnet. Auch findet man Mischungen von Baugruppenstrukturen und Funktionsstrukturen.

Literatur

/1.1/   Jung, A.: Gestaltfindung - Ein Beitrag zum
               methodischen Konstruieren.
               Wechselwirkungen - Jahrbuch 1984 aus Lehre und
               Forschung der Universität Stuttgart, S. 3-16

/2.1/   Jung, A.: Aufgabenstellung und Konstruktionsmethodik.
               Konstruktion 25 (1973), S. 111

/3.5/1/   Mauri, H.
               Jung, A.
               Schimitzek, G.: Vorrichtungen.
               Berlin: Springer 1986

/4.2.1/1/   Kinast, P.: Einstechkräfte medizinischer Kanülen in
               Labor und Praxis.
               Feinwerktechnik und Meßtechnik (1983), S.109-110

/4.2.1/2/   Rinckers, H.G.: Rinckers kleine Glockenkunde.
               Hrg. Gebrüder Rinckers, 6439 Sinn, 1979

/4.2.1/3/   Schoofs, B.: Theorie der Versuchsplanung und Optimie-
               rung der Konstruktion einer Große-Terz-Glocke.
               CAMP 85, S. 195-201

/4.2.2/1/   Pohl, R.: Optik und Atomphysik.
               Berlin: Springer 1976

/4.2.4/1/   Rodenacker, W.G.: Methodisches Konstruieren.
               Berlin: Springer 1984

/4.3.1/1/   Moser, H.: Zur Konstruktionsmethodik der Gehäuse
               kleiner elektrischer Maschinen.
               Konstruktion 20 (1968), S.465-477

/4.3.1/2/   Volk, W.: Absperrorgan in Rohrleitungen.
               Berlin: Springer 1959

194

/4.3.1/3/   Stabe, H.: Grundsätzliches über die verschiedenen
             Gehäusearten in der Feingerätetechnik.
             Feingerätetechnik 6 (1975), S.415-418

/4.3.2/1/   Haimerl, L.A.: Die Pelton-Wasserturbine.
             Technische Rundschau (1980), Heft 15, S.7-8

/4.3.3/1/   Schreiner, G.: Zur Didaktik des methodischen Konstru-
             ierens.
             Beiträge zur Hochschuldidaktik der Fachhochschulausbil-
             dung, Furtwangen/Karlsruhe 1977

/4.3.4/1/   Dizioglu, B.: Getriebelehre.
             Braunschweig: Vieweg 1965

/4.3.4/2/   Rauh, K.: Aufbaulehre der Verarbeitungsmaschinen.
             2. Bd., Essen: Girardet 1950

/4.3.4/3/   Wolff, J.: Kreatives Konstruieren.
             Essen: Girardet 1976

/4.3.4/4/   Kraemer, O.: Getriebelehre.
             Karlsruhe: Braun 1967

/4.3.4/5/   Unterberger, R.: Wichtige Funktionen der mechanischen
             Bauelemente im Feingerätebau.
             Vorlesungen TU München 1976

/5.1/1/   Schwidefsky, K.: Grundriß der Photogrammetrie.
             Stuttgart: Teubner 1954

Zu Maschinenelemente und zur Konstruktion:

Dubbel: Taschenbuch für den Maschinenbau
                            Berlin: Springer 1988

Niemann, G.:   Maschinenelemente, Bde. I, II, III.
Winter, H.:   Berlin: Springer 1981/86

Pahl, G.:   Konstruktionslehre.
Beitz, W.:   Berlin: Springer 1986

Leyer, A.:   Maschinen-Konstruktionslehre,
                            Hefte 1-6.
                            Basel: Birkhäuser 1963/71

Steinhilper, W.:   Maschinen- und Konstruktions-
                              elemente, Bde. I, II.
Röper, R.:   Berlin: Springer 1982/86

Rolof: Maschinenelemente.
Matek: Braunschweig: Vieweg 1985

Hansen, F.:   Justierung.
                              Berlin: VEB Verlag Technik 1964

Krause,W.:   Gerätekonstruktion.
                              Heidelberg: Hüthig 1987

Zur Konstruktionsmethodik

Wögerbauer, H.:   Die Technik des Konstruierens.
                              München: Oldenbourg 1943

Kesselring, F.:   Bewertung von Konstruktionen.
                              Düsseldorf: VDI 1951

Kesselring, F.:   Technische Kompositionslehre.
                              Berlin: Springer 1956

Hansen, F.:   Konstruktionssystematik.
                              Berlin: VEB Verlag Technik 1965

Zwicky, F.:   Entdecken, Erfinden, Forschen im
                              morphologischen Weltbild.
                              München: Knauer-Droemer 1966

Rodenacker, W.:   Methodisches Konstruieren.
                              Berlin: Springer 1984

Koller, R.:   Konstruktionsmethode für den
                              Maschinen-, Geräte- und Apparatebau.
                              Berlin: Springer 1985

Roth, K.:   Konstruieren mit Konstruktions-
                              Katalogen.
                              Berlin: Springer 1982

Zur Denkpsychologie

Duncker, K.:   Zur Psychologie des produktiven
                               Denkens.
                               Berlin: Springer 1963

Seyle, H.:   Vom Traum zur Entdeckung.
                               Düsseldorf: ECON 1965

Graumann, C.F.:   Denken.
                               Köln: Kipenheuer & Witsch 1969

Holliger, H.:   Morphologie.
                               Zeitschrift für Kommunikation,
                               VI/ 1970, S. 35-52

Ergänzungen zum geometrisch-funktionalen Denken

Mach, E.:   Die Mechanik in ihrer Entwicklung.
                               Leipzig: Brockhaus 1904

Weber, M.:   Das allgemeine Ähnlichkeitsprinzip
                               der Physik und sein Zusammenhang mit
                               der Dimensionslehre und Modell-
                               wissenschaft.
                               Jahrbuch der Schiffbautechnischen
                               Gesellschaft 1930, S. 274-354

Franke, R.:   Vom Aufbau der Getriebe, Bd. I
                               Berlin: Beuth 1948

Bach, K.:   Denkvorgänge beim Konstruieren.
                               Konstruktion 25 (1973) S. 1-5

Jung, A.   Methodische Alternativensuche und
                               Intuition beim Konstruieren.
                               KEM 10 (1973), Heft 8, S.27-32, Heft 9,
                               S.51-63, Heft 10, S. 41-49

Jung, A.   Funktion und Gestalt I.
                               KEM 11 (1974), Heft 10, S. 49-52

Jung, A.   Funktion und Gestalt II.
                               KEM 13 (1976), Heft 9, S. 61-68

Wolff, J. Kreatives Konstruieren.
Essen: Girardet 1976

Jung, A. Konstruktionsmethodik oder die heuristische Bedeutung der Geometrie Teile 1 und 2.
KEM 15 (1978), Heft 4, S. 113-119, Heft 5, S.111-113

Jung, A. Der Funktionsbegriff beim gestaltbildenden Konstruieren.
KEM 22 (1985), Heft 1, S. 69-72

Jung, A. Geometrisch-Funktionales Denken.
KEM 22 (1985), Heft 11, S.120-122

Rutz, A. Konstruieren als gedanklicher Prozeß.
Dissertation München 1985

Jung, A. Beispiel zur Gestaltbildung im Konstruktionsprozeß, Thematik Scannen.
Feingerätetechnik 1986, Heft 1, S. 7-10

Jung, A. Gestaltbildung.
Beitrag zur ICED 1985, Hamburg, S. 322-333
Zürich: Edition Heurista 1985

Jung, A. Geometrisch-Funktionales Denken.
Beitrag zur ICED 1988, Budapest, S. 134-141
Zürich: Edition Heurista 1988

Jung, A. Spielvorgänge und Spielen in ihrer Bedeutung für technische Gestaltungsprozesse.
Beitrag zum XII. Internationalen Kolloquium der FWT, Tagungsband der Universität München, 1988

Sachverzeichnis

R. Koller

Konstruktionslehre für den Maschinenbau

Grundlagen des methodischen Konstruierens

2., völlig neubearb. u. erw. Aufl. 1985. XVI, 327 S. 131 Abb.
Brosch. DM 74,– ISBN 3-540-15369-1

Aus den Besprechungen: „Schon beim Durchblättern erkennt
man die saubere Aufmachung des Buches und beim Lesen die
klare Gedankenführung und die kurze prägnante Darlegung
des wertvollen Inhalts. Es liegt hier eine Neufassung und
Erweiterung konstruktionswissenschaftlicher Erkenntnisse vor,
die dem Konstrukteur nützlich sein können und die, vor allem
durch inhaltsreiches Tabellenmaterial, Sachinformationen in
einer speziell für die Entwicklungstätigkeit anwendungsgünsti-
gen Form zur Verfügung stehen…"

Feingerätetechnik

K. Roth

Konstruieren mit Konstruktions-katalogen

Systematisierung und zweckmäßige Aufbereitung technischer Sachverhalte für das methodische Konstruieren

1982. XVI, 475 S. 276 Abb. in etwa 3000 Einzeldarst., 38 Kon-
struktionskataloge. 476 Definitionen von Fachbegriffen. Geb.
DM 260,– ISBN 3-540-09815-1

Die vorgelegte Katalogsammlung umfaßt Gebiete wie z. B.
Anforderungsarten für Aufgabenstellungen, Schlußarten,
Anschläge, Reibsysteme, logische Getriebe, Kräfteerzeugung,
-vervielfachung, Rücklaufsperren, geschlossene Gliederketten,
Gestaltvariationsprinzipe, Umformverfahren und Toleranz-
berechnung. Zahlreiche Modelle und Hilfsmittel für das
methodische Vorgehen ohne und mit Rechnerunterstützung,
viele Lösungssammlungen, z. B. auch solche für die Funk-
tionsintegration, für das Konstruieren mit Hilfe von Span-
nungsringen, ergänzen das Werk.

Springer-Verlag Berlin
Heidelberg New York London
Paris Tokyo Hong Kong

Springer